# LA
# CHIMIE ALIMENTAIRE

ÉTUDES

DE

## PHYSIOLOGIE GÉNÉRALE

PAR

Le D$^r$ P.-H. ROESER

PARIS

A. MALOINE, ÉDITEUR

25-27, RUE DE L'ÉCOLE-DE-MÉDECINE, 25-27

1906

LA

# CHIMIE ALIMENTAIRE

# BIBLIOTHÈQUE DE LA NUTRITION

PUBLIÉE SOUS LA DIRECTION

## Du Docteur F. de GRANDMAISON

---

DE GRANDMAISON. — **L'Albuminurie goutteuse**, in-18, 4 fr.

GIRAUD. — **L'Œil diathésique**, in-18, 4 fr.

E. GAUTRELET. — **Physiologie Uroséméiologique**, in-18, 4 fr.

BATUAUD. — **La Neurasthénie génitale féminine**, in-18, 4 fr.

ROESER. — **La Chimie alimentaire**, in-18, 4 fr.

*En préparation :*

PASCAULT. — **L'Arthritisme par suralimentation**.

# LA

# CHIMIE ALIMENTAIRE

ÉTUDES

DE

## PHYSIOLOGIE GÉNÉRALE

PAR

## Le D<sup>r</sup> P.-H. ROESER

PARIS

## A. MALOINE, ÉDITEUR

25-27, RUE DE L'ÉCOLE-DE-MÉDECINE, 25-27

1906

# LA
# CHIMIE ALIMENTAIRE

## INTRODUCTION

La chimie alimentaire est l'étude des transformations que subissent les aliments pendant le temps
de leur séjour dans l'organisme. On a cru pendant
bien longtemps que la nutrition consistait en un simple
choix de matières en vertu duquel l'animal — ou la
plante — sélectionnait dans ce qui lui est présenté
tout ce qui est semblable à ses éléments constitutifs
pour se l'adjoindre. On expliquait de cette façon l'utilité de la viande dans l'alimentation, elle remplaçait la
chair usée, on expliquait moins celle de l'alcool, mais
on en consommait tout de même. Il n'en est pas ainsi,
la digestion et généralement toutes les métamorphoses
de l'aliment convergent vers un autre résultat qui est
la désintégration plus ou moins complète de la substance ingérée et la reconstitution, avec les éléments
ainsi désagrégés de composés d'une structure plus
adéquate à celle de l'organisme.

Lamarck [1] a écrit en 1809 : « Je persiste à dire que
les corps vivants forment eux-mêmes par l'action de

[1] *Philosophie zoologique*, t. II. ch. iii.

Chimie alimentaire.                                                1 leurs organes la substance propre de leur corps et les matières diverses que leurs organes sécrètent, et qu'ils ne prennent nullement dans la nature cette substance toute formée et ces matières qui ne proviennent uniquement que d'eux seuls. » Ce que nous appelons aliment n'est pour l'être vivant qu'une masse complexe, hétérogène, inutilisable sous cette forme grossière. Il travaille donc avec ses organes digestifs à extraire de ce composé ce qui sera son aliment véritable ; il opère des réductions, des oxydations, des dédoublements surtout, au moyen de réactifs chimiques, mais plutôt de ferments qui possèdent une action de nature catalytique sur la matière. Après l'analyse, il fait la synthèse, il reforme avec les éléments dissociés, les matériaux de sa constitution propre, les met en réserve, et finalement termine tous ces échanges, ces métamorphoses de matière, par l'oxydation finale.

Mais l'aliment, composé chimique, retient dans la cohésion de ses molécules de l'énergie qui, empruntée au milieu au moment de sa constitution, est mise en liberté par la désagrégation de ses éléments et, restituée à cet autre milieu qui est l'organisme, prend la forme d'énergie vitale, de mouvement, de chaleur, et entretient ainsi les propriétés des corps vivants. Ceux-ci ne possèdent rien par eux-mêmes et reçoivent tout de l'extérieur.

Tel est en quelques mots le rôle des aliments que nous allons chercher à préciser en insistant sur chacune de leurs transformations. Et nous verrons que la généralité de ce processus en fait bien une loi commune à tous les êtres vivants, car les végétaux eux-mêmes font subir aux matériaux de leur nutrition des mutations analogues à celles qu'on rencontre chez les animaux, avant d'absorber et d'assimiler leur nourriture, non pas comme le comprenait Cl. Bernard[1] qui à cet égard a fait une confusion, mais plus simplement à la manière des animaux. Nous ne considérerons pas les animaux comme les destructeurs des composés édifiés par des végétaux, mais nous verrons que le processus nutritif est identique dans les deux règnes, absolument superposable, et de l'étude de la chimie alimentaire, nous pourrons conclure à l'unité des processus vitaux.

En dehors des enseignements que comportent, au point de vue de la physiologie générale, les phénomènes de la chimie alimentaire, il existe une série de déductions pratiques très nombreuses et pour les médecins très intéressantes. Nous en indiquerons chemin faisant un certain nombre, laissant à chacun le soin de les compléter, car de ces connaissances résulte l'hygiène alimentaire normale et pathologique, et le sujet est vaste.

[1] *Leçons sur les phénomènes de la vie communs aux animaux et aux végétaux.*

# CHAPITRE PREMIER

## GÉNÉRALITÉS SUR LA FONCTION DIGESTIVE ET SES ORGANES

La fonction digestive est l'expression des rapports qui s'établissent entre l'aliment agissant comme excitant sur l'appareil digestif, et les propriétés chimiques et vitales particulières à ce dernier, lesquelles, ainsi provoquées, s'exercent à leur tour vis-à-vis de l'aliment. L'équilibre de la fonction résulte donc autant de l'intégrité des organes que de l'apport de substances élémentaires appropriées. Lorsque, pour une cause quelconque, l'un de ces deux termes vient à varier, le second doit subir une variation corrélative qui l'adapte à celle du premier, sinon il se produit une rupture de l'équilibre. La plupart des maladies de la nutrition n'ont pas d'autre cause.

La digestion consiste dans l'élaboration des matériaux que les êtres vivants emploient pour leur alimentation. Elle leur fait subir les transformations nécessaires, en modifie la structure et la composition, sépare les résidus insolubles de ce qui peut être rendu soluble et dialysable. En un mot, elle fait l'analyse chimique des substances alimentaires, en dédoublant les molécules lourdes et trop volumineuses, et les met à la portée des organes de l'absorption.

Ce travail qui s'opère avec des réactifs chimiques, quoique exécuté dans l'intérieur du corps, reste cependant extra-protoplasmique. Il ne doit pas être confondu avec la nutrition qui a lieu dans le protoplasma, c'est-à-dire dans la substance vivante, opération de nature physiologique ou vitale, dans laquelle s'effectuent, à côté de réactions chimiques attribuables aux propriétés de la matière inorganique, d'autres actions dépendant plus directement des propriétés de la matière vivante et, jusqu'à présent du moins, irréductibles en actions chimiques pures.

L'importance de la fonction digestive ressort de ce fait que nul organisme ne saurait s'entretenir autrement qu'au moyen de substances tirées de l'extérieur, et que presque aucune de ces substances ne se rencontre sous la forme convenant aux besoins de celui qui les emploie. Par conséquent, la préparation de sa nourriture est indispensable à tout être vivant.

En raison des différences de structure des êtres vivants, les uns très simples, les autres très compliqués, la physiologie générale ne doit pas rattacher la digestion à un organe ou appareil spécial ; il faut l'envisager comme une propriété élémentaire des tissus, aussi bien chez les animaux que chez les plantes qui sont également des corps vivants, et se nourrissent sans que nous distinguions chez elles de véritable digestion. La plante, pas plus que les animaux, ne trouve les éléments de sa nutrition tout formés dans le milieu extérieur ; cependant, l'élaboration digestive qui rend l'aliment propre à être absorbé, n'est pas indépendante d'elle, et exige un concours manifesté par la sécrétion de diastases autour des organes d'absorption. Il n'en est pas autrement chez les animaux, dont le tube digestif doit être considéré comme un milieu extérieur à l'individu, dans lequel les phénomènes de la préparation des aliments ont toutefois une intensité plus considérable.

En considérant la généralisation, l'unité et la constance de la fonction, en la comparant à l'infinie variété des organes, nous nous confirmerons dans cette idée que la fonction digestive est une condition essentielle de la vie, tandis que l'appareil digestif n'est qu'une forme variable de manifestation de la vie, une annexe dont l'absence même n'empêche pas l'apparition de la fonction. Cette condition est une nécessité pour tous les êtres vivants dont l'existence est liée à cette sorte de cuisine préalable.

Il n'est pas sans intérêt de nous arrêter un peu sur ce sujet, quoique les déductions pratiques n'en paraissent pas évidentes au premier abord. Mais le rôle de l'aliment n'en peut être qu'éclairci, et d'ailleurs, il est toujours bon, quand l'occasion s'en trouve, d'insister sur les faits capables de conduire aux idées générales.

Tout au bas de la classe des protozoaires, de ces animaux si inférieurs qu'on les étudie dans la microbiologie, nous trouvons, parmi les rhizopodes, un organisme monocellulaire, habitant d'eau douce, qui est la Gromie. Elle est à peine distincte du milieu dans lequel elle vit, sa tension superficielle est seulement un peu plus élevée que celle de l'eau, de telle sorte que des corps étrangers et même des infusoires la traversent sans que rien dans leurs allures puisse faire soupçonner que ce changement de milieu ait la moindre influence sur l'un ou sur l'autre. Cependant la Gromie se nourrit, elle sépare du milieu ambiant des matières

étrangères qu'elle transforme en substance de Gromie,
elle fait des échanges, elle excrète des matières usées.
Sa digestion assez difficile à suivre, est évidemment
intra-cellulaire.

Nous étudierons les détails de ce processus dans
l'Amibe, simple cellule nucléée, masse indivise de
protoplasma constituée par des trabécules anastomo-
sées, dirigées en divers sens et retenant dans leurs
mailles un plasma liquide. Elle est séparée de l'eau
par une tension superficielle notablement plus élevée
que celle de la Gromie, d'où il résulte qu'elle ne touche
pas les corps étrangers qui ne peuvent adhérer à sa
surface. Tombée au fond du vase qui la contient, elle
s'aplatit, et ne pouvant plus se déplacer facilement en
masse, sous l'influence des mêmes causes qui provo-
quaient ses mouvements de progression, elle se contente d'émettre des prolongements ou pseudopodes
qui ne sont que des déformations sans signification.
Ses mouvements sont dus à l'hétérogénéité du milieu,
et attribuables à des phénomènes de tropisme et de
tactisme et c'est pendant ses évolutions que les corps
étrangers, nutritifs ou non, libres comme elle, s'appro-
chant d'elle, s'y attachent par l'intermédiaire d'une
couche d'eau. Il se forme au niveau de ce contact une
dépression qui entoure le corps étranger, l'enfonce peu
à peu et finalement l'englobe complètement dans l'intérieur de la cellule où il circule, baigné de tous côtés
par une mince épaisseur d'eau qui le tient éloigné du
protoplasma. On peut le comparer à une parcelle de
limaille métallique mouillée d'huile et nageant dans de
l'eau. Le métal n'est pas en contact avec l'eau mais
avec l'huile. De même le corps absorbé, ou mieux
ingéré par le protozoaire, est inclus dans une goutte

d'eau, enfermée elle-même dans une vacuole qu'on doit regarder comme une sorte de sac digestif adventice intra-cellulaire, mais extra-protoplasmique, dans lequel vont se passer des phénomènes de digestion bien définis.

La pression intérieure de la vacuole, relativement assez considérable à cause de l'élévation de la tension superficielle de l'amibe, provoque en premier lieu une grande diffusibilité du corps étranger vers la vacuole, et on peut se rendre compte très aisément de ce phénomène si le corps ingéré est capable de céder de la matière colorante au liquide qui l'entoure. On constate alors que cette diffusion se produit plus rapidement que dans l'eau avec la pression normale (Le Dantec) [1].

Si d'autre part on a chargé le corps étranger d'une couleur susceptible de varier sous l'influence des réactions du milieu, comme le tournesol ou mieux l'alizarine sulfoconjuguée, on pourra encore constater que le contenu de la vacuole, primitivement alcalin comme le sarcode, devient acide. La production de cette acidité est due à ce que le protoplasma qui tient des sels en dissolution, soumis à l'action de la dialyse, laisse passer l'acide plus rapidement que la base. Ceci est une loi de la dialyse, et il va en résulter la liquéfaction, la digestion véritable des albuminoïdes ingérés. En effet, l'analyse de ces organismes inférieurs a révélé dans leur contenu la présence de la pepsine, et celle-ci en milieu acide ne manque pas de manifester ses réactions digestives ordinaires. Notons en passant que l'abondance dans le milieu, de substances azotées a rendu l'amibe carnivore, et que les proteides et même les microbes vivants constituent à peu près son seul

---

[1] *La matière vivante*, p. 88.

aliment. L'amidon et les graisses sont rejetés avec quelques altérations, mais sans être digérés. Le mélange de pepsine et d'acide constitue donc un liquide digestif qui transforme l'albumine en un corps doué de propriétés nouvelles, soluble, diffusible et dialysable.

Il se produit alors une véritable digestion des principes assimilables de ce corps étranger, dont la substance se transporte dans le sarcode par diffusion, lorsque la tension du contenu de la vacuole est devenue égale à celle du protoplasma, et cela, jusqu'à ce que l'équilibre des échanges soit réalisé. La production des liquides digestifs ne doit pas être regardée comme une sécrétion, à l'exemple de celle des animaux supérieurs, mais comme un phénomène de l'activité propre de la cellule, et cette activité se continue par l'assimilation des éléments diffusés. Ces échanges se font donc en maintenant constante la composition de l'amibe, ce qui est le propre des tissus vivants. La partie insoluble, non alimentaire, incapable de transformation, non digestible et non assimilable, continue à errer dans le protoplasma jusqu'au moment où elle rencontrera la surface et sera expulsée au dehors plus ou moins modifiée. Certaines substances non attaquables sont rejetées en entier, car l'ingestion n'est pas déterminée par la valeur nutritive ou les qualités utiles ou nuisibles du corps étranger, mais seulement par ses dimensions et sa densité, en même temps que par les propriétés du milieu. Il ne faut pas voir là, pas plus que dans les mouvements, un acte voulu. Les phagocytes de M. Metchnikoff n'agissent pas autrement.

Les infusoires ciliés ont une organisation supérieure à celle des rhizopodes, en ce sens que la cellule est munie d'une sorte de dépression qu'on appelle bouche, garnie de cils vibratiles. Au fond de ce cul-de-sac on trouve la substance protoplasmique nue. Les corps étrangers sont attirés avec une grande rapidité par le mouvement des cils. Il se produit un tourbillon dont le sens est dirigé vers le protoplasma qui se creuse de plus en plus sous la poussée. A un moment donné, la dépression ainsi formée se referme, en emprisonnant son contenu dans une vacuole semblable à celle des amibes et dans laquelle se passent des phénomènes analogues. Plusieurs vacuoles peuvent coexister et les bols alimentaires s'accumulent, mais pour peu de temps, car l'activité cellulaire est grande. L'albumine, l'amidon et la cellulose sont vite digérés, sans doute sous l'influence de ferments protéolytiques et amylolytiques.

Des ébauches d'organes digestifs s'observent pour la première fois chez les cœlentérés, actinies, méduses, hydres d'eau douce. Ces dernières présentent les sujets les plus favorables pour l'étude de leur fonctionnement. Elles commencent l'élaboration de leur nourriture dans une sorte de dépression intra-cellulaire, conduit borgne en forme de doigt de gant, dont la paroi ne se distingue pas de l'enveloppe tégumentaire extérieure, ni par l'apparence, ni par les propriétés, à tel point qu'on peut retourner ce sac sans que la fonction digestive de l'hydre en soit troublée pendant plus de quelques heures. Au bout de ce temps l'activité reprend et rien ne peut faire soupçonner que la digestion s'accomplit par le tégument externe. Il faut arriver aux échinodermes pour trouver un tube ouvert aux deux extrémités, c'est-à-dire muni d'une ouverture d'entrée ou cytostome, et d'une autre d'évacuation ou cytoprocte. Cette cavité semble formée par une double invagination du tégument externe se confondant en un seul tube dont la paroi est peu ou pas différente du revêtement extérieur.

Nous devons faire observer cependant que ces tubes digestifs chez les Rayonnés et même chez d'autres métazoaires plus élevés en organisation, ne sont que des apparences, car la digestion est intra-cellulaire. Ce ne sont en quelque sorte que des organes de transition mal définis, dans lesquels la fonction n'est pas encore assurée, la différenciation des tissus n'étant pas accomplie. Les cellules qui les tapissent présentent de nombreux cils vibratiles qui caractérisent plus spécialement les premières voies que les cavités où se passe une action chimique. Les sécrétions sont rudimentaires, peu actives, et seulement capables de la dissociation physique, non de la simplification chimique des aliments. Elles en facilitent la pénétration dans les vacuoles à l'intérieur desquelles ils subiront l'élaboration digestive, mais elles n'y contribueront pas effectivement.

Il n'y a pas d'intérêt à remonter toute la série des invertébrés pour étudier leur fonction digestive. Les considérations précédentes nous font voir ce qu'il était utile d'établir, à savoir que la digestion est toujours extra-protoplasmique, quoiqu'elle puisse être intracellulaire ; c'est une fonction extérieure à la substance vivante, et il en est ainsi dans tout le règne animal. Chez les animaux supérieurs, il est évident que les organes de la digestion, y compris les glandes annexées, sont formés par un tube creusé dans la masse protoplasmique qui constitue l'individu, et séparés de ce protoplasma par un revêtement muqueux, analogue sans être identique, au revêtement cutané. L'animal est comparable à un manchon à travers lequel on peut passer sans pénétrer sa substance. La fonction digestive est toujours extérieure et s'accomplit non dans les éléments de la substance vivante, mais dans un interstice permanent, au lieu d'être temporaire comme chez l'amibe. La fonction seule est indispensable, l'organe est accessoire et contingent, et nous allons avoir la confirmation de cette idée en étudiant cette même fonction dans le règne végétal. Mais auparavant il est bon de compléter cet aperçu par quelques considérations sur les sécrétions digestives.

En négligeant les protozoaires, dont l'organisation ne se prête pas à de semblables recherches, on trouve chez quelques invertébrés, des liquides fournis par des glandes salivaires ou œsophagiennes, qui n'ont que peu d'importance et ne possèdent pas le pouvoir amylolytique. Le suc vraiment actif est produit par des glandes intestinales. Celles-ci apparaissent d'abord disposées autour de l'intestin dans l'épithélium, puis elles se localisent, et la partie de l'intestin qui les renferme, fait hernie à l'extérieur et s'allonge sous la forme d'un cæcum glandulaire. Une quantité plus ou moins considérable de ces diverticules prend naissance, restant isolés, ou dans d'autres espèces s'agglomérant pour constituer une glande digestive On a donné à cette glande le nom de foie, quoiqu'on n'y ait jamais rencontré de glycogène ; de plus, les sécrétions de tous ces appareils annexes n'offrent aucun des caractères des liquides sécrétés par le foie. Elles ne ressemblent pas davantage aux liquides gastriques, car si elles sont capables de digérer les albuminoïdes, elles ne le font qu'en milieu alcalin et presque jamais en milieu acide. Lorsqu'on rencontre un liquide acide, celui-ci paraît avoir pour seule fonction de ramollir ou dissocier les ingesta sans les digérer : il n'y a donc pas, à proprement parler, de digestion gastrique. Les ferments intestinaux des invertébrés ressemblent bien plus à la trypsine, ils en possèdent en effet le triple caractère, ils sont amylolytiques, protéolytiques et lipolytiques en milieu alcalin ; les glandes qui les fournissent seront comparées plus justement au pancréas qu'au foie.

Nous pouvons juger ainsi de l'importance de la digestion pancréatique par sa généralisation. Chez tous les animaux pourvus d'un intestin, c'est dans son intérieur que se fait la digestion véritable, celle qui rend l'aliment propre à l'absorption. Dans l'estomac, même chez les vertébrés, même chez les carnivores, il ne se produit qu'une action de dissociation sur les albuminoïdes et l'acide chlorhydrique aidé de la pepsine ne fait que dédoubler en peptones l'albuminoïde qui conserve ses caractères généraux, et ne subit la désintégration qui permet l'absorption que, plus loin sous l'action de la trypsine.

Dans cet intestin doué de si puissantes propriétés, la cellule à cils vibratiles a été remplacée par la cellule hexagonale à plateau strié dans laquelle persiste seulement la faculté d'absorption. Elle a perdu la propriété de pratiquer la digestion intra-cellulaire, mais elle en a acquis une autre, encore obscure et mal définie, à laquelle on a attribué la reconstitution des peptones absorbés, en albuminoïdes ou en fibrine et la recomposition ou la modification des graisses dissociées par le travail de la digestion intestinale. Dans tous les cas, il est certain que la dialyse à travers la muqueuse vivante, revêtue de cet épithélium, présente des particularités qui la distinguent de celle qui a lieu à travers les membranes inertes ; le rôle de l'épithélium est actif et non purement passif. On le considère comme un reste ou mieux une survivance de l'activité cellulaire des protozoaires.

La classe des sporozoaires nous servira de transition pour passer du règne animal au règne végétal. Quoiqu'on les place généralement après les infusoires et avant les rhizopodes, à ne considérer que leur fonction digestive qui s'exécute de la même manière que chez les végétaux, c'est-à-dire non seulement en dehors de leur organisme, mais par l'intermédiaire d'organes étrangers, ils se rapprochent davantage de la plante. En effet, les microbiologistes qui décrivent les fonctions des animaux et des végétaux monocellulaires, nous ont depuis longtemps signalé ce caractère qui les différencie, à savoir que l'animal ingère ses aliments et leur donne lui-même la forme la plus convenable pour l'absorption, tandis que la plante, ne possédant pas la faculté de l'ingestion, utilise pour cette opération préliminaire une action qui se passe en dehors d'elle. Elle ne participe pas en général à la préparation des éléments de sa nutrition, qui lui arrivent à la suite d'une digestion extérieure, où agissent à sa place des ferments figurés que nous allons pouvoir comparer aux enzymes de la digestion animale.

Les sporozaires, tout en conservant d'autre part les caractères du règne animal, sont dépourvus d'appareil digestif et ne sont même pas doués de la faculté digestive des Amibes. Ils nous offrent un exemple de ce mode de nutrition qui appartient plus spécialement aux plantes et consiste uniquement dans une osmose qui n'est précédée d'aucune digestion propre à l'individu. C'est ainsi que l'opaline, parasite unicellulaire polynucléé de l'intestin de la grenouille, privée de bouche et de vacuole, en raison même de son mode d'existence parasitaire se trouve dispensée du travail de la digestion. « Il échange une vie libre avec ses exigences de pourvoir lui-même à sa nourriture contre la vie parasitaire au sein d'un autre organisme sur lequel d'une façon ou de l'autre il prélève un tribut. Remarquons l'analogie étroite qu'il y a entre la nutrition d'un parasite interne comme Opaline et la nutrition saprophytique d'une monade. Chez les deux, l'organisme absorbe des protéides rendus solubles et diffusibles, dans le premier cas, par les sucs digestifs de l'hôte ; dans le second cas, par l'action des bactéries de la putréfaction. » (Jeffery Parker). Les sporozaires cytophages comme le plasmode de la fièvre intermittente n'ont également qu'une nutrition osmotique.

Des parasites d'une organisation plus complexe, comme les cestoïdes, les acanthocéphales, ne possèdent pas davantage d'organes digestifs. Ils n'en ont pas besoin, vivant au milieu et aux dépens des liquides nutritifs élaborés par un autre individu. A ce titre, ils se rapprochent aussi des végétaux, se bornant à absorber les plasmas dans lesquels ils sont baignés.

Longtemps on a cru que le végétal se nourrissait directement de la substance organique. Lorsqu'on a décidé, par exemple, de faire l'épuration agricole des eaux d'égout, c'était avec cette idée que la plante allait choisir dans le liquide nourricier les principes qui lui convenaient et les absorbait sans autre préparation. Les fumiers, les engrais en général, devaient être traités de la même façon. La découverte de la nitrosobactérie, du ferment nitrique, et plus tard des bactéries aérobies et anaérobies, montrèrent qu'il n'en était pas ainsi, et qu'il était nécessaire que les aliments des végétaux se présentassent aux organes d'absorption sous une certaine forme bien définie. Ces transformations sont accomplies par les microbes contenus dans la terre. Ils attaquent d'une façon incessante les matériaux organiques qui leur sont soumis, et par les modifications chimiques qu'ils déterminent et qui ne sont autres que des simplifications analogues à celles de la digestion animale, ils les réduisent en les faisant passer de l'état colloïde à l'état cristalloïde.

L'azote albuminoïde des déchets organiques du sol, d'abord converti en azote amidé, en arrive à faire partie d'un corps inorganique renfermant de l'ammoniaque, puis est converti en nitrate. Devenu ainsi soluble, il est alors seulement absorbé et fournit la majeure partie de l'azote des végétaux. Une autre partie peut exceptionnellement provenir de l'azote atmosphérique, comme le fait a été prouvé pour les légumineuses. Mais ce phénomène de fixation tout à fait spécial est encore dû à des bactéries habitant les nodosités des racines et jouant le rôle de ferments. En général aucun élément n'est absorbé sous sa forme simple, mais il doit se présenter dans une combinaison que l'action physico-chimique, propre à la plante, désagrège.

Certains hydrates de carbone solubles peuvent être résorbés en nature par quelques plantes dépourvues de chlorophylle. Ils leur sont alors procurés par la décomposition de la cellulose, sous l'influence de l'amylobacter, tout comme dans l'intestin des ruminants. Le mycelium des champignons possède d'ailleurs la propriété de sécréter un liquide spécial qui agit sur les tissus végétaux et provoque une digestion véritable, de telle façon que non seulement les hydrates de carbone, mais aussi les albuminoïdes sont rendus propres à la nutrition. Mais les plantes trouvent encore le carbone dans une autre opération qui dépend plus directement de leurs organes propres, la fonction chlorophyllienne. La chlorophylle, agissant à la façon d'un ferment, s'empare de l'acide carbonique qui peut être considéré comme une substance organique, à l'égal de tous les composés du carbone, et n'est pas susceptible d'être absorbé par la plante sans modification. Elle le dédouble et garde le carbone pour la fabrication d'hydrates par combinaison avec l'eau absorbée par les racines, ou même formée de toutes pièces par le processus assimilatif. Dans ce cas, les racines n'absorbent pas les hydrates de carbone du sol, ceux que la plante renferme ont été produits directement par sa chimie particulière. Ce processus n'est-il pas aussi remarquable que celui qu'on observe chez l'animal auquel on fait ingérer de l'amidon? C'est bien un hydrate de carbone, mais ce n'est pas celui qui convient et les organes digestifs se servent de celui qu'on leur confie pour en reconstituer un autre mieux approprié.

Les graisses elles-mêmes, sous l'influence des fermentations telluriques, absolument comme par la lipase intestinale, sont dédoublées en acides gras et en glycérine dans lesquels la plante va puiser de nouveaux éléments osmotiques.

On rencontre encore dans les végétaux des sécrétions capables de modifier les substances de façon à les rendre propres à l'absorption et à l'assimilation. Les suçoirs des racines se mouillent d'un liquide qui dissout les matières calcaires très dures et trace leur empreinte dans le marbre. La tige souterraine du chiendent traverse un tubercule de pomme de terre en digérant l'amidon et s'en nourrissant. Nous avons vu que les champignons vivent des détritus qui se rencontrent à la portée du mycelium, en les dissolvant par un liquide digestif.

La levure de bière nous offre un exemple très remarquable de ces sécrétions actives produisant une digestion extra-cellulaire et extra-protoplasmique. Un saccharomices, ensemencé dans un moût sucré, trouve moyen d'en tirer des matières albuminoïdes azotées, des matières amylacées, du glycogène, de la graisse et d'autres substances qui n'y préexistaient pas. Il les a formées en décomposant ce moût, en s'emparant des principes qu'il contenait et les recomposant à sa convenance. Le petit organisme, dit M. A. Gautier, a disséqué les matériaux chimiques qu'on lui offre, et tandis que le sucre a disparu de la solution, le saccharomices a augmenté de volume, sans que sa composition ait varié. M. Gautier indique cette dissection, mais il en fait un phénomène d'assimilation, tandis qu'elle doit être rapportée manifestement à la digestion. L'assimilation n'arrive qu'en second lieu, à la suite de l'absorption, et se passe dans l'intérieur du protoplasma. Or, la levure a désagrégé le sucre par la sécrétion extérieure d'une enzyme, la sucrase ou invertine, analogue aux ferments digestifs et c'est la digestion ainsi produite, extérieurement à la cellule, qui a procuré au saccharomices les matériaux et l'énergie dont il a besoin pour vivre et se multiplier. Parmi les produits de cette digestion, acide carbonique, alcool, glycérine et autres, il s'en est trouvé qui s'adaptaient plus parti-

culièrement à son métabolisme propre, et il les a assimilés.

Malgré l'absence d'ingestion, nous voyons que la
plante se nourrit comme l'animal de substances organiques animales ou végétales, protéides, hydrates de
carbone et graisses, devenues absorbables à la suite
des transformations opérées en général, à la faveur
de l'activité microbienne. La manière de procéder,
qui consiste dans un travail de désintégration très profonde, est la même dans les deux règnes. Si on veut
bien mettre en parallèle la digestion animale avec la
digestion végétale ainsi comprise, on pourra vérifier
l'exactitude de cette règle générale qui veut que, partout et toujours, la masse alimentaire subisse des
réductions plus ou moins avancées avant d'être utilisée par la nutrition, et que, sauf de rares exceptions,
aucun aliment ne puisse être absorbé en nature. D'un
côté, les sucs digestifs qui sont des ferments solubles,
de l'autre, les bactéries, ferments figurés, emploient
leur activité à désorganiser la matière dont l'être vivant
s'emparera ensuite, lorsqu'elle aura acquis le degré de
simplification dont son protoplasme peut s'accommoder.

Nous nous rendons compte de plus, que l'antagonisme
de la synthèse nutritive végétale avec la décomposition
digestive animale n'existe qu'en vertu d'une confusion,
facile à dissiper quand on consent à ne comparer que
des choses comparables, car il n'est pas douteux que
la matière alimentaire n'éprouve dans l'intestin des
réductions aussi extrêmes que celles qui fournissent
aux plantes leurs éléments d'absorption.

Quoique les apparences fassent de la plante un être
profondément différent des animaux, au point de vue

des lois générales de la vie, il y a plus d'intérêt à ne
pas imiter les auteurs qui cherchent à faire ressortir
des différences déjà si évidentes, et il est préférable de
faire abstraction d'une structure et d'organes naturellement très dissemblables, en ne considérant seulement que les fonctions qui sont des phénomènes communs. Cl. Bernard, qui s'était attaché à cette étude,
avait fait de la fonction digestive un phénomène propre
aux animaux, tandis qu'il attribuait aux deux règnes la
propriété digestive, représentée chez la plante par
l'élaboration des réserves, laquelle étant une fonction
intra-protoplasmique, ne saurait être rapprochée de la
digestion extra-protoplasmique telle que nous l'avons
étudiée. Trompé par l'absence d'un appareil digestif
dans la plante, il n'avait pas saisi les analogies de fonctions en apparence si dissemblables, identiques cependant par les moyens d'exécution et les résultats. Mais
il s'était élevé contre cette opinion qui assigne aux
végétaux un rôle spécial dans le circulus de la matière,
consistant dans le travail de la synthèse des éléments
que les animaux détruisent ensuite, comme si la plante
à l'égal des animaux, ne se chargeait pas elle-même
de dissocier les matériaux qu'elle a composés. Nous
savons maintenant que la fabrication et l'utilisation des
réserves existent au même titre dans les deux règnes,
avec les différences que comportent la continuité et la
régularité de la vie d'un côté, et de l'autre les inter-
ruptions et les irrégularités dues à une organisation
plus soumise aux influences du milieu. L'analogie est
dans le cas présent indéniable, mais dans le premier
exemple de Cl. Bernard, elle ne consistait que dans le
mode d'emploi des matériaux préparés par la digestion,
elle n'envisageait pas celle-ci comme nous venons de

le faire, de façon à mettre en relief l'identité des processus.

La comparaison des actes digestifs de la plante et de l'animal nous permet donc de juger cette doctrine qui oppose l'évolution de l'homme à celle des végétaux et veut que l'existence des uns soit subordonnée à celle des autres. Nous sommes en mesure de rectifier, du moins en ce qui concerne la digestion et sans entrer dans de plus amples détails, cette proposition inexacte que l'étude de la respiration et de la nutrition nous montre comme absolument inacceptable. En effet, si nous pouvons dire que l'animal a besoin de la plante, nous pouvons avec autant de raison soutenir l'opinion inverse également vraie, de sorte que nous voyons que chacun ne fait que reprendre ce qu'il a donné ; la matière circule incessamment de l'un à l'autre sans interruption.

En réalité, l'existence des deux règnes est solidaire et il n'y a pas de subordination de l'un à l'autre, mais une association d'efforts et d'intérêts, et si on peut appliquer ce terme dans cette circonstance, une symbiose. Tout être vivant, animal ou végétal, a sa fin en lui-même et n'existe pas exclusivement pour l'autre. Chacun tient une place égale dans le circulus de la matière et de l'énergie qu'il utilise d'une manière différente à cause de la différence des organes, mais sans prépondérance de l'un sur l'autre. Et c'est ainsi que les particularités d'organisation et toutes celles qui résultent d'habitudes diverses innées ou acquises, disparaissent aux yeux de la physiologie générale.

De ce que le processus digestif aboutit fatalement à un résultat comparable, de ce que la composition chimique de l'aliment est la même, il ne s'ensuit pas qu'on puisse présenter indifféremment à tous les animaux la même nourriture sous la même forme. Les organes sont loin d'être identiques et n'ont souvent que des rapports très éloignés comme configuration et comme structure. Et même, lorsque les caractères morphologiques sont les mêmes, il faut observer que la matière vivante de chacun a reçu de ses ancêtres une empreinte spéciale, transmissible de génération en génération, d'où résultent des différences, sinon dans la composition chimique, tout au moins dans l'arrangement moléculaire et par suite dans le fonctionnement intime des organes. Il est donc indispensable de faire un choix dans les matériaux d'alimentation, car il est naturel qu'à la différence de fonctionnement correspondent des différences, non certainement fondamentales, mais dans le groupement des éléments ou dans quelques détails peu importants de l'agrégat alimentaire. Nous avons dit en commençant que la variation de l'un des facteurs doit être en quelque sorte compensée par celle de l'autre, de telle façon que l'adaptation soit suffisante et que la fonction puisse s'accomplir normalement, en donnant dans tous les cas des produits identiques.

Cependant, tout en constatant que l'aliment d'une espèce n'est pas en général celui d'une autre, et même que divers individus de la même espèce peuvent ne pas s'accommoder du même aliment, il ne faut pas pousser à l'extrême limite ces distinctions, car les caractères généraux communs dominent, et les principes alimentaires convenant à l'ensemble des êtres vivants, sont en somme peu variés. L'unité de la fonction digestive du protoplasma est cause que les mêmes matériaux d'alimentation doivent servir à tous dans de certaines conditions, et que chez tous, la fonction peut en général s'exercer sur les mêmes substances. Les caractères, communs dans la fonction, le sont en effet également dans les aliments, et souvent, lorsque de leur état physique, du mode d'association des éléments nutritifs, il semblera résulter l'incapacité à l'utilisation par certains individus, il suffira de quelques artifices peu compliqués pour modifier ces apparences tout extérieures et faire disparaître ces incompatibilités de pure forme.

Un chien ou un chat meurt de faim à côté d'un tas de blé, mais que de ce blé on fasse du pain et l'animal s'en nourrira. Un lapin périra d'inanition à côté d'un morceau de viande ou d'une proie vivante. Mais, malgré une organisation spécialement adaptée à la digestion des herbages, il ne se montrera pas réfractaire à la viande, lorsqu'elle aura subi quelques modifications peu profondes, c'est-à-dire qu'elle sera suffisamment cuite et réduite en fragments. La distinction de carnassiers et d'herbivores paraît ainsi plutôt artificielle et résultant de conditions théoriquement négligeables. Tout animal serait omnivore comme l'homme, s'il possédait comme lui une intelligence qui lui permette de suppléer par son industrie à l'imperfection de ses organes.

D'un autre côté, il est impossible de prévoir sûrement si une substance sera digérée. Les conditions déterminantes de l'action physiologique ne sont pas assez bien connues. Un poulet sort sans erreur possible d'un œuf fécondé et conservé pendant trois semaines à une température bien définie et dans des circonstances spéciales, toujours les mêmes. Son embryologie et sa physiologie sont déterminées dans l'œuf et la marche du phénomène est fatale. Il n'en est plus de même dans l'alimentation où les conditions déterminantes restent obscures et ne peuvent être définies qu'après coup. Cependant, il faudrait bien se garder, en raison de la difficulté que nous éprouvons à préciser d'une manière absolue les caractères de l'accord parfait entre l'aliment et les organes qui doivent l'utiliser, de conclure à l'absence de déterminisme dans cette partie de la physiologie. Il est bon d'insister sur ce point : rien ne se fait au hasard et les mêmes phénomènes se reproduisent toujours dans les mêmes conditions. L'attention devra donc se porter en premier lieu sur les organes de la digestion. Il sera nécessaire de contrôler leur fonctionnement et pour cela, dans la limite de ce qui est possible, de préciser les différences congénitales ou acquises, normales ou pathologiques de la structure, et surtout les modifications du milieu qui peuvent influer sur la nature des sécrétions et le fonctionnement en général. Cette recherche aura une importance plus considérable que l'étude de l'aliment dont la constitution plus accessible à nos moyens d'investigation est assez généralement identique à elle-même.

L'aliment est le second terme qui intervient dans la fonction digestive. Sous quelque forme qu'il se présente, il a toujours, avant d'arriver à l'animal, été préparé par la plante. Il peut être constitué en effet par le végétal lui-même, ou pour les carnivores, par les tissus d'un animal primitivement nourri par les végétaux. Il est impossible en effet que les animaux dévorent exclusivement la chair des animaux, car tous auraient bientôt disparu. De plus, leur organisme s'oppose à ce qu'ils utilisent directement les matériaux inorganiques.

Pour compléter ces considérations, il reste donc maintenant à parler de cette matière première sur laquelle les organes digestifs exercent leur activité. Tous les auteurs sont d'accord aujourd'hui pour définir l'aliment au seul point de vue de la nutrition, et pour nous faire savoir qu'il doit procurer aux êtres vivants de la matière et de l'énergie. Les définitions anciennes, qui ne connaissaient pas l'énergie, sont ainsi heureusement complétées, mais unanimement on s'en tient là, et on refuse de suivre les anciens qui mentionnent les modifications alimentaires dans le tube digestif, sous prétexte que cet organe n'existe pas toujours.

Cette objection est fondée, aussi ce n'est pas la présence d'un appareil digestif qu'il faut envisager. Il est peu développé chez les mollusques et les rayonnés, il manque ou à peu près chez les sporozoaires et les rhizopodes, il n'y en a jamais eu trace dans tout le règne végétal, et dans ces conditions, il n'est pas étonnant que les définitions qui parlent de substances introduites dans le tube digestif, paraissent incorrectes. Elles s'appliquent trop systématiquement aux animaux supérieurs, à une époque où des connaissances plus étendues imposent une compréhension plus large et plus étendue des termes.

Il ne faut tenir compte que de la fonction qui existe chez tous les êtres vivants, et non de l'organe, et même en changeant le sens usuel du mot aliment, et en ne qualifiant ainsi que les seuls produits assimilables extraits par la digestion de la masse alimentaire, même dans ce cas, il ne faut pas oublier que l'aliment est une substance étrangère, dont la composition a dû être modifiée pour la mettre en état d'être absorbée. L'élaboration alimentaire, la digestion ne manque jamais, sa constance en a fait une loi, et alors, si nous trouvons incorrecte la définition ancienne qui parlait d'organes au lieu de fonction, nous trouvons incomplète la définition actuelle qui veut passer celle-ci complètement sous silence. Que ce travail soit exécuté par des organes annexés à l'individu ou indépendants de lui, il n'en est pas moins général et nécessaire, et toute définition qui négligera une fonction de cette importance restera forcément incomplète.

L'exemple suivant montrera combien cette observation est juste. Il ne viendra à personne l'idée de refuser à l'albumine la qualification d'aliment. Nous savons qu'elle nous fournit des matériaux de reconstitution matérielle et énergétique et que nous pouvons compter sur son concours absolu. Cependant, injectons-en une quantité, d'abord dans une artère, puis dans le péritoine, et enfin dans l'estomac d'un animal, et voyons ce qu'elle va devenir. La quantité injectée dans un vaisseau sera purement et simplement rendue en nature par les urines, elle n'a donc rempli aucune fonction alimentaire, tandis que celle qui a été introduite dans l'estomac et même dans le péritoine, ne se retrouvera plus : elle a été transformée sous l'action de sécrétions digestives et est bien passée dans la circulation. Mais elle y est arrivée sous la forme appropriée et nécessaire à la nutrition et a été utilisée. La digestion en a fait un aliment, sans la digestion c'est un corps étranger importun et même nuisible.

Si maintenant, pour compléter la démonstration,

après une digestion artificielle nous recommençons l'injection intra-veineuse, l'albumine disparaît encore, mais cette fois, elle est assimilée. Faisons la même chose pour le sucre de canne et nous avons les mêmes résultats. Introduit dans les vaisseaux, il va se retrouver dans l'urine; au contraire, celui qui a passé par le tube digestif ou a été digéré artificiellement, disparaît et ne peut plus être retrouvé sous sa forme primitive.

Il est donc absolument nécessaire de définir les conditions auxquelles une substance donnée est soumise pour devenir nutritive, c'est-à-dire pour devenir un aliment, et la première de ces conditions, qui est la transformation digestive, doit forcément être comprise dans la définition. La pratique n'a d'ailleurs jamais cessé de le faire. Par conséquent, à la définition de Cl. Bernard, qui dit que les aliments sont des substances nécessaires à l'entretien de l'organisme et à la réparation des pertes qu'il fait constamment, nous ajouterons que ces substances, venant de l'extérieur, ont été forcément soumises, avant de devenir aptes à remplir leur fonction nutritive, à une opération appropriée qui est la digestion. Nous verrons plus tard ce qu'il faut penser au point de vue alimentaire de l'eau, des sels et de l'oxygène que la digestion n'influence pas, et pour lesquels on réclame cependant une place dans la définition.

# CHAPITRE II

## CONSIDÉRATIONS SUR LA DIGESTIBILITÉ

La digestion fait partie de la série d'actes qui préparent les substances alimentaires et les rend aptes, en changeant leurs caractères et leurs propriétés, à prendre part à la nutrition. Elle est subordonnée à une multitude de circonstances extérieures et intérieures. Lorsque les êtres inférieurs, comme l'amibe, pendant leurs pérégrinations, ne rencontrent aucune substance alimentaire, ils périssent. Mais ils périssent encore en présence d'un corps étranger, alimentaire pour une autre espèce, et dont les moyens dont eux-mêmes disposent ne leur permettent pas de tirer parti. Ils ne sont capables de faire subir aux matériaux de la nutrition que des modifications précises qui limitent ainsi la quantité de ces matériaux. A mesure que la complication des organismes va en augmentant, la puissance digestive devient plus accentuée, et le nombre des aliments susceptibles d'être employés augmente également.

Les conditions auxquelles est soumise la digestion sont donc multiples, et dépendent d'une part de la nature des corps étrangers capables d'être transformés, et d'autre part, des organes digestifs eux-mêmes.

Il ne suffit pas, pour qu'une substance soit considé-

rée comme nutritive, qu'elle puisse être attaquée par
les ferments du tube digestif ; il est nécessaire qu'elle
contienne des matières assimilables. Cette condition
est indépendante de la digestion considérée en elle-
même, et les transformations digestives peuvent s'opérer sur des substances inutiles à la nutrition, de la
même façon que des aliments véritables, comprenant
tous les éléments constitutifs d'une bonne nutrition,
peuvent rester inutilisés, parce que la digestion est
impuissante à leur donner la composition qui convient
à leur utilisation ultérieure.

La digestion contribue à établir un rapprochement
entre la composition de l'élément vivant et la matière
première de la réparation, mais nous allons voir que
dans bien des cas, il est nécessaire, au préalable,
d'établir une appropriation suffisante entre l'aliment et
le système digestif. En effet, la nature ne met à notre
portée qu'un bien petit nombre de substances capables
de nous servir d'aliments dans leur état naturel et sans
préparation. On peut se demander si l'homme trouverait dans la faune et dans la flore du globe de quoi se
nourrir d'une façon suffisante sans la cuisson, la fermentation, et généralement tous les apprêts physiques
et chimiques dont il est coutumier. L'anatomie du tube
digestif n'est pas appropriée à l'utilisation des matériaux bruts, comme les céréales ou les légumineuses.
La viande, crue ou cuite d'ailleurs, est impropre à entretenir la vie. En grande quantité et sans accompagnement d'autres aliments, c'est un poison des cellules
auxquelles elle n'apporte pas, comme chez les carnivores, seuls aptes à ce genre de transformation, les
bases nécessaires pour saturer les acides de l'organisme. Les fruits, tels que la nature nous les présente,

quand la culture ne les a pas améliorés, sont plutôt indigestes, et de plus l'économie demande, ainsi que nous le verrons, une certaine variété dans le choix des substances. Sans la préparation des aliments, il ne pourrait y avoir place que pour une vie précaire et remplie de vicissitudes, dans laquelle une adaptation des organes aux aliments, différente de celle qui existe actuellement, aurait entraîné de toute nécessité une autre orientation de l'évolution.

Cette préparation est devenue possible à l'homme lorsque son intelligence s'est développée au point de lui faire apprécier tout l'intérêt qu'il y avait pour lui dans l'amélioration de son régime ; car il est malheureusement évident que l'instinct seul ne le renseignait pas, et le guidait aussi mal que les animaux, qui, malgré certaines apparences, ne possèdent certainement que des notions très vagues de ce qui leur convient. Ainsi les singes, très attentionnés et très difficiles dans leur alimentation, s'empoisonnent volontiers avec du phosphore ou de l'iodoforme. L'enfant mange indistinctement tout ce qu'il rencontre, le mucus nasal comme le sable inerte ou les poisons. L'homme s'empoisonne par l'alcool, l'éther, l'opium, la morphine, ou même plus simplement par la viande ou l'excès de nourriture en général. Il ne voit pas le danger, et il a besoin de toute son intelligence pour le comprendre. Ce n'est donc qu'à mesure du développement intellectuel qu'il a appliqué son industrie à faire disparaître, ou du moins à atténuer ces discordances entre la nature et ses organes, et les objets extérieurs dont il cherchait à faire des aliments. Des perfectionnements nécessaires se montrèrent dans le choix de la nourriture, puis dans la manière de la préparer. Il fit subir aux substances qu'il avait à sa disposition diverses préparations, dont la plus importante est la cuisson. La cuisine devint une chose usuelle, en même temps que la culture des plantes destinées à l'alimentation, et l'élevage, la domestication des animaux que l'homme tint ainsi à sa portée et n'eut plus besoin de chasser. Deux avantages résultèrent de cette transformation des habitudes : en premier lieu, l'acquisition de loisirs qui purent être employés d'une façon profitable à la civilisation, et une simplification dans les fonctions digestives qui eut son retentissement sur les organes.

M. Metchnikoff pense en effet que le gros intestin et l'appendice sont des persistances ataviques. D'autres modifications que nous ne connaissons pas ont pu se produire encore dans la composition des ferments digestifs et dans les glandes qui les sécrètent. En somme, et pour confirmer cette observation intéressante, à savoir que, d'une manière instinctive et irraisonnée, l'homme recherche partout pour les organes le moindre travail, il a adapté ses aliments pour un fonctionnement moindre de l'appareil digestif qui lui-même s'est simplifié en conséquence. Ainsi instinctivement, il s'est efforcé d'atténuer les difficultés qu'offrait le rapprochement entre sa propre substance et le monde extérieur, et l'intelligence est venue l'aider dans cette tâche, en lui montrant ce qu'il avait à gagner dans les transformations artificielles des matières qui l'entourent, en les appropriant à sa subsistance.

L'aliment est un corps étranger d'une composition différente de la nôtre, mais capable d'être transformé de telle sorte qu'il arrive cependant à s'incorporer à notre substance en empruntant sa composition et ses propriétés. La nécessité de la digestion résulte de ces différences, elle est une phase dans ce processus qui achemine l'aliment vers l'assimilation. La digestion est un facteur de ces mutations. Mais si la digestion modifie les matériaux nutritifs, ceux-ci ont souvent de plus, avantage à subir une préparation préalable qui en facilite la digestibilité, c'est-à-dire corrige les incompatibilités qui existent trop souvent entre les aliments et l'organe, et les accommode de la façon la plus économique au fonctionnement de l'appareil digestif.

Nous arrivons ainsi à parler de la digestibilité, seule et unique qualité que nos organes digestifs soient en droit d'exiger de l'aliment. La digestibilité est généralement regardée comme la propriété que possède l'aliment de céder, sous l'action des ferments digestifs, des éléments absorbables. L'aliment n'est pas seul à être doué de cette propriété. Des médicaments, des poisons, des matières indifférentes au point de vue alimentaire, sont plus ou moins digestibles, de sorte qu'il est possible d'appliquer cette qualification à tous les corps en général, et cela avec d'autant plus de raison, que certaines substances, non digestibles pour une espèce, peuvent l'être pour une autre. Les mammifères ne digèrent pas les carbonates calcaires, les Rayonnés les dissolvent et les absorbent.

La digestibilité n'est autre chose que l'aptitude à la dissolution, mais à une dissolution accompagnée de changement de constitution des corps, les mettant en état d'être absorbés, elle n'implique en aucune manière une propriété nutritive et est insuffisante pour l'appréciation de la valeur de l'aliment. La substance soumise à l'action des sucs digestifs est dissoute et absorbée, mais l'économie peut n'en tirer aucun parti et s'en débarrasser sous la même forme. Elle peut la transformer et s'en débarrasser sans l'utiliser, comme pour la gélatine, elle peut encore en être impressionnée défavorablement, comme pour la plupart des alcaloïdes ingérés en proportions notables. Il n'y a là aucune action alimentaire.

On peut regarder la digestibilité comme une propriété de la matière et principalement de la matière organique. Elle conditionne la réaction de chimie organique qui a pour résultat biologique de rapprocher la matière étrangère de la matière vivante, mais ce n'est qu'un rapprochement qu'il appartiendra plus tard à l'assimilation d'achever.

La digestibilité se mesure, d'après Trousseau, par la facilité à abandonner la somme des éléments chymifiables. On comprend l'incertitude et le vague d'une pareille mesure, et il en résulte que généralement les auteurs se bornent à caractériser la digestibilité par le temps que les aliments passent dans l'estomac. D'autres, allant un peu plus loin, analysent les ingesta et les excreta, et appellent coefficient de digestibilité le rapport de la quantité résorbée à la quantité ingérée.

La digestibilité résulte en partie de certaines propriétés physiques de l'aliment, comme son pouvoir nutritif résulte de ses propriétés chimiques. L'aliment végétal ou animal est composé de principes ternaires ou quaternaires en quantités peu précises, accompagnés d'une trame cellulosique ou fibreuse plus ou moins abondante, plus ou moins serrée. Suivant la texture et la cohérence des parties, la pénétration des ferments digestifs est empêchée ou favorisée, et la digestion de ces principes solidement emprisonnés dans un revêtement impénétrable, peut être entravée.

Les aliments les plus altérables, ceux qui se présentent dans un état de division plus accentuée, sont ceux qui se digèrent le mieux. Mais la digestibilité n'est pas uniquement une propriété de l'aliment. Si elle est d'un côté sous la dépendance d'une condition qu'on peut appeler absolue et qui consiste exclusivement dans la constitution intrinsèque des substances, il existe d'autre part une condition relative, régie par des facteurs extrinsèques appartenant à l'individu, et cette condition la fait varier dans des proportions extrêmes, sous l'influence de causes qui ne sont pas toujours bien déterminées. En effet, l'organe digestif et ses ferments se montrent d'une puissance variable, non seulement quand on considère le fonctionnement des diverses parties, estomac ou intestin, chez des sujets différents, mais chez le même, suivant les moments de la journée, suivant les dispositions, les préoccupations, les périodes d'activité ou de repos, enfin suivant une infinité de circonstances extérieures. Une cause morale, une suggestion influe à chaque moment sur les réactions biologiques. C'est ainsi que l'idée seule d'avoir mangé de la viande de cheval peut empêcher certaines personnes de la digérer. De plus, la constitution héréditaire ou acquise ne permettra jamais de compter sur un fonctionnement identique chez tous.

On conçoit donc que la digestibilité, quoique d'une grande importance dans l'établissement des régimes, tant de l'état de santé que de l'état de maladie, est loin d'être toujours semblable à elle-même, ce qui fait sans doute que la théorie n'en tient pas compte quand, par exemple, il s'agit de rechercher la puissance énergétique d'un aliment. La quantité de calories est calculée dans le calorimètre et le résultat du calcul est immédiatement appliqué à l'organisme, en faisant abstraction de la nature différente des combustibles soumis à l'instrument de physique et à l'instrument physiologique. L'opération physique du laboratoire pratique en effet la combustion totale de l'aliment, tandis que dans l'économie l'oxydation ne se produit que sur la fraction qui a subi dans le tube digestif une élaboration suffisante. Il y a entre le processus du laboratoire et celui de la vie cette différence essentielle, que le premier exécute en un seul temps et sans précaution, ce que le second prépare avec soin et d'une façon précise, négligeant, pour une raison ou pour une autre, d'employer une certaine partie de la masse alimentaire, en employant une autre à fournir l'énergie nécessaire à ce travail préliminaire lui-même. Le calorimètre ne serait capable de nous procurer des données exactes sur la chimie des combustions intra-cellulaires que si les deux opérations utilisaient les mêmes matériaux, c'est-à-dire exclusivement le glycogène pour les hydrates de carbone et pour les albuminoïdes et les graisses d'autres produits de transformations sur lesquels nous sommes d'ailleurs actuellement peu fixés. Le principe de l'état initial et de l'état final se trouve faussé par suite des différences dans la digestibilité.

La constitution de l'aliment peut donc faire varier la digestibilité dans de grandes limites. Si nous considérons par exemple le pain de tout grain, dans la confection duquel entre une grande quantité de son, nous remarquons que théoriquement il contient beaucoup d'azote sous forme de gluten, et sauf les matières grasses, peu abondantes, tous les principes d'un aliment complet. Le son qui entre dans sa composition est très riche en matériaux de nutrition ; malheureusement il n'est pas attaqué par les ferments digestifs et passe, entraînant avec lui la majeure partie du gluten. Non seulement il n'est pas digéré, mais l'expérience montre qu'il joue un rôle d'inhibition dans la digestion des autres substances ingérées en même temps que lui. Quoique le foin, le seigle, le sarrasin aient une teneur en matières azotées qui se rapproche de celle du blé, on évite de les choisir comme nourriture. La quantité de cellulose associée à la matière azotée en fait des aliments possibles pour les herbivores, radicalement indigestes pour l'homme, tout en tenant compte cependant de ce fait important que la cellulose en quantité modérée est loin d'être nuisible. En augmentant la masse alimentaire, elle dilate le tube digestif, déplisse les surfaces et favorise ainsi l'action des plans musculaires en même temps que l'absorption. Il est remarquable que le fonctionnement propre du tube digestif exige l'usage d'autres substances que d'éléments complètement assimilables, et que la présence du gros intestin oblige l'homme à ne pas apporter à sa nourriture tous les perfectionnements dont elle est susceptible. Il est nécessaire en effet que l'ingestion d'une masse à peu près inerte, y accumule une certaine quantité de déchets qui sollicitent les contractions et favorise la progression et l'issue des matériaux de désassimilation, trop peu volumineux pour exciter une action efficace. Mais les matières végétales en quantité raisonnable produisent encore dans le gros intestin un résultat d'une autre nature. Il renferme chez certains mammifères un grand nombre de microbes capables de digérer la cellulose, et chez l'homme même, nous constatons la présence de semblables bactéries. Il ne s'agit pas de favoriser la pullulation de ces organismes par une forte ration de cellulose, mais suivant l'expression de Metchnikoff, de les cultiver, de ne pas les laisser végéter à l'état sauvage, en leur fournissant les éléments normaux de leur nutrition. De cette façon le gros intestin, siège d'une fonction physiologique dont les moyens et les résultats ne présentent aucun désaccord avec les opérations de la nutrition, devient un organe utile dans lequel on a toute chance de voir se produire moins d'aberrations pathologiques.

En dehors de la ration théorique qui se rapporte exclusivement à la nutrition, nous devons rechercher dans les aliments des qualités qui les fassent accepter par tous les organes digestifs, non seulement sans répugnance, mais avec plaisir. Les artifices de la cuisine répondent spécialement à cette indication. Par les transformations que les diverses préparations font subir aux aliments, ceux-ci acquièrent des capacités nouvelles, ils s'approprient mieux au but auquel nous les destinons, soit qu'ils deviennent plus appétissants, et sollicitent ainsi notre goût, soit qu'ils deviennent plus aptes à céder à l'économie, sous l'influence des ferments digestifs, les principes utiles qu'ils possèdent, parce que leur composition chimique a été modifiée et que la cuisson a rendu assimilables divers éléments qui, sans elle, seraient restés réfractaires. La digestibilité se trouve ainsi accrue.

La cuisine comprend deux choses assez généralement confondues et qu'il importe cependant de distinguer. La première est la cuisson qui, d'une façon générale, modifie les propriétés chimiques et physiques des aliments et possède une action analogue à celle du suc gastrique. Elle désagrège les tissus animaux après avoir changé en gélatine et dissous la partie conjonctive qui relie les fibres musculaires. Celles-ci ayant déjà subi ce commencement de digestion, dissociées, présentent une surface plus étendue à l'attaque des ferments digestifs qui les pénètrent aussi plus facilement, à la faveur de l'augmentation de porosité. Toutes les qualités de la viande sont conservées, sinon augmentées ; la somme des principes nutritifs ne se trouve pas accrue, elle n'est pas non plus diminuée par une cuisson bien conduite ; de plus, l'utilisation de ceux qui existent est plus complète et plus rapide et exige moins d'efforts de la part des organes digestifs. Les bactéries sont tuées et les fermentations arrêtées. La viande se trouve stérilisée et débarrassée des parasites et de leurs œufs. La cuisson répond sous ce rapport à une indication formelle qui est de détruire toute matière nuisible accompagnant les aliments. On voit ainsi que l'avantage de la viande crue est bien problématique, l'action violente du hachoir ne vaut pas celle de la chaleur, et le danger d'absorber avec la nourriture des bacilles nocifs ou des œufs d'helminthes reste entier.

On a cependant contesté à la viande cuite sa plus grande digestibilité, en faisant remarquer que la chaleur modifie les parties coagulables de la chair musculaire, et leur donne une plus grande densité. C'est possible en effet, mais en dehors des parties coagulables, il y a aussi les parties conjonctives dures et impénétrables aux ferments digestifs, lesquelles, ramollies par la coction, deviennent ainsi plus facilement et plus complètement pénétrables par ces ferments. D'ailleurs, pour faire la comparaison avec la viande crue, il faudrait laisser celle-ci entière, tandis que toujours on la hache ou on la râpe au tranchant du couteau afin de désagréger la fibre musculaire et de supprimer les tendons et les aponévroses. Cette opération lui confère des qualités tout autres et peut du seul fait de cette préparation contribuer à la rendre plus digestible.

D'un autre côté les zymases sont tuées par la coction, mais il semble bien que cet inconvénient soit minime et même négligeable si on tient compte du développement de l'arome qui excite l'appétit et provoque la sécrétion d'un suc gastrique plus actif.

L'influence de la cuisson sur les végétaux est également considérable ; dans la plupart d'entre eux, en effet, il existe une trame de cellulose inattaquable qui emprisonne les substances alimentaires, et il est nécessaire d'employer la chaleur aidée de l'humidité pour faire disparaître cette charpente compacte. Souvent même, pour différentes farines et fécules, on doit la faire précéder par une division mécanique préalable. Les sucres subissent un commencement d'inversion, la fécule s'hydrate, augmente de volume, se saccharifie en partie, et si, comme pour le pain, on peut la présenter aux liquides digestifs dans un état de grande division, ses transformations subséquentes n'en deviennent que plus faciles.

Telles sont d'une façon générale et sans y insister, les modifications provoquées par la cuisson. D'ailleurs, elles ont été peu étudiées, ce qui tient à la difficulté de préciser les transformations d'une certaine quantité de substances organiques dont la constitution élémentaire n'est pas suffisamment définie, comme l'albumine. Cela tient encore à ce qu'on se désintéresse facilement d'un art qui, par son côté le plus en vue, paraît appartenir non à la science, mais à la sensualité.

La cuisine répond en effet à ces deux formules, et dans les préoccupations les plus usuelles et les plus répandues, beaucoup plus spécialement à la seconde. Elle s'est écartée de sont but rationnel et scientifique qui est d'aider à la nourriture de l'homme, pour s'occuper de flatter le sens du goût. Il y a donc dans la cuisine une partie physiologique et une partie psychologique.

Il est nécessaire qu'un mets soit sapide, agréable au goût et excite l'appétit qui est le premier et indispensable facteur des actes digestifs (Pawlow), et par lequel l'action des ferments gastro-intestinaux est mise en mouvement. Quoiqu'une cuisson bien comprise et bien conduite soit parfaitement capable, même pour les végétaux, non seulement de conserver, mais de développer les aromes provocateurs de l'appétit, on s'en est tenu généralement à cette idée qu'elle n'a d'autre action que de favoriser la digestibilité. Alors on ne s'est pas contenté de la cuisson, méthode trop simple, on s'est efforcé par des recherches compliquées, par des pratiques savantes, d'accentuer et même de changer le goût des aliments. Les fonctions physiologiques primordiales sont passées à l'arrière-plan ; ce n'est plus en vue de la nutrition que la nourriture a été préparée. Depuis longtemps déjà, la cuisine est devenue l'assaisonnement de la gourmandise, on a recours à l'addition de matières épicées, alcool, produits organiques ou minéraux plus ou moins nuisibles, et même, fermentations diverses, avec développement de leucomaïnes et de ptomaïnes odorantes. L'art de bien doser tout ces poisons constitue aujourd'hui la cuisine, et c'est par une véritable aberration que la plupart des hommes civilisés en sont arrivés à se nourrir ainsi qu'ils le font trop communément.

Je ne pense pas que la coutume de la suralimentation, si répandue actuellement, ait d'autre cause que l'exagération atavique de l'acuité gustative. L'excessive sapidité des aliments invite à une consommation toujours plus grande qui n'a plus pour but la satisfaction d'un besoin, mais celle d'un appétit dévié. L'habitude et le désir plus ou moins conscient d'une jouissance spéciale, plutôt que le sentiment d'une réparation utile, nous font sentir l'heure des repas et nous poussent à ne quitter la table que lorsque la distension de l'estomac a atteint un degré exagéré. Nos pères, tenant de leurs ancêtres la pratique de la suralimentation, nous l'ont à leur tour transmise, et nous nous sommes de la sorte constitué un besoin factice qui nous en impose à nous-mêmes et sert d'excuse aux pires excès ; la faim et la soif sont nos maîtres, elles nous ont asservis, et, de bonne foi, en leur obéissant, nous croyons obéir à une nécessité de notre organisme.

L'usage d'une quantité immodérée crée le besoin psychique, l'intime et absolue persuasion que le sentiment de la faim qui, en réalité, a son point de départ dans le cerveau, doit être obéi comme une loi de nature : voilà bien la genèse de cette habitude pernicieuse de la suralimentation. Faut-il une preuve de l'origine purement psychique de la faim ? Nous la trouverons facilement en observant ce qui se passe dans l'inanition comparée de l'homme et de l'animal. Celui-ci résiste longtemps, il n'a pas peur de la mort qu'il ne connaît pas plus qu'il ne la redoute. La souffrance est corporelle, non intellectuelle. Au contraire, dans la plupart des cas, l'homme meurt vite, parce qu'à la souffrance corporelle, se joint la torture de l'être intelligent qui voit et comprend la désespérance de sa situation. L'habitude des boissons alcooliques confirme encore cette idée. Il n'y a chez le buveur aucun besoin physique, nul de ses organes ne menace d'arrêter ses fonctions si on cesse de l'inonder d'alcool, l'habitude pourrait sans inconvénient être suspendue instantanément, et de fait, cette interruption a été souvent observée, et cependant l'alcoolique continue de boire. Il obéit à un besoin psychique, comme le fumeur, comme le morphinomane, comme le gourmand. C'est en quelque sorte une autosuggestion qui supprime le fonctionnement du pouvoir modérateur. C'est en un mot, une habitude, et comme on entend dire partout que l'habitude est une seconde nature, on s'imagine qu'on ne peut pas résister à sa nature. La plupart des hommes sont de bonne foi en invoquant ce prétexte, dont une volonté un peu ferme leur ferait facilement reconnaître le caractère trompeur.

La pratique vicieuse de l'alimentation exagérée est en usage chez nous depuis longtemps. Il semble qu'elle soit due, au moins en partie, au patronage puissant qu'elle a trouvé à la cour pendant le siècle de Louis XIV. Mais au moins, à ce moment, on n'attribuait pas à l'anémie les inconvénients causés par les excès de nourriture et de boisson, et les médecins, quoique sans s'appuyer peut-être sur des raisonnements très solides, avaient su trouver et appliquer un remède au mal. Ils nettoyaient les intestins de leurs contemporains à l'aide de purgations et de lavements, ils les débarrassaient de la flore microbienne engendrée par les fermentations carnées. Ils allaient plus loin, et par des saignées assurément irraisonnées, somme toute, plus favorables que nuisibles, non seulement ils abaissaient l'hypertension artérielle causée et entretenue par les toxines, mais ils supprimaient le danger immédiat de ces toxines. Molière vint, fit de l'esprit aux dépens des médecins au lieu d'en faire aux dépens des mangeurs, et depuis ce temps on mange toujours, mais sans la compensation que l'intuition médicale du temps, je n'ose dire l'observation, avait trouvée.

Sans prétendre s'en tenir à la ration strictement suffisante, il sera bon toutefois de préparer quelques réserves pour faire face aux nécessités qui peuvent se présenter. M. Richet a montré qu'en nourrissant un chien avec une quantité suffisante d'hydrates de carbone, de graisse, et 1 gramme à 1$^{gr}$,50 d'albumine par kilogramme du poids de l'animal, on peut obtenir pendant deux à trois mois l'équilibre azoté. Mais au bout de ce temps, des troubles digestifs apparaissent, la graisse n'est plus digérée, et la mort arrive avec des lésions intestinales et hépatiques. Ce n'est donc pas seulement au point de vue de la nutrition, mais dans l'intérêt de la digestion même qu'il est bon de forcer un peu la ration théorique, tout en ne se laissant pas exclusivement diriger par le sentiment de la faim.

L'appétit est loin d'être un guide infaillible et il a besoin d'être maintenu afin d'éviter le surmenage des organes digestifs, aussi bien par la quantité de la nourriture que par la qualité. Leur résistance n'est pas indéfinie, et on voit rapidement s'affaiblir et se perdre l'intégrité et l'efficacité de leur action. Il n'y a pas lieu d'admirer un estomac qui digère tout, car souvent, celui qui pour une cause quelconque est obligé de bonne heure de surveiller minutieusement son régime, arrivera plus facilement à une vieillesse exempte d'infirmités que l'homme robuste, fort mangeur, gros et gras.

Lorsqu'on aura pris l'habitude d'éviter les exagérations, alors il sera permis de rechercher la sapidité des aliments qui a pour résultat d'accroître la digestibilité par un mécanisme spécial, une action directe sur la fonction digestive, dont nous avons signalé l'intervention efficace et nécessaire dans le phénomène. Les sécrétions sont ainsi amorcées, l'ingestion de certaines substances qui, dépourvues de goût, seraient délaissées, devient ainsi possible et profitable. Mais s'il est nécessaire que les artifices de la cuisine ne soient pas négligés, ce n'est qu'au point de vue exclusif des fonctions digestives et non dans l'intention d'un plaisir dangereux et sans utilité. En un mot, il est bon de le répéter, la cuisine ne doit avoir pour objectif que la satisfaction d'un besoin, non celle des appétits.

La quantité des aliments nécessaires à chaque individu varie dans des limites assez peu étendues, tout en n'étant pas identiquement la même, car la somme des principes nutritifs indispensables à la vie, ne s'écarte guère d'une moyenne générale. Les différences dépendent beaucoup plus des habitudes que des besoins réels, et dans ces conditions, elles gagneraient à être réduites de bonne heure, sans attendre que la sobriété soit imposée par une nécessité rigoureuse. Il faut remplacer la quantité par la variété, en se souvenant que variété ne veut pas dire multiplicité. La fonction s'en trouvera améliorée d'autant, et on évitera la réplétion gastrique, source de tant de maux.

Les fonctions digestives réclament, en effet, une certaine variété dans le choix des ingesta, non seulement au point de vue de la nutrition, mais aussi à celui de la digestion. Bien des expériences ont prouvé l'insuffisance d'un aliment unique : ainsi des chiens nourris avec du sucre et de l'eau, avec de l'huile d'olives et de l'eau, avec du pain et de l'eau, des lapins nourris avec du blé ou de l'avoine, ou de l'orge, ou des choux, des carottes, tous meurent invariablement au bout d'un temps plus ou moins long. Si au lieu de donner séparément chacune de ces substances, on les associe, la vie se continue sans incident. Le système nerveux qui préside aux actes digestifs se fatigue de la répétition d'une excitation toujours identique à elle-même, comme semblent le prouver les phénomènes ultimes de diarrhée, et de plus, ainsi que l'a remarqué M. Richet, la nutrition est en souffrance, ne trouvant pas dans un aliment unique les principes nutritifs nécessaires.

La variété doit donc être recherchée sous la forme d'association de substances diverses, diversement préparées et non, comme nous l'avons dit, sous la forme de multiplicité : alimentation variée, non copieuse. Pawlow nous a montré comment la viande est l'amorce de la digestion en excitant à la fois l'appétit et le suc gastrique, comment ce travail une fois commencé se continue automatiquement dans l'intestin, de sorte que les hydrates de carbone eux-mêmes bénéficient de l'ingestion des albuminoïdes. C'est une preuve de l'avantage des associations de substances dans l'alimentation.

Un régime exclusif comme le régime végétarien qui comporte, malgré les apparences, une certaine variété dans le choix des aliments, ne doit pas être rejeté à priori. Théoriquement et d'une façon absolue, il est capable de fournir les éléments nécessaires à la nutrition, mais pratiquement, considéré surtout au point de vue des organes digestifs, sa valeur déjà réelle, sera sensiblement améliorée par l'adjonction de différents produits tirés des animaux comme le lait, les œufs, etc., en laissant la viande proprement dite complètement en dehors. Il diminue les fermentations intestinales et la production de toxines, et rend surtout de grands services dans la diététique pathologique. L'alimentation normale, dans beaucoup de cas, en tirera de grands avantages.

En général, d'ailleurs, et en dehors de tout régime spécial, l'introduction des légumes dans l'alimentation, en outre de leur valeur nutritive, augmente la digestibilité des autres substances par la variété et la sapidité de leurs acides organiques et de leurs sels minéraux. Ils viennent en aide à la digestion des autres aliments, et par l'accroissement de volume du bol alimentaire, ils exercent sur l'appareil digestif une action mécanique favorable.

Il faut dans l'état de santé, faire travailler également tous les segments du tube digestif sans exagérer l'importance de l'un aux dépens d'un autre, et la viande se montrera utile au même titre que les légumes, les fruits, les féculents et les graisses. Cependant certaines associations ne conviennent pas toujours et ce sera plutôt la pratique que la théorie qui se chargera de nous le démontrer. Ainsi les graisses qui entravent l'action du suc gastrique, peuvent nuire à la digestion de la viande (Pawlow). Le lait, aliment gras, ordinairement très digestible quand il est pris seul, est mal supporté s'il vient à faire partie d'un repas et se rencontre dans l'estomac avec des hydrocarbonés et des albuminoïdes. Il se produit des fermentations dues à celui qui n'est pas attaqué par les sucs digestifs. Quelquefois, il suffit d'une mastication soigneusement opérée pour éviter ces inconvénients.

Dans toutes ces questions, on doit malgré tout faire une part à la façon habituelle de s'alimenter, quelle que soit la cause première de cette habitude. Les organes digestifs qu'une longue accoutumance est arrivée à façonner à une nourriture uniforme, soit au végétarisme manifestent par le changement des réactions inopportunes, avec retentissement local et général. Ainsi observe-t-on souvent chez les nourrices, quand, les transplantant de la campagne, on trouve bon de changer leur régime ordinaire de pain et de légumes. On le juge insuffisant parce qu'il diffère trop notablement de celui auquel on est soi-même accoutumé, vite on veut les nourrir avec de la viande, du vin, de la bière, et même sans suralimentation, on n'obtient que des résultats défavorables, parce qu'on a rompu une accommodation ancienne qui permettait à l'estomac de tirer partie d'une nourriture médiocre. Il faut un certain délai pour prendre de nouvelles habitudes, non par la faute de l'aliment, mais par celle des organes, et l'erreur a été de ne considérer qu'un côté de la question.

La digestibilité peut encore varier suivant le genre de vie, repos, activité plus ou moins grande, et les conditions du milieu, chaleur, sécheresse, froid ou humidité, mais toutes ces conditions n'ont pas une importance aussi considérable qu'on l'admet généralement, et les différences dans les aptitudes digestives, sont en grande partie attribuables aux coutumes. Tout le monde sait que dans les pays froids, chez les Esquimaux, la nourriture est constituée pour la presque totalité par les corps gras, huiles et graisses, corps d'une digestibilité intrinsèque peu considérable, et les physiologistes, comme les voyageurs, admirent cette adaptation des produits naturels aux nécessités du milieu. Il paraît indispensable en effet, pour combattre les conséquences des basses températures, que les facultés digestives des indigènes soient en état d'employer un combustible doué d'un pouvoir calorifique considérable.

La question est plus complexe qu'elle ne paraît d'abord, et il faudrait savoir d'une part comment, arrivant dans une zone glaciale, un émigrant des régions tempérées, non accoutumé à une nourriture aussi spéciale, pourrait la supporter, et s'il ne se trouverait pas notablement mieux de son régime habituel.

D'autre part, l'expérience inverse devrait être faite sur un mangeur de graisse transplanté en pays tempéré. Il y a tout lieu de penser qu'elle ne serait pas favorable au changement de régime qui ne devra pas être brusquement modifié, au moins quant à la nature des aliments.

L'usage des graisses est un exemple remarquable des effets de l'habitude. Elles ne se digèrent pas comme les autres aliments : les ferments amylolytiques et protéolytiques n'ont pas de prise sur elles dans aucune partie du tube digestif. Elles arrivent dans l'intestin non modifiées, seulement ramollies par la température du corps et dissociées, si le suc gastrique a pu attaquer les parois des cellules qui les contiennent. Soumises aux actions combinées de la bile et de la lipase intestinale et pancréatique, elles s'émulsionnent et en partie seulement se saponifient, en donnant naissance à des acides gras et à de la glycérine. Ces derniers absorbés sous cette forme régénèrent la graisse tandis qu'une partie de l'émulsion semble passer en nature dans la circulation pour se déposer dans les tissus et y rester jusqu'au moment où ceux-ci, remplissant par un processus lipolytique cellulaire qui vient en aide à l'insuffisance de la digestion, un rôle qui incombait à l'intestin, les décomposera à son tour. La graisse paraît donc être de tous les aliments le seul qui puisse traverser en nature la muqueuse de l'intestin, et ainsi s'explique ce fait qu'on retrouve chez des animaux nourris avec des graisses spéciales, ces substances elles-mêmes, ayant conservé toutes leurs propriétés. Nous savons qu'il n'en est jamais ainsi pour les albuminoïdes et les hydrocarbonés dont la molécule a toujours besoin d'être plus ou moins simplifiée et même souvent désorganisée pour rendre l'absorption possible et qu'on ne rencontre jamais ensuite dans l'économie sous leur forme primitive.

Comment maintenant devons-nous apprécier, dans le cas spécial des habitants des pays froids, la digestibilité des graisses ? Il est besoin assurément d'une habitude, d'un entraînement pour mettre les organes digestifs en état d'en tirer parti, et il semble que nous devons faire la part plus grande à l'action des milieux digestifs intérieurs qu'à celle du milieu extérieur. De cet exemple qu'il serait facile d'étendre à d'autres substances, nous pouvons donc conclure que l'homme se nourrit des produits du sol sur lequel il vit; ses facultés digestives s'accommodent des aliments qu'il peut se procurer à peu de frais, et la nature n'a pas pris la peine de créer de la graisse dans le but de fournir plus de chaleur aux Esquimaux. L'Arabe ne dédaigne pas les olives et l'huile qu'il en retire parce qu'il habite un pays chaud. M. Gautier rapporte, d'après les savants russes, que les cultivateurs qui, dans leur pays très froid l'hiver, très chaud l'été, vivent presque uniquement de légumes, de pain noir, de lait et d'ail, travaillent quatorze et seize heures par jour et restent cependant très vigoureux.

Le coefficient d'utilisation des aliments en tant que digestibilité est fonction d'abord de l'aliment lui-même mais aussi pour une grande partie des aptitudes innées ou acquises des individus.

En résumé, les aliments divers que la nature met à notre disposition ne sont pas toujours capables d'une accommodation parfaite avec nos organes. Il existe trop souvent, comme dans trop d'autres circonstances des incompatibilités insurmontables entre les propriétés physiques de ces substances et nos facultés. C'est cette adaptation que nous poursuivons, en modifiant par des artifices la digestibilité des matériaux alimentaires, en rendant utilisables, par les moyens que notre intelligence nous suggère, ceux qui sont réfractaires à l'état de nature. Dans ces opérations nous nous heurtons à un grave écueil, celui de la suralimentation, qu'il importait au plus haut point de signaler. Nous lui donnerons toute sa valeur en rapportant la phrase suivante, inspirée à Fonssagrives par la constatation de la mauvaise hygiène alimentaire contemporaine : *Il faut diviser en trois parts les aliments d'un repas, l'une pour le besoin réel, la seconde pour la sensualité, la troisième pour les maladies à venir.*

# CHAPITRE III

## CHIMIE DIGESTIVE DES HYDROCARBONÉS

La comparaison de l'état initial avec l'état final de l'aliment ingéré nous fait voir que l'animal est un agent de décomposition de la matière. Celle-ci n'est rendue au milieu extérieur qu'après de multiples transformations, au cours desquelles elle s'est débarrassée, en faveur de l'être vivant qui en tire toute sa matière et toute son énergie, du potentiel dont elle était chargée. Mais l'aliment ne s'avance pas d'une manière égale et régulière dans la voie de la dégradation chimique ; il subit, aussi bien par le fait de sa structure propre que par le fonctionnement des organes, des séries successives de décomposition et de recomposition pendant lesquelles il cède tour à tour et reprend une partie de son potentiel énergétique. On peut ainsi chez les animaux distinguer plusieurs cycles. L'un sera constitué par la digestion qui dégrossit la molécule, un autre par l'absorption et l'assimilation qui reforment des complications nouvelles, enfin la désassimilation représentera une dernière phase, celle dans laquelle les matériaux de nutrition abandonnent définitivement une partie de la matière et de l'énergie dont ils sont porteurs. Le premier cycle n'existe pas chez les végétaux ; mais les deux autres leur sont communs avec les animaux, de telle façon que, lorsqu'on fait de la plante un agent de synthèse et de l'animal un agent d'analyse, on commet une erreur. Tous deux sont des constructeurs d'édifices et il n'y a entre eux que cette différence, à savoir que l'animal ne laisse pas la destruction de l'édifice végétal s'opérer seule et par le libre jeu des lois qui règlent son évolution, mais qu'il le détruit lui-même, en faisant à son profit le virement de l'énergie de la plante.

Les phases par lesquelles passe l'aliment ont donc besoin d'être séparées l'une de l'autre, précisées et étudiées dans leurs détails. Alors on s'apercevra que si les réactifs chimiques ou diastasiques, auxquels sont soumis pendant la digestion les matériaux de nutrition, sont sans conteste des agents d'analyse, il survient ensuite une seconde période, pendant et après l'absorption, dans laquelle la synthèse des éléments libérés est nettement perceptible. Ce phénomène a été mis en évidence par Cl. Bernard, le jour où il a montré que les aliments ingérés ne se divisaient pas en parcelles allant directement occuper la place où elles pouvaient être utiles, mais n'étaient qu'une matière première que l'organisme soumettait à une chimie compliquée avant d'en tirer parti.

Il est nécessaire que la matière soit amenée par cette chimie digestive au point précis où elle pourra être employée. Il est nécessaire qu'elle subisse la décomposition digestive, car quelle que soit la perfection de son organisation, elle n'est assimilable qu'en éléments simples. Nous comparons l'assimilation à une construction d'édifice et d'un édifice identique à celui qui forme la substance corporelle. Or, chacun a sa substance propre, différente de celle du voisin, et celle-ci, malgré ses analogies, étant néanmoins étrangère, doit d'abord être décomposée pour être reconstruite sous une forme semblable mais non identique. Les mêmes pierres de taille, qui formaient par leur assemblage un monument dans une ville, ont besoin d'être séparées et réédifiées pour la construction d'un monument semblable dans une autre ville. La matière azotée, passant de l'animal à la plante, est décomposée par les bactéries de la terre; lorsqu'elle passe de la plante à l'animal, elle l'est de la même manière par les enzymes digestives, et les villosités intestinales n'ont pas d'autre rôle que les radicelles. Toutes deux exercent leur fonction sur des matériaux simples. Quant au degré de la désintégration, s'il paraît très avancé chez les végétaux, il ne l'est sans doute pas moins chez les animaux.

L'importance des transformations est considérable : la molécule qui doit pénétrer dans le protoplasma doit prendre non seulement une forme et une constitution déterminées, capables de provoquer le jeu normal de l'irritabilité protoplasmique, mais même une composition identique à celle de la matière vivante, de telle sorte que celle-ci n'ait plus qu'à l'ajouter à sa propre substance, et cette addition survenant à la suite de modifications chimiques de l'aliment, n'est plus alors pour ainsi dire qu'un phénomène physique comparable à la cristallisation d'un sel au sein de la solution de ce même sel. Ce travail, qui débute dans l'appareil digestif, se continue par l'action de l'épithélium intestinal, celle des leucocytes et de la cellule hépatique. Au sortir du foie, la préparation est complète, et l'assimilation peut commencer.

Le rapprochement de la cellule qui assimile avec le

cristal en voie de formation ou d'accroissement dans une solution saline, peut servir à la démonstration de l'inévitable nécessité de la désintégration digestive de l'aliment et de sa transformation en substances chimiques bien définies. Quoiqu'il existe entre les deux cette différence, à savoir que la cellule s'accroît par intussusception et expansion excentrique, tandis que le cristal juxtapose concentriquement l'une sur l'autre les couches de la matière assimilée, il s'agit très manifestement dans les deux cas d'un phénomène de même ordre.

Un cristal plongé dans une solution du même sel, dans les conditions appropriées, commence par réparer ses pertes s'il en a ; il augmente ensuite régulièrement de volume, se segmente pour former d'autres cristaux, remplit toutes les fonctions propres à l'espèce de vie dont il est doué, et finalement se présente, accompagné d'une série de cristaux semblables, composés de la même matière. Le liquide nourricier dans lequel a été introduit le premier cristal contenait les principes élaborés nécessaires à la manifestation vitale dont il est capable, il les a assimilés, et tout en s'accroissant et même en produisant des générations plus ou moins nombreuses, suivant la quantité de matière dont il disposait et les conditions dans lesquelles il végétait, il est resté lui-même. Si au lieu de mettre à sa disposition, comme élément de sa nutrition, une solution dans laquelle il pouvait trouver une substance assimilable, on lui avait servi un sel d'une autre nature, il serait resté inerte. Il n'aurait rien assimilé, à moins que le sel étranger n'eut été capable de prendre une forme cristalline semblable à la sienne. Dans ce cas, il arrive que la cristallisation se fait quand même, mais il est bien évident que la matière constituante du nouveau cristal est différente de celle de l'ancien.

Ce phénomène nous rend compte de ce qui se passe dans la cellule animale en présence des produits fabriqués par la digestion. Il existe un degré et une forme de désintégration de la matière, qui doivent être atteints par la fermentation digestive sans être dépassés, pour rendre la matière apte à l'assimilation ; en deçà ou au delà, la cellule n'accomplira plus normalement sa fonction, si tant est qu'elle puisse l'accomplir. Elle assimilera trop ou trop peu, ou, ce qui arrive le plus souvent, elle se trouvera en présence de substances de nature telle qu'elle ne pourra plus les assimiler au vrai sens du mot, c'est-à-dire les ajouter à sa propre substance en restant identique à elle-même. Elle les incorporera, mais ce sera une matière étrangère qui la pénétrera, et sa constitution chimique en sera plus ou moins modifiée, ainsi que ses propriétés.

Il n'est pas indifférent de laisser entrer dans la cellule des molécules incomplètement ou vicieusement élaborées, de lui présenter de la saccharose ou de l'alcool au lieu de glycose, il n'est pas indifférent de soumettre à son activité tel produit de la décomposition des albuminoïdes plutôt que tel autre. L'élaboration irrégulière de l'aliment a encore pour résultat de produire, dans les conditions physiques du milieu, des variations qui viendront entraver les fonctions cellulaires. Si le cristal, en plus de la pureté de l'eau mère, exige pour se former normalement, une solution de concentration définie, une température déterminée, une évaporation régulière, de même le plasma sanguin, qui est le liquide nourricier de la cellule, doit remplir certaines conditions indispensables. Telles sont l'acidité, la tension, la chloruration, etc... placées surtout sous la dépendance directe de la chimie digestive et celle-ci dépend elle-même, dans la majorité des cas, du soin apporté à l'alimentation. Quand, malgré les mauvaises conditions où se présente une solution, la cristallisation s'est cependant effectuée, on remarque que le cristal, non seulement renferme des impuretés, mais perd sa régularité, ou encore cristallise dans un système qui ne lui est pas habituel. Lorsque, par exemple, on fait cristalliser par fusion, en octaèdres rhomboïdaux, le sel commun, dont la forme normale est le cube qui s'obtient dans l'eau, la masse se remplit bientôt de fissures. Dans ces formes extraordinaires, l'arrangement ne se trouve pas à un état d'équilibre stable, et les sels qu'on a forcés de cristalliser sous une forme qu'ils ne prennent pas habituellement, tombent promptement en poussière, ou du moins, des fissures indiquent un changement intérieur de cristallisation. La durée du cristal devient éphémère. De même, les anomalies de son liquide nourricier retentissent sur la molécule vivante et ses propriétés, en créant des conditions vitales différentes de celles de l'état de santé. On ne saurait rencontrer une comparaison plus frappante pour montrer l'origine des maladies causées par la perversion de la nutrition.

Il résulte de ces considérations que si, pour mesurer la puissance énergétique qu'un aliment donné est capable de fournir, la considération des états initial et final peut être suffisante, ainsi que l'a montré M. Berthelot, il n'en est plus de même lorsqu'on veut se rendre compte de la part effective de cet aliment dans la formation du milieu intérieur qui va véhiculer à l'organisme les éléments de sa nutrition. Ici des distinctions s'imposent : il existe toute une catégorie de matériaux qui constituent les réserves, auxquels peut s'appliquer jusqu'à un certain point l'épreuve calorimétrique. Et encore sommes-nous obligés de compter avec la digestibilité, c'est-à-dire avec la quantité d'énergie dépensée d'abord par la digestion. Il existe encore d'autres substances comme l'alcool, pour lesquelles le calorimètre qui enregistre le dégagement des calories essaie de nous persuader que celles-ci nous apportent une énergie effective, tandis que ces corps ne font que côtoyer la molécule vivante sans lui venir en aide dans son évolution, parce que la forme sous laquelle ils livrent à l'organisme leur potentiel énergétique n'est pas utilisable dans la chimie physiologique. Enfin, un autre ordre de matériaux, les aliments azotés, qui paraissent au premier abord justiciables de la seule mesure fournie par la différence des entrées et des sorties, doivent être également poursuivis dans toutes leurs transformations, qui seules nous donneront la clef des diverses modalités de la nutrition. Ceci revient à dire que l'aliment ne doit jamais être envisagé isolément, mais dans ses rapports avec les organes, car un aliment isolé des organes n'est plus un aliment, mais une substance quelconque, de même que le son, considéré indépendamment des organes dont la structure permet de le recueillir, n'est plus un son, mais une ondulation quelconque de l'air.

Les recherches destinées à nous faire connaître sous quelle forme chimique la digestion arrive à livrer un corps aux appétits cellulaires sont activement poussées, mais malgré les découvertes nombreuses et du plus grand intérêt, elles n'ont encore donné, surtout pour les composés azotés, que des résultats très incomplets. Le début de cette étude, et ceci s'appliquera surtout aux albuminoïdes, renferme par conséquent une lacune à laquelle on a dû suppléer par une hypothèse qu'on sera obligé d'admettre jusqu'au moment où, soit des expériences, soit de nouvelles observations en ayant permis la démonstration directe, en feront une vérité indiscutable.

La nature des transformations alimentaires, impossibles à saisir sur le fait dans la profondeur des organes, a obligé les physiologistes à laisser la place aux chimistes. Ce n'est pas à dire que le sujet était beaucoup plus facile pour ceux-ci, mais enfin, ils ont fait des découvertes d'un grand intérêt qu'on ne peut plus ignorer aujourd'hui. Ils sont arrivés à décomposer les corps quaternaires suivant certaines formules d'après lesquelles ils en ont déduit la structure, et c'est cette structure dont nous devons admettre la réalité. Une grande partie de la chimie biologique repose sur ce postulatum, car, si par exemple, l'albumine possède bien un noyau hexonique, il est clair que toutes les dislocations de l'albumine, qu'elles soient produites dans une expérience de laboratoire ou, d'une façon plus naturelle, par les réactions digestives, se feront toujours suivant la même direction, et abandonneront un noyau hexonique dont les fonctions peuvent être étudiées expérimentalement. Il en sera de même pour les nucléines, pour les lécithines, et généralement tous les composés qui font partie de l'alimentation. Nous nous proposons de faire de quelques-unes de ces recherches un exposé sommaire, afin de montrer le mécanisme des actions normales de l'organisme, et de mettre ainsi sur la voie des fautes et des erreurs qui conduisent aux maladies de la nutrition.

D'une façon générale, le processus des transformations alimentaires est, au début, sensiblement équivalent, quelle que soit la nature de l'aliment, en ce sens qu'il consiste à rendre solubles les matériaux qui primitivement ne le sont pas. Toute substance soumise aux réactions digestives se présente sous l'un de ces états, cristalloïde ou colloïde, c'est-à-dire capable de se dissoudre dans l'eau par la séparation complète des molécules, ou seulement plus ou moins miscible, les molécules conservant toujours une certaine adhérence. L'état colloïde ne permet qu'une diffusion ou une dialyse lente ou incomplète, tandis que la solution de cristalloïde diffuse et dialyse rapidement. Il existe cependant un troisième état physique qui n'est présenté que par les substances grasses, l'état d'émulsion sur lequel nous aurons à revenir. Il est évident que l'épithélium intestinal, quelle que soit l'activité qu'on lui accorde dans l'absorption, se laissera plus facilement traverser par une solution parfaite, comme celle du cristalloïde, que par un mélange contenant de grosses molécules peu diffusibles, comme celles du colloïde.

Les hydrates de carbone doivent se présenter à l'épithélium intestinal sous forme de glycose. C'est à la formation de ce composé que concourent toutes les diastases digestives amylolitiques, depuis la ptyaline salivaire, jusqu'à l'amylase pancréatique, en passant par le suc gastrique, qui, s'il n'a pas d'action sur les matières ternaires, possède néanmoins un pouvoir dissolvant sur les parois cellulaires où l'amidon est enfermé et, de plus, un pouvoir hydratant qui favorise l'action du ferment. Les différents sucres rencontrent également des ferments spéciaux, la sucrase ou invertine pour la saccharose, la maltase pour la maltose, la tréhalase, l'inulase, etc., capables de transformer tous les sucres correspondants en glycose, dextrose ou lévulose, absorbable. Les expériences de Cl. Bernard ont montré en effet que seule la glycose était nutritive : une injection de ce sucre envoyée dans la circulation ne permet pas, à moins d'en employer une grande quantité et de l'introduire dans un temps très court, d'en retrouver une parcelle dans l'urine. Ce n'est donc pas un corps étranger pour l'organisme qui est capable de l'utiliser complètement et sans efforts, tandis que la saccharose et les autres sucres passent en nature dans les urines, ne pouvant être employés sous cette forme dans les échanges nutritifs.

La digestion ne soumet pas les hydrocarbonés à une désorganisation profonde, et leur composition reste sensiblement la même avec de légères variantes, car la glycose est en somme peu différente des sucres et des hydrates de carbone alimentaires. Les graisses sont également peu touchées par les ferments digestifs et sont même peut-être, au moins en partie, absorbées en nature. Il y a là toute une classe de substances, les aliments ternaires, qui déjà rapprochés par leur constitution, le sont encore par leur manière de se comporter vis-à-vis des agents physiologiques. Leur fonction est la même, l'organisme les utilise comme réserves énergétiques et ne les désagrège que dans la profondeur des tissus, au contact de la cellule, à laquelle ils cèdent l'énergie que l'agrégation de leurs molécules avait exigée d'un autre milieu. Il y a analogie de composition, de transformations et de fonctions.

L'amidon ou la fécule nous fournit la plus grande

partie de la glycose. Les légumes et les céréales en renferment de notables quantités, tandis que les fruits ne renferment que des acides et des sucres, et que les albuminoïdes n'en contiennent pas. D'après Duclaux, aucune transformation ne serait produite par la salive, et l'amylase qu'on trouve dans la bouche ne serait qu'une sécrétion microbienne due à la flore buccale, et complètement indépendante des liquides salivaires. Quoi qu'il en soit, l'intestin a la plus grande part dans la transformation amylacée, dans laquelle on distingue plutôt théoriquement plusieurs phases. En premier lieu, l'amylase pancréatique, aidée dans son action par les sécrétions intestinales complémentaires et la bile, transforme l'amidon en dextrine sur laquelle agissent une dextrinase puis une maltase. Le résultat de ce processus est la glycose qui, étant un hydrate de carbone soluble, est apte non seulement à être absorbée, mais à être utilisée immédiatement par oxydation de son carbone, l'hydrogène et l'oxygène se trouvant dans les proportions nécessaires pour former de l'eau sans autre intervention. La glycose absorbée est amenée au foie et y reste en grande partie emmagasinée, sous forme de glycogène jusqu'au moment du besoin.

La dextrine est un amidon soluble qui résulte d'un commencement de digestion de l'amidon. Or, nous savons que la cuisson produit sur les féculents ce commencement de digestion ; il y aura donc tout avantage à donner dans certains cas des féculents grillés pour aider un intestin malade ou paresseux. On a fait l'observation cependant que la cuisson poussée au delà de 45° tuait le ferment qui accompagne toute fécule, ferment utile en premier lieu à la plante, au moment de sa germination ou de sa floraison pour la transformation de ses réserves en sucres combustibles, soit à l'animal qui s'alimente de la plante pour aider à sa digestion. Cette objection, qui s'appuie sur une réalité, a peu de portée en présence de la quantité d'enzyme sécrétée par l'intestin, et d'autre part, la petite quantité de ferment ainsi perdue est compensée et au delà par un travail déjà exécuté, et auquel les ressources de l'économie n'ont plus à faire face.

L'action des diastases amylolytiques ne s'exerce pas en milieu acide, elle est paralysée également par l'alcool sous toutes ses formes, ce qui n'a d'ailleurs pas ici une bien grande importance, celui-ci s'absorbant en presque totalité dans l'estomac, quand il n'est pas ingéré dans des proportions trop considérables, tandis que la digestion des féculents et des sucres ne s'opère que dans l'intestin.

La glycérine, qui est un alcool polyatomique, est aussi un hydrocarboné. Nous la retrouverons dans les graisses dont elle est un élément constituant. On ne connaît guère les transformations qui précèdent son oxydation et elle disparaît de l'économie sans qu'on puisse la suivre. Il en est peut-être pour elle comme pour l'alcool ordinaire qui est absorbé en nature et sans passer par le stade de glycose. Cette exception est d'ailleurs loin de lui constituer une prépondérance alimentaire contre laquelle les faits protestent énergiquement.

La dégradation des féculents et des sucres peut être poussée plus loin que la phase de glycose par les microbes du tube digestif. Il se produit alors des fermentations acétique, lactique, formique, butyrique, alcoolique dans lesquelles il peut arriver que l'aliment soit décomposé jusqu'à production d'acide carbonique et d'hydrogène. Ces formations gazeuses, différentes de celles qui proviennent de la désintégration des aliments azotés, lesquelles donnent lieu à un dégagement d'azote et d'hydrogène sulfuré, se présentent aussi bien dans l'estomac que dans l'intestin, et sont justiciables de traitements appropriés. Quant à la fermentation alcoolique, il est bon de la noter en passant, car elle est pathologique, et il est possible qu'on puisse lui attribuer différentes lésions comme la cirrhose du foie, qu'on ne rencontre que par extraordinaire chez des dyspeptiques qui ne font pas usage d'alcool. Elle peut être favorisée inconsidérément par certains ferments introduits dans l'estomac dans une idée thérapeutique.

Les conditions de leur activité vis-à-vis des matériaux divers qui se trouvent soit dans le tube digestif, soit même dans le protoplasma, sont mal déterminées, et lorsqu'il s'agit de diabète, par exemple, il ne paraîtra pas étonnant que le sucre qui imprègne les tissus subisse sous leur influence, la fermentation alcoolique qui amène le coma.

L'action des microorganismes ne doit cependant pas être supprimée complètement, pour plusieurs raisons; d'abord, parce que les antiseptiques qu'on administrerait dans cette intention agiraient presque toujours en même temps sur les ferments normaux de l'estomac, et de plus, il ne faut pas ignorer que la digestion de certaines substances, et en particulier de la cellulose dont la formule $(C^6H^{10}O^5)^n$ est cependant bien rapprochée de celle du glycogène $C^6H^{10}O^5$, exige de toute nécessité l'action microbienne.

M. Charrin a montré que si on stérilise d'une façon absolue les aliments végétaux des cobayes ou des lapins, on donne naissance à de l'entérite avec albu-minurie, angiocholite et mort. Les aliments sont insuf-fisamment élaborés, parce qu'une partie des ferments vient de l'extérieur. Dès lors ces produits, surtout la cellulose, jouent le rôle de matériaux putrides ou de corps étrangers. D'autre part, lorsque les fermenta-tions d'origine microbienne deviennent prédominantes, elles peuvent être une cause de maladie, soit par suite des sécrétions versées dans la circulation, soit par suite de la nocuité des produits de décomposition ali-mentaire. Ceux-ci sont toxiques directement par eux-mêmes, ou indirectement, parce que leurs molécules constitutives, différentes de celles qu'on obtient par une digestion régulière, mettent le trouble dans les échanges cellulaires.

Il peut aussi arriver que ces actions accessoires, utiles à l'entretien de la santé, deviennent indispen-sables à l'entretien de la vie. Charrin nous fait remar-quer que la gastrite chronique, la linite plastique, la sclérose, peuvent détruire les glandes de l'estomac. La suppléance s'effectue grâce aux bactéries dont les ferments remplacent les sécrétions glandulaires. Dans ce cas, l'administration des antiseptiques, quoique généralement peu efficace, en atténuant l'action para-sitaire, atténue l'activité digestive. Remarquons encore que les kinases sécrétées par certains microbes vien-nent en aide, dans la digestion duodénale, au suc pancréatique, inactif sans ce sensibilisateur. Il serait possible de conclure de ces faits que le meilleur anti-septique des voies digestives est le ferment normal artificiel, quand il est possible d'en trouver dont l'acti-vité soit réelle.

La chimie nous facilite l'étude des transformations

subies par les matières grasses dans l'intestin, en nous montrant de quelle façon leur décomposition s'explique par leur structure même. Nous savons que les huiles, beurres ou graisses qui servent à l'alimentation, ne sont autre chose que des éthers-sels, c'est-à-dire des corps produits par la combinaison d'un alcool qui est dans le cas présent toujours de la glycérine, avec un acide variable, stéarique, palmitique, oléique, butyrique, suivant la graisse employée. Cette combinaison donne naissance à des corps différents, stéarine, palmitine, oléine, etc..., qui chauffés avec de l'eau et un alcali se saponifient ou tout simplement se dédoublent. En langage chimique, la saponification représente la combinaison de l'acide avec la base, en même temps que la libération de la glycérine, tandis qu'en langage physiologique, saponification ne signifie pas autre chose que dédoublement. C'est la même réaction qui se produit lorsque l'éther acétique s'hydratant, se divise en alcool éthylique et acide acétique. Au surplus, cette structure a été démontrée par M. Berthelot, qui a fait la synthèse des corps gras, en chauffant dans des tubes scellés la glycérine avec les acides gras.

Pour en finir avec la chimie expérimentale, signalons encore cette réaction toute spontanée des huiles grasses qui, en présence de l'oxygène, le fixent en restant liquides et dégageant de l'acide carbonique. De la glycérine est libérée et s'oxyde et, d'autre part, l'acide oléique qui dérive de l'oléine, s'oxyde également ment en fournissant de l'acide butyrique et valérique. Enfin, après la séparation des acides gras, la glycérine peut se déshydrater en donnant naissance à de l'acroléine.

La digestion des graisses se fait dans l'intestin par

l'action combinée du suc pancréatique et de la bile. Le suc gastrique n'y a aucune part, et si dans l'estomac, on constate autre chose que la fusion de la graisse, ce changement d'état est dû aux microbes. L'intervention de la bile est nécessaire, mais seule, aussi bien que la lipase pancréatique seule, elle ne produit qu'une altération insuffisante.

Deux conditions sont nécessaires pour cette digestion, d'abord un point de fusion se rapprochant de la température du corps, puis une émulsion aussi parfaite que possible. La stéarine qui fond à 60°, laisse 90 p. 100 de déchet. Le lait qui peut être considéré comme une émulsion naturelle de matières grasses, se digère vite. Cependant, certains corps gras restent absolument réfractaires. La vaseline, qui fond vers 32°, est un mélange de divers carbures d'hydrogène, elle ne possède pas la composition des corps gras et ne s'émulsionne ni ne se saponifie comme eux. Il n'en est plus de même pour la lanoline qui, fondant vers 42°, est une combinaison éthérée de diverses acides gras unis à une base, la cholestérine. Elle s'émulsionne en présence d'une solution alcaline, mais ne se dédouble pas. Ni la vaseline, ni la lanoline, malgré leur point de fusion peu élevé, ne sont attaquées par les sucs digestifs, elles ne sont pas digérées et traversent le tube alimentaire sans modification.

Il ne faut pas oublier un point important signalé par les auteurs et qui est d'ailleurs d'observation banale, c'est que les graisses sont d'autant mieux digérées qu'elles se présentent aux ferments intestinaux soit seules, soit accompagnées seulement d'hydrates de carbone, tandis que la présence de peptones de viande est cause d'un énorme déchet qui se traduit souvent par des symptômes objectifs, ayant pour siège d'abord l'estomac, puis l'intestin. On peut donner en exemple le lait qui est généralement mal supporté, quand, méconnaissant son rôle alimentaire, on veut en faire une boisson et le prendre comme tel au milieu de repas dont font à la fois partie des hydrocarbones et des albuminoïdes.

Le premier effet des ferments intestinaux sur les graisses a pour résultat de les émulsionner, c'est-à-dire de les réduire en gouttelettes très fines plus aisément attaquables dans leur composition chimique. L'émulsion est plus ou moins complète et stable, car on remarque que dans certains cas, la graisse peut se régénérer, tandis que d'autres fois cette transformation est définitive.

L'absorption des graisses sous forme d'émulsion, sans décomposition, expliquerait la persistance de leurs propriétés et de leur composition chimique dans les tissus. Munk nourrissant des chiens avec l'huile de colza, a pu démontrer dans la graisse assimilée, la présence de l'acide érucique caractéristique. C'est ainsi que le point de fusion de la graisse constitutive de l'organisme varie, d'après les expériences de Lebedeff, avec celui des graisses employées pour l'alimentation. Ce phénomène qui n'existe pour aucune autre substance, rend compte de l'odeur et du goût spéciaux et désagréables de certaines viandes et de certains laits, qu'on rencontre chez des animaux nourris avec des tourteaux oléagineux mal odorants. Les décompositions des matières féculentes et sucrées, celles des aliments quaternaires, sans lesquelles ils ne pourraient être résorbés, ne permettent pas une semblable constatation. Il paraît donc assez rationnel d'admettre l'absorption en nature de la gouttelette de graisse émulsionnée, quoique un certain nombre d'auteurs pensent plutôt que les éléments, séparés au moment de la résorption, se combinent de nouveau dans l'épithélium pour reconstituer la molécule primitive. A la vérité, le processus reste incertain.

Mais une autre partie, sous l'action continue de la lipase pancréatique se saponifie, c'est-à-dire se dédouble en ses éléments constitutifs, qui sont la glycérine et un acide gras, acide palmitique, oléique, margarique. Nous retrouvons la règle générale des décompositions digestives préalables à l'absorption. L'émulsion n'était qu'une exception, le dédoublement transforme le colloïde en cristalloïdes solubles. Les acides gras, soit seuls, soit unis à des bases rencontrées dans l'intestin, se dissolvent et traversent l'épithélium, la glycérine en fait autant. Notons, en passant, la faculté de cristallisation de la glycérine, laquelle, quoique très réelle, ne s'opère pas d'une manière banale. A la suite d'une cristallisation spontanée qui s'est présentée dans des circonstances qu'on n'a pu ni définir, ni retrouver, on a constaté que les cristaux ainsi obtenus possédaient la faculté de se reproduire par ensemencement dans de la glycérine en surfusion et non autrement. Depuis ce moment, une fabrique de Vienne en pratique l'élevage en grand (Dastre). Cependant, après l'introduction dans l'intestin des acides gras privés de glycérine, on trouve des gouttelettes graisseuses dans la muqueuse; la seule conclusion qu'on puisse tirer de ce fait, ce n'est pas que la glycérine n'est jamais absorbée, c'est seulement qu'elle n'est pas indispensable à la reconstitution de la graisse.

Parmi les graisses introduites dans l'économie par l'alimentation, se trouvent les lécithines, à la fois azotées et phosphorées, qui paraissent, chez l'animal vivant, jouer le rôle de réserve de phosphore. Elles se décomposent par l'action du suc pancréatique en neurine ou choline, acide phosphorique, glycérine et acides gras fixes. Ces produits sont sans doute absorbés sans cependant que le fait ait été prouvé d'une manière indiscutable. Au surplus, l'absorption n'implique pas la valeur nutritive. Si, par exemple, chez un chien nourri de jaunes d'œufs, on constate l'augmentation de l'acide phosphorique urinaire, il n'est pas permis d'en conclure que cet acide phosphorique a fait autre chose que traverser l'économie pour être excrété par les reins. On rencontre beaucoup de phosphates terreux dans le gros intestin, on ne peut davantage conclure de ce fait que ces phosphates proviennent de la désassimilation et qu'ils ne sont pas simplement un résidu alimentaire. Quoi qu'il en soit, Munk n'attribue pas à la lécithine une valeur nutritive supérieure à celle des acides gras, et fait surtout remarquer qu'elles ne sont pas ingérées en quantités suffisantes pour que leurs acides gras puissent jouer un rôle dans la nutrition. Elles n'ont pas plus d'importance qu'une graisse nutritive quelconque, étant donnée la faible quantité de phosphates qu'elles renferment.

Pour les partisans de l'action nutritive du vin et des lécithines, remarquons que ces dernières y sont contenues en quantités non sans doute considérables, mais appréciables. Elles proviennent du pépin de raisin, et se dissolvent pendant la fermentation.

Il arrive que les graisses subissent dans l'intestin des dégradations plus profondes, dues aux actions microbiennes. Ce phénomène, causé par le travail des anaérobies, se produisant dans l'estomac, donne simplement naissance au dédoublement ordinaire sans aller plus avant. Dans l'intestin, il paraît modifier le processus de désorganisation, et on rencontre alors certains acides gras, butyrique, acétique, propionique, oléïque, dont la présence est capable d'amener des manifestations toxiques. Les réactions du laboratoire nous ont montré en effet, que, par suite de la fixation de l'oxygène, il s'opère un dégagement d'acide carbonique, tandis que l'oléine se transforme en acides butyrique et valérique. D'autre part, la déshydratation de la glycérine produit l'acroléine, substance douée d'une odeur caractéristique infecte.

La digestion du lait se fait d'une manière toute spéciale : le sucre de lait est attaqué par la lactase intestinale, et le beurre par les ferments habituels des graisses. Mais la caséïne, qui est une albumine phosphorée, partie azotée du lait, sous l'influence d'un ferment particulier, le lab ou présure, agissant en présence d'un acide, prend dans l'estomac une autre composition chimique, et devient le caseum, produit possédant des propriétés et des réactions différentes de celles de la caséïne. Cette transformation que l'acide est incapable de réaliser seul, peut se faire sans coagulation, car c'est une caséification et non une précipitation, et en effet, la coagulation n'a pas lieu quand le lait a été privé de sels calciques. La présence de ceux-ci, au contraire, entraîne la formation d'un coagulum temporaire se dissolvant plus ou moins rapidement, et la digestion va s'achever dans l'intestin par l'intermédiaire d'un ferment pancréatique, la caséase agissant à la façon des enzymes protéolytiques.

La digestion du lait qui est l'aliment idéal de l'enfant, on ne peut dire l'aliment de croissance, parce qu'il est loin de répondre aux indications de toute la période de croissance, est souvent loin d'être satisfaisante chez l'adulte. L'estomac de l'adulte ne sécrète pas toujours la présure nécessaire à la caséification, et il ne se forme qu'une précipitation massive sous l'influence de l'acidité gastrique. Ce coagulum ne se dissout pas dans l'estomac et doit aller dans l'intestin chercher la caséase nécessaire à sa transformation. Une digestion longue et pénible, et souvent des fermentations microbiennes, deviennent la conséquence de ces phénomènes qui ne sont pas aussi irréguliers qu'ils le paraissent. L'alimentation lactée ne convient, en effet, pleinement qu'à l'enfant. Pour éviter les inconvénients de cette digestion, le lait ne doit pas être pris pur, mais dilué avec de l'eau d'orge, de l'eau de chaux ou de l'eau de seltz, (Lauder Brunton). On le mélange habituellement de chocolat, de thé, de café ; on le cuisine diversement, en potages ou autrement. Le lait maternel n'a pas ces effets fâcheux pour l'enfant, car il ne forme pas de ces agglomérés inattaquables aux ferments digestifs. Il se précipite en fins grumeaux, à surfaces multipliées, et lorsqu'il se rencontre en grosses masses, on peut dire que le chimisme stomacal de l'enfant est vicié. La stérilisation confère au lait de vache les mêmes propriétés, en modifiant sa constitution, et par conséquent, le rend plus digestible. Cependant il ne faut pas oublier que si la constitution moléculaire est modifiée, les proportions des éléments azotés et carbonés restent les mêmes, différentes de celles du lait de la femme, et l'enfant ni l'adulte ne s'en accommodent merveilleusement (Voy. chap. XIII).

# CHAPITRE IV

## CHIMIE DIGESTIVE DES ALBUMINOÏDES

Les dégradations des matériaux albuminoïdes par les ferments digestifs sont vraisemblablement très profondes, mais elles ne sont connues qu'en partie, et on ne peut soupçonner la série de leurs formes successives qu'en se reportant à la théorie de la constitution de l'albumine. Lorsque la chimie nous a démontré la présence de constituants certains, nous devons admettre la libération de ceux-ci dans l'organisme par l'action des sucs digestifs, en vertu de ce principe que la décomposition, quel qu'en soit l'agent, et qu'elle soit causée dans l'organisme par les ferments digestifs ou dans le laboratoire par les réactifs habituels, se produit toujours de la même manière[1]. Seule la constitution chimique de la molécule influe sur la formule des produits de sa décomposition, comme la direction des couches d'un cristal clivable commande la forme des morceaux, quelle que soit la cause de la division. Mais les albuminoïdes étant nombreux, chacun doit libérer des composés différents, suivant son organisation primitive, de manière que la synthèse assimilatrice, ayant à sa disposition des éléments divers, pourra ne pas toujours

1. Desmoulière. *Revue des mal. de la nutrition*, t. I, p. 58.

reformer des corps d'une composition rigoureusement identique. De plus, il faut admettre que chacun a ses substances albuminoïdes personnelles et spécifiques, de sorte qu'un albuminoïde d'un animal injecté dans l'organisme d'un autre, par l'effet d'une réaction qu'on s'est plu à qualifier du nom de processus de défense, y provoque l'apparition de produits spéciaux doués de propriétés coagulantes. Ceci se passe entre animaux d'une espèce différente ; mais entre individus de la même espèce, il existe aussi, quoique nous ne puissions les saisir par les procédés chimiques, mais seulement par les méthodes physiologiques, des différences appréciables qui prouvent bien que l'animal décompose profondément la matière, pour la reformer suivant le type individuel qui lui appartient et en fait un être différent du voisin.

Dans l'ignorance à peu près complète où nous sommes de la chimie qui préside à toutes ces transformations et des circonstances qui les dirigent, il semble raisonnable de ne pas s'en rapporter exclusivement à la théorie, et de faire la part de la pratique en n'utilisant pas de parti pris les matières protéiques de provenance animale de préférence à celles qui sont fournies par le règne végétal ou inversement. Il faut aussi tenir le plus grand compte, en dehors des phénomènes chimiques proprement dits, des excitations diverses, encore mal définies, produites par chacun de ces éléments et leurs combinaisons variables, sur le système nerveux. Non seulement le tube gastro-intestinal est une cornue tapissée de nerfs, mais son fonctionnement est autant sous la dépendance du sympathique que du système cérébro-spinal. Les expérimentations de Pawlow le démontrent abondamment.

Les albuminoïdes ont été, en raison de leur composition, mais surtout de leurs propriétés, divisés en diverses catégories. Il a été possible d'y ranger aussi bien les albuminoïdes animales que les végétales, entre lesquelles les différences sont minimes. On rencontre celles-ci dans les graines des céréales et les semences oléagineuses. Elles sont constituées par les diverses caséines, légumine, conglutine, gluten-caséine, aleurone, gluten, gluten-fibrine, gliadine ou gélatine végétale, mucédine, qui, semblables aux albuminoïdes des animaux, rentrent comme eux dans la classification suivante, et se comportent de la même manière vis-à-vis des réactifs du tube digestif.

On distingue en premier lieu les albuminoïdes proprement dits : albumine de l'œuf, globuline, myosine, fibrine, gluten, légumine, dont le caractère commun, qu'ils soient d'origine animale ou végétale, est d'être facilement peptonisés. Viennent ensuite les protéides ou albuminoïdes composés, c'est-à-dire auxquels s'est adjoint un produit d'addition formé d'un noyau non protéique, qui s'en sépare et reste insoluble dans les réactions digestives naturelles. Ce sont les nucléo-albumines, renfermant un noyau phosphoré, l'hémoglobine qui possède un noyau ferrugineux et la thyro-iodine qui est une combinaison d'albumine avec un noyau iodé. Remarquons que le soufre qui se rencontre dans les albuminoïdes n'est pas une substance surajoutée, mais fait partie intégrante de la molécule. Viennent ensuite les albumoïdes, composés qui ne rentrent dans aucune des autres catégories. Ils sont constitués par les collagènes, substances transformables en gélatine qui est utilisée plus ou moins facilement. Dans cette classe se trouve l'osséine qui, mise en liberté par la dissolution de l'os dont les parties terreuses forment résidu, donne de la gélose par la digestion. Il en est de même pour la chondrine du cartilage; l'élastine donne de l'élastose. Finalement le processus digestif aboutit à la gélatine-peptone, l'élastine-peptone, la mucine peptone, qui se comportent à la façon de peptones difficilement transformables. La kératine qui fait également partie de cette classe n'est pas du tout attaquée. Pour être complet, il faut encore citer les protamines, albuminoïdes simples, formées d'une base hexonique soudée à un acide amidé, donnant par la digestion, des protones, groupement analogue aux peptones. Elles se rencontrent dans la laitance des poissons et prennent des noms différents suivant l'animal. Ainsi le saumon fournit la salmine, le hareng, la clupéine, l'esturgeon, la sturine, etc. Les protamines forment le squelette des matières albuminoïdes; qu'on leur adjoigne le glycocolle, l'alanine, la leucine, ou dans la série aromatique, la phénylalanine, la tyrosine, la cystine, et l'albuminoïde proprement dit est constitué dans toute sa complexité. Il existe enfin d'autres albuminoïdes qui résultent de réactions physiques et chimiques, et qui sont les albuminoïdes coagulés, les acides et alcali-albumines, ou de réactions biologiques, qui constituent les protéoses (peptones).

La première analyse de l'albumine faite par Schutzenberger sur l'œuf, par des procédés puissants de désintégration, lui a donné de l'hydrogène libre, de l'ammoniaque, des acides carbonique, acétique, oxalique, des acides amidés, de la tyrosine, un noyau de pyrrol, enfin des hydrates de carbone. C'était un premier pas vers la connaissance d'une molécule, complexe à la vérité, mais que l'analyse révélait du premier coup terriblement chargée. Il était évident que la désintégration avait été trop poussée, et les produits obtenus trop nombreux, indiquaient plutôt la puissance du réactif que la composition réelle de l'albumine.

Après Schutzenberger, Kossel et d'autres ont repris l'étude de la dissociation de la molécule albuminoïde sous l'influence des réactifs chimiques. Les résultats obtenus par un procédé moins brutal sont à peu près semblables, mais dénotent cependant une composition plus constante et moins compliquée. Ces recherches ont été faites sur la laitance des poissons qui consiste en nucléo-albumines presque pures.

Kossel a montré dans l'albumine l'existence d'un noyau hexonique en $C^6$, lysine, histidine ou arginine, sur lequel viennent se souder des acides amidés, les acides carbonique, acétique, oxalique, des bases pyridiques, des ptomaïnes, de la tyrosine et du soufre. Les bases hexoniques ont été constatées dans toutes les albumines animales ou végétales; on se trouve ainsi fondé à croire qu'elles sont le noyau réel, peut-être la seule partie véritablement constituante de l'albumine, à laquelle se surajoutent les autres parties accessoires.

Dans l'estomac, les albuminoïdes sont attaqués par le suc gastrique, composé d'acide chlorhydrique et de pepsine. Chacun de ces réactifs a des propriétés qui lui sont propres et une action spéciale.

Il est admis que l'acide chlorhydrique est un antiseptique et que sa présence est un obstacle pour les fermentations lactique et acétique qui fournissent des produits nocifs. Il arrête les fermentations putrides des aliments déjà altérés avant l'ingestion, et c'est ainsi qu'on peut nourrir des chiens avec des viandes putré-fiées. Il est probable que les premiers hommes ont mangé beaucoup de viandes en état de fermentation putride. Ils n'étaient pas toujours libres de choisir leur nourriture et ont dû, de ce fait, acquérir une immunité, toute relative d'ailleurs. A mesure que la civilisation a fait des progrès et qu'il a été possible d'éviter ces nourritures plutôt répugnantes, l'immunité sans se perdre complètement, a diminué. Les peuplades qui, naguère encore, avaient trouvé le moyen de simplifier le problème de la sépulture en tuant les vieillards pour les manger, se gardaient bien de manger aussi les individus morts de maladie. Ils les découpaient pour les donner aux chiens. Nous voyons ainsi que le suc gastrique de chien et de bien d'autres carnivores a conservé ses propriétés antifermentescibles, et d'ailleurs divers oiseaux sont aussi connus pour se repaître voracement, sans aucun inconvénient, de chairs pour-ries. A Ispahan, à Bombay, existent des tours, dans lesquelles la secte des Parsis expose les morts au lieu de les envoyer dans le fleuve. Là ils sont déchiquetés par les vautours dont ils constituent la seule nourri-ture. Les Canaques abandonnent leurs morts dans les bois, quelquefois les pendent aux arbres et ils sont dévorés par les oiseaux de proie.

Toutefois, la faculté que possède l'estomac de cer-tains animaux de détruire soit les virus, soit les poi-sons, ne doit pas nous donner une confiance illimitée dans les propriétés antiputrides de l'acide chlorhydri-que et nous empêcher de prendre les précautions nécessaires pour nous assurer du bon état de notre nourriture. Le suc gastrique des peuples civilisés, que l'usage d'une cuisine propre a déshabitués de la neutralisation des aliments putréfiés, ne possède plus cette puissance qui fut l'apanage des contemporains du renne. Les accidents de botulisme observés de temps en temps, les épidémies dues à l'usage des conserves défraîchies, en sont la preuve. Journellement il arrive qu'on soit témoin d'indigestion avec vomissements et diarrhée fétide, à la suite de l'ingestion de viandes faisandées. Le suc gastrique n'a détruit ni microbes, ni toxines, il les a laissés pulluler dans le tube digestif et souvent envahir l'organisme. L'étiologie hydrique de la fièvre typhoïde en est encore la preuve, et le plus grand nombre des infections et des intoxications dont nous sommes victimes, a suivi la voie stomacale. Nous devons donc nous tenir sur nos gardes et conserver une certaine défiance vis-à-vis du rôle antiseptique du suc gastrique. Laissons les gibiers faisandés aux hyperchlorhydriques, en leur conseillant de n'en faire qu'un usage modéré. Il peut arriver telle circonstance où l'acide, qui n'agit efficacement qu'à l'état libre, n'est plus apte à arrêter la putréfaction, où l'inanition chlorée a supprimé la sécrétion acide. Un malade soumis au régime lacté, par exemple pour insuffisance rénale, c'est-à-dire ingérant un minimum de chlorures et ne fabriquant plus d'acide chlorhydrique, veut pour une fois rompre son régime et s'offrir un repas de gibier faisandé. La putréfaction se continuera dans l'estomac, les toxines envahiront la circulation, et ne trouvant pas une élimination suffisante, élèveront à un degré exagéré la tension artérielle par vaso-constriction, déterminant facilement la mort dans un délai très bref.

L'acidité chlorhydrique joue un rôle actif dans la

digestion des albuminoïdes en les imbibant, les gonflant, les dissociant, enfin les hydratant. Les transformations qu'il produit sont limitées. Par son action, la fibrine peut arriver au stade d'acide-albumine, de propeptone, mais il n'a pas la puissance digestive de la pepsine et s'épuise vite. Ses deux fonctions primordiales sont d'être antiputride et d'entretenir l'acidité nécessaire à l'action de la pepsine.

Celle-ci fait passer les albuminoïdes par une série de transformations assez complexes avant de les amener à l'état de peptones. Les produits successifs de cette digestion sont les syntonines et les propeptones, accompagnées et suivies de toute la gamme des albumoses, anti, hémi, dys, hétéro-albumoses ou peptones, aboutissant aux peptones vraies, forme sous laquelle les albuminoïdes doivent se présenter dans l'intestin.

Des expériences récentes avec une pepsine qui a paru à peu près pure, et se présentant sous la forme d'une albumine sulfurée, ont poussé la désintégration des albumines plus loin que la formation des albumoses et des peptones et fait apparaître des composés cristallisables : leucine, tyrosine, alanine, arginine, etc. Il y a lieu de formuler des réserves au sujet de ces expériences de laboratoire qui arrivent par des procédés peu semblables à ceux de la digestion naturelle, à des résultats trop complets, triomphe de la chimie et non de la physiologie.

Pawlow n'a rien vu de semblable dans les diverticules où il observait les phénomènes d'une digestion plus physiologique. Et, en effet, il est difficile de comprendre qu'en dehors d'un état pathologique, une semblable décomposition puisse se produire, rendant immédiatement inutilisables les albuminoïdes ingérés. Il faut considérer la digestion pepsique comme une opération incomplète qui doit être continuée dans l'intestin.

Les réactions de la chimie intestinale sont favorisées par la présence de la viande. C'est elle d'ailleurs, avec le poisson, qui fournissent l'azote sous la forme la plus utilisable. Lorsque les végétaux sont trop abondants, la proportion des matériaux azotés utilisés diminue. Les légumes sont plus réfractaires et se laissent plus difficilement débarrasser de leurs albuminoïdes. Ceux-ci, à poids égal d'azote, fournissent un rendement supérieur quand ils sont tirés de la viande. Ils donnent alors 97 p. 100 tandis que le pain donne 78 et les légumes 60 à 80 p. 100. Le reste de l'azote se retrouve dans les matières intestinales. Cependant, ces données ne doivent pas être considérées comme invariables, et il est utile de tenir compte, non seulement des habitudes alimentaires, mais encore des besoins de la cellule.

Le protoplasma et l'organisme en général peuvent se comparer à un acide qui désagrège un composé pour satisfaire ses affinités chimiques avec les bases qu'il y rencontre. Tant qu'il restera une atomicité de libre, l'action de l'acide s'exercera. Mais où nous verrons s'affirmer la supériorité de la matière vivante, ce sera devant l'impuissance de l'acide à s'emparer de bases trop fortement engagées dans la combinaison. Quand l'insuffisance du réactif menace le protoplasma de la disette azotée, le système nerveux, mis en branle par des affinités non satisfaites, intervient pour augmenter la puissance de ce réactif, qui parvient alors à tirer parti de matériaux habituellement inutilisés.

Si certaines circonstances peuvent exalter la puissance des sucs digestifs, dans d'autres cas, la peptonisation peut se trouver entravée et supprimée presque complètement. Il arrive que le suc gastrique n'a subi qu'une élaboration incomplète qui enlève à ses composants l'activité nécessaire, la sécrétion de l'acide manque, la pepsine n'a pu parvenir à se constituer, et les éléments anatomiques n'ont eu la force de fabriquer qu'une propepsine inactive, incapable de pousser la digestion plus loin que le stade des propeptones. Il se produit une ébauche de digestion et l'absorption ne s'empare qu'avec peine de matériaux sans usage pour les cellules et que la circulation amène directement dans les reins. La plus grande partie des albuminoïdes passe, lorsqu'il en est ainsi presque sans altération dans le gros intestin.

Il existe certains albuminoïdes plus ou moins réfractaires à la chimie digestive comme les nucléines, la glutine, la légumine, la kératine. D'autres, la mucine et l'élastine ne peuvent être utilisés que lorsqu'elles ne forment pas la totalité de l'aliment. Elles sont nourrissantes quand dans la ration, elles n'atteignent pas le tiers des albuminoïdes. Voilà pourquoi le bouillon qui renferme de la gélatine, peut, outre ses propriétés stimulantes, être considéré comme un aliment utile, lorsqu'il est donné en même temps que d'autres albuminoïdes ; seul, il est incapable de nourrir.

Les poudres, les sucs et jus de viande, les peptones du commerce, sont capables de donner de bons résultats lorsqu'on les emploie sans addition d'autres albuminoïdes, cependant leur usage, à cause des variations de leur composition, et souvent de leurs altérations, peut n'être pas sans inconvénients. On observe trop souvent des accidents d'infection et d'intoxication, et le moindre mal est qu'ils ne soient pas digérés et que les albumoses et peptones qu'ils renferment soient éliminées en nature. Mais dans ce cas encore, il y a lieu de surveiller les reins chargés de l'élimination.

Le produit de la digestion stomacale ou chyme, encore acide par son mélange avec un excès d'acide chlorhydrique, arrive donc dans l'intestin grêle où nous savons que son acidité va favoriser la sécrétion pancréatique et par suite la digestion intestinale.

La sécrétion du pancréas est autre chose que le résultat d'un réflexe commandé par l'acidité du contenu de l'estomac. L'influence de l'acide chlorhydrique sur la muqueuse intestinale se traduit par la formation d'un ferment, la sécrétine, existant sous la forme de proferment et libérée seulement par le contact de l'acide. La sécrétine arrive au pancréas par l'intermédiaire de la circulation, sans se répandre dans l'intestin et sert à son tour d'excitant pour la sécrétion du suc pancréatique. Celui-ci, dans ce milieu neutre, très légèrement acide ou alcalin, attaque les albuminoïdes qui se présentent sous forme de peptones. Mais son action est comme sa sécrétion, conditionnée par la présence d'un autre ferment.

Au sortir du pancréas, en effet, il ne renferme pas de trypsine, mais seulement un proferment trypsinogène, de sorte qu'à ce moment, il est encore dépourvu de toute action sur les matières albuminoïdes. Cet autre ferment, produit de l'intestin, est une nucléo-albumine, l'entérokinase, qui fait apparaître la trypsine en jouant à l'égard du suc pancréatique le rôle de sensibilisatrice. D'autres diastases intestinales, l'érepsine, l'arginase viennent joindre leur action à celle de la trypsine. La bile n'intervient en aucune façon dans cette digestion.

La dislocation de la matière protéique, arrêtée dans l'estomac à la forme peptone, se continue bien au delà, et sans qu'on puisse indiquer d'une manière précise la forme sous laquelle l'albumine est absorbée, on a pu cependant constater dans l'intestin la présence de corps cristallisés ou cristallisables et la décomposition digestive est poussée jusqu'à la production de cristalloïdes de moins en moins complexes, comme leucine, tyrosine, lysine, arginine, histidine, ammoniaque, acides asparaginique et glutaminique. La tyrosine arriverait même à l'état d'oxyphényléthylamine par perte d'acide carbonique.

Ce n'est donc pas, comme on l'a cru longtemps, comme on l'enseigne encore maintenant, l'albumine, ni même les albuminoïdes de transformation comme les peptones, qui sont chez l'animal la forme initiale de l'azote organique. De même que pour la plante, ce sont des corps extrêmement simplifiés, des combinaisons tout à fait élémentaires, fait qui semblera tout naturel en comparant l'animal à la plante et en considérant que la villosité intestinale, pas plus que la radicelle végétale, n'exerce sa fonction en présence de composés d'une complexité trop considérable. La ressemblance est entière, et les phénomènes d'analyse qui précèdent l'absorption, aussi bien que ceux de synthèse qui suivent, se superposent dans les deux règnes avec la plus rigoureuse exactitude.

Lorsque le milieu ambiant permet à l'action des ferments figurés de se produire, ils amènent aussi dans les albuminoïdes des transformations profondes. Après un premier stade d'hydratation, un commencement de décomposition se manifeste avec formation de produits infects. Des acides gras, acétique, lactique, butyrique, de l'hydrogène et de l'acide carbonique sont mis en liberté, puis vient le tour de l'azote et de l'ammoniaque, du soufre sous forme d'hydrogène sulfuré, du phosphore, sous forme de composés phosphorés volatils. Plus tard apparaissent les acides amidés, amidostéarique, amidocaproïque, butyrique, palmitique. En même temps se montrent le phénol, l'indol, le scatol, le pyrrol, soit seuls, soit combinés aux acides, et enfin des peptones toxiques, ptomopeptones et ptomaïnes (A. Gautier). Toutes ces décompositions sont sous la dépendance des microbes anaérobies (*bacillus putrificus coli*) ; les aérobies produisent peu ou pas de gaz et de produits odorants.

Plusieurs de ces dérivés comme le scatol, l'indol, les ptomaïnes se retrouvent dans l'urine. Leur présence un peu abondante est alors l'indice d'un mauvais fonctionnement avec intoxication de l'intestin. L'hydrogène sulfuré et les autres s'éliminent par l'intestin.

Afin de pouvoir attribuer en propre à la fermentation bactérienne ce qui lui revient, on a pratiqué des digestions trypsiques artificielles dans un milieu contenant 2 p. 1 000 d'acide salicylique. Il y a bien alors formation de peptones et d'acides amidés, mais pas de substances aromatiques, ni d'éléments gazeux, ce qui explique leur absence dans l'intestin du fœtus. Mais Charrin qui relate ces expériences, est d'avis qu'elles doivent être reprises, car si les produits de nos propres cellules, dans l'urémie par exemple, sont aussi toxiques que les produits microbiens, pourquoi dans l'ordre physiologique leur action ne serait-elle pas semblable ?

Quoi qu'il en soit, on n'a pas isolé que des toxines en étudiant les sécrétions microbiennes, on a trouvé aussi des diastases dont l'action est plutôt favorable.

C'est par ces ferments que se fait la digestion de la cellulose, aussi bien chez le cheval que chez l'homme. Ils apportent aux ferments naturels de l'intestin une aide efficace, ils suppléent à leur action en cas d'insuffisance ou de manque complet. Mais il est nécessaire que les fermentations naturelles du tube gastro-intestinal conservent la prépondérance et maintiennent les autres en infériorité. Quant l'action microbienne prédomine, les dyspepsies et les intoxications apparaissent. En réalité, l'exagération seule de ce travail est donc pathologique, car l'action microbienne donne naissance aux mêmes produits que les fermentations dues aux sucs digestifs, mais poussent les dégradations jusqu'à la production de gaz et de substances aromatiques. Beaucoup de ces corps sont résorbés, ainsi que le prouve leur passage dans l'urine et les variations de la toxicité urinaire, sous l'influence des digestions mauvaises.

On conçoit tous les désordres que peut engendrer la résorption de composés aussi toxiques que les produits de la fermentation microbienne. Toute la pathologie y passerait, car il n'est aucune cellule, aucune molécule de la matière vivante qui ne soit en rapport constant avec le milieu intérieur vicié. Après avoir attribué les simples malaises à des réflexes et cherché d'autres causes banales pour les affections plus sérieuses, on se trouve contraint aujourd'hui de rapporter à l'intoxication d'origine intestinale une grande quantité d'atteintes plus ou moins graves à la santé.

L'observation démontre que l'imprégnation toxique agit sur toutes les cellules, sur tous les tissus, sur tous les appareils. Les reins sont les organes les plus directement atteints par l'élimination des produits de l'empoisonnement. Ils se congestionnent, puis s'enflamment et se sclérosent, avec les symptômes ordinaires de l'albuminurie. L'élimination par les bronches est cause de toux opiniâtres, de bronchites, de sécrétions muqueuses ; par la peau, elle fait naître diverses dermatoses, du prurigo, des érythèmes, de l'urticaire, de l'acné, de l'eczéma. Le système nerveux traduit sa souffrance par les migraines, les cauchemars, les vertiges, les hémorrhagies, la tétanie, la dyspnée toxialimentaire, l'asthme, ou bien encore par des palpitations, de l'arythmie, des variations de la tension artérielle, des désordres des organes des sens, des hallucinations ou des troubles intellectuels. Parmi les réflexes les plus communs, il faut noter les convulsions des enfants. Le foie, impressionné défavorablement par le sang de la veine porte, qui lui apporte des matériaux irritants, se congestionne, s'hypertrophie, et gêné dans ses fonctions normales, ne transforme plus les albuminoïdes, l'urobiline, la glycose qui passent en nature dans l'urine. Les acides fabriqués en abondance donnent naissance au rachitisme, à l'uricémie, l'oxalurie, l'acétonémie, ou attaquent les os et sont la cause de l'ostéomalacie. On arrive enfin à l'affaiblissement fonctionnel général des organes et des éléments cellulaires, à l'apparition de l'anémie, des consomptions, des diathèses, arthritisme, goutte, obésité, à la perturbation irrémédiable des échanges qui ouvre la porte aux infections aiguës et chroniques, à la tuberculose, etc...

Le coefficient d'intoxication est exprimé d'après M. Robin dans les analyses d'urine par le rapport du soufre total au soufre conjugué avec les matières aromatiques. En effet, le phénol, le scatol, l'indol, etc..., étant des produits engendrés dans ces fermentations digestives et leur proportion croissant avec l'intensité et le caractère anormal ou putride de ces fermentations, on a dans le dosage de l'acide sulfurique qui se conjugue à ces principes pour les entraîner par l'urine un moyen assez sûr de doser indirectement les fermentations (A. Robin).

On s'est demandé longtemps comment des ferments aussi actifs vis-à-vis des albuminoïdes que le suc gastrique ou la trypsine, et même que certains microbes, n'attaquaient pas les parois de l'estomac ou de l'intestin. Les opinions ont été à cet égard très partagées, sans d'ailleurs qu'aucune expérience ou observation ait pu permettre de prononcer avec preuves à l'appui en faveur de l'une ou de l'autre. On a mis en avant une sorte de propriété vitale du tissu vivant, ou plus simplement la sécrétion d'un mucus résistant en couche mince. On semble se fixer aujourd'hui à cette idée, suggérée par les études microbiologiques, que la muqueuse sécrète un antiferment qui s'oppose à l'action des ferments digestifs. Il n'y a pas lieu de s'appesantir sur cette question, ni de relater toutes les expériences qui s'y rapportent.

La digestion des nucléines, qui sont des albumines phosphorées, comme les lécithines sont des graisses phosphorées, mérite une étude spéciale, à cause de l'importance qui leur a été donnée par la pharmacologie. Une fois que leur présence a été démontrée dans la cellule, étant admis que le phosphore est un reconstituant puissant, il semblait rationnel d'extraire la nucléine et de remplacer par son administration toutes les préparations phosphatiques autrefois en usage, inabsorbables et inutilisables. On pensait ainsi éviter ce qu'il y a d'incertain et d'irrégulier dans l'élaboration digestive, dont le travail a toujours tendance à transformer avant l'absorption les subtances minérales, en les combinant à des principes organiques. Pour beaucoup, les nucléines étaient données avec cette arrière-pensée que, faisant normalement partie de l'organisme, celles qu'on ingère vont naturellement se placer là où il en manque. Nous savons que cette conception est radicalement fausse, il est nécessaire de le répéter afin d'éviter les erreurs de régime et de thérapeutique. Quoi qu'il en soit, il a paru plus logique d'ingérer un produit organisé qu'une matière inorganique.

Il existe des nucléines vraies, faisant partie du noyau de la cellule, dans les éléments anatomiques doués d'une grande activité vitale. Elles se distinguent des para ou pseudo-nucléines, d'abord par ce fait que celles-ci n'accompagnent plus le noyau, mais le protoplasma et semblent ainsi plutôt être des éléments de réserve que des éléments actifs, et en outre, par ce caractère fondamental que les paranucléines, ne contiennent pas de bases puriques ou xanthiques, ainsi que nous allons le faire voir. Toutes deux d'ailleurs, sont unies à des matières albuminoïdes pour former les nucléo-albumines, sorte de combinaison dans laquelle l'albumine joue le rôle de base et l'acide nucléique ou paranucléique celui d'acide. Une fois l'albuminoïde séparé de la combinaison, l'acide nucléique peut se décomposer à son tour en donnant d'abord un hydrate de carbone, puis deux autres corps d'une importance plus considérable. En premier lieu sont les bases puriques, hypoxanthine, xanthine, guanine, adénine, possédant le même squelette atomique que l'acide urique qu'on considère aujourd'hui comme en étant uniquement dérivé. Mais même en admettant cette origine comme exacte, il reste à démontrer que l'ingestion des nucléines donne réellement naissance à l'acide urique patholo-gique, plutôt que les nucléines usées de l'économie, en un mot que l'encombrement de l'économie par l'acide urique est bien le fait de l'assimilation et non de la désassimilation. Dans ces conditions, beaucoup donnent la préférence aux paranucléines.

La désintégration nucléinique met en évidence un acide organique phosphoré, l'acide thymique, décom-posable lui-même en thymine qui est une base azotée, et acide phosphorique. Celui-ci est le seul produit commun et constant des nucléines, les autres compo-sants variant à l'infini. L'acide thymique contient tout le phosphore de la molécule sous forme d'acide ortho-phosphorique, forme ultime à laquelle aboutit le phos-phore dans le dédoublement des acides nucléiques.

Sous l'action des ferments digestifs, les nucléo-albu-mines sont dédoublées en albumine qui suit le sort des autres albuminoïdes, et en nucléines qui forment un résidu désigné autrefois sous le nom de dyspeptone. Elles sont insolubles dans l'acide chlorhydrique de l'estomac. Dans l'intestin leur présence provoque la sécrétion de diastases spéciales : la nucléase qui dé-compose la nucléine, puis une adénase, une guanase, une xanthinase qui s'attaquent à l'élément correspon-dant en l'oxydant ou l'hydratant. L'acide urique qui est éliminé par les urines à la suite de l'ingestion des nu-cléines, ne proviendrait pas de l'organisme, mais de l'oxydation des bases puriques, de sorte qu'il n'y aurait pas à craindre d'administrer des nucléines dans la diathèse urique. La marche habituelle des processus d'assimilation est favorable à cette hypothèse, et il deviendrait alors possible de ne plus s'occuper de la différenciation des nucléines et de les prescrire toutes indifféremment. Elles agissent par l'acide phosphorique qu'elles renferment et qui, mis en liberté dans l'intestin, est absorbé sous cette forme, sans désintégration qui produirait du phosphore. Il n'a jamais été constaté que l'acide phosphorique se soit décomposé dans l'organisme, quelle que soit sa provenance. La médication nucléinique constitue donc une médication phosphorée de premier ordre, comparable à la médication lécithinique.

La totalité des nucléines ingérées ne subit pas l'action digestive des ferments intestinaux, et on en retrouve une quantité appréciable dans le contenu du gros intestin. On y rencontre également des phosphates, plus abondants que ne le comporte le travail de la désassimilation, également abondants dans l'urine, lorsqu'on fait usage de nucléines. L'organisme ne paraît donc pas adapté à l'utilisation intégrale de ces substances ; cependant il n'est pas niable qu'avec une grande partie des matériaux de désintégration des nucléines, il ne forme des produits de synthèse qui assurément peuvent être ses nucléines propres, mais peuvent être aussi d'autres matières organiques à son usage, tandis qu'il reconstituera des nucléines avec d'autres matériaux qui ne leur ressemblent pas et auront seulement fourni les éléments de la synthèse.

L'alimentation lactée donne la démonstration de cette opération. Le lait ne renferme guère qu'une paranucléine, et l'animal qui s'en nourrit exclusivement arrive, avec ce seul aliment, à former des nucléines vraies. C'est un travail semblable à celui qui a été constaté dans la chimie intra-cellulaire des saumons au moment de la ponte. Ces animaux remontent le

Rhin, et restent de quatre à quatorze mois sans prendre aucune nourriture. Dans ces conditions, leur intestin est régulièrement trouvé vide. Les matériaux qui servent à l'accroissement de l'ovaire, doivent nécessairement être fournis par la musculature du corps qui diminue énormément. Mais si les muscles ne contiennent que de petites quantités de nucléines, les œufs en sont au contraire très riches, d'où il faut conclure que cette substance, comme d'ailleurs la lécithine, a été formée de toutes pièces par le travail cellulaire, à l'aide d'éléments empruntés à d'autres combinaisons.

Munk est d'avis que l'importance nutritive des nucléines n'est pas établie. On ignore également leur rôle physiologique. En revanche, les inconvénients dus à la présence des bases xanthiques sont généralement admis. Il faut ajouter cependant qu'un organisme non taré, fonctionnant dans des conditions de bonne santé, ne peut pas être incommodé par une proportion raisonnable de ces bases et que d'autre part, au point de vue thérapeutique, si l'acide phosphorique n'est pas matériellement utilisé en totalité, la quantité absorbée et véhiculée dans la circulation peut imprimer aux cellules une excitation favorable qui active les échanges moléculaires.

Ainsi l'absorption par la villosité intestinale s'effectue sur des substances élémentaires peut-être pas aussi simples que celles qui se présentent à l'absorption des radicelles végétales, mais déjà éloignées de la complexité de l'aliment ingéré. C'est une nécessité pour la molécule de perdre de son poids, et celle-là seule qui s'est simplifiée et est devenue plus petite, peut passer à travers l'épithelium. De la sorte, la valeur de l'aliment ne devra pas être uniquement mesurée d'après les groupements moléculaires qu'il renferme, mais d'après les décompositions moléculaires qu'il est capable de subir.

Les matériaux de la décomposition digestive sont condensés par la muqueuse absorbante dans une synthèse de composés nouveaux, qui n'ont de commun avec les ingesta que les éléments simples entrant dans leur formation. En deçà de la muqueuse, l'aliment primitif a déjà perdu tous ses caractères morphologiques aussi bien que chimiques.

Les fabricants de produits, albuminoïdes, phosphorés ou autres, auxquels ils attribuent de puissantes propriétés reconstituantes, parce qu'ils y trouvent des substances d'une composition plus ou moins identique à celle de la cellule ou des tissus vivants, oublient généralement cette destruction digestive. Leurs produits n'arrivent pas intacts à destination. Ils ont été désintégrés et recomposés par l'organisme suivant une formule toute autre, avec des propriétés entièrement différentes de celles que leur composition ancienne paraissait leur conférer. C'est ainsi que l'ingestion de sang ne constitue pas une nourriture très recommandable ; le travail digestif nécessité par la séparation de ses éléments étant assez laborieux, absorbe par lui-même une grande partie du potentiel énergétique apporté par l'aliment et, de plus, la recomposition assimilatrice ne reproduit pas les globules détruits.

On comprend dès lors que la démonstration de la puissance alimentaire ou médicamenteuse d'une substance, par injection dans le système circulatoire, n'a aucune valeur. L'albumine et beaucoup d'autres composés, utiles quand ils sont soumis au préalable à la digestion, deviennent nuisibles si l'on a la prétention de les introduire directement dans la circulation. Les expérimentations tentées par ce procédé ne deviennent probantes que lorsqu'il est démontré que les substances n'éprouvent aucune modification de la part des ferments digestifs et sont absorbées en nature. Tel est le cas de l'alcool qui passe du tube digestif dans la circulation sans transformation. On est donc autorisé pour la recherche des effets de l'alcool sur l'organisme à l'injecter directement dans les veines ou les artères. En prenant les précautions nécessaires pour éviter des doses rapidement trop fortes, s'éloignant par leur quantité ou la rapidité de leur envahissement des conditions ordinaires créées par l'absorption, les conditions de son action habituelle ne se trouvent pas changées, et la démonstration n'a rien à perdre à ce procédé. Mais on permettra au médecin de rester sceptique quand on cherchera à lui démontrer la nocuité ou l'efficacité de certaines substances poussées directement dans le sang, tandis que digérées, elles auraient été totalement défigurées avant d'y pénétrer.

L'opothérapie par les voies digestives, jugée d'après ces principes, semble une méthode sur laquelle on ne peut pas compter, et quand par hasard elle produit des résultats favorables, il devient utile d'approfondir les raisons de ce phénomène. Elles sont moins simples qu'on peut être tenté de le penser, et les explications présentées jusqu'à présent sont plutôt compliquées, quoique plausibles, et tirées de nos connaissances actuelles en microbiologie. Ainsi les professeurs Renaut et R. Dubois, de Lyon, ayant obtenu des succès dans l'imperméabilité du rein avec urémie, au moyen de la macération aqueuse de reins de porc pulpés, ont tenté de les motiver de la façon suivante : il existe dans le rein une antitoxine normale qui n'est plus sécrétée quand le rein est malade. Cette antitoxine soluble, recueillie dans la macération du rein, ne s'altère pas par son passage dans le tube digestif, ni sans doute dans le foie. Elle est alors à même d'agir efficacement, soit dans la circulation, soit dans le rein. Il en est probablement de même pour bien des substances organiques, l'huile de foie de morue par exemple, dont les effets n'ont pu être remplacés par ceux d'aucun médicament. Mais lorsqu'il s'agit d'un produit banal comme les nucléines, quoiqu'on y trouve de l'acide phosphorique uni à la matière albuminoïde, il faut chercher une autre explication à leur utilité. Il n'y a pas à les ranger dans les moyens thérapeutiques, opothérapiques ou autres ; c'est de l'alimentation simple, au cours de laquelle la substance ingérée ne vient pas se placer dans la partie où la substance constituante de même nature fait défaut. Elles ne conservent pas la forme de nucléine, et ne sont pas utilisées comme telles, elles apportent seulement des matériaux de nutrition.

Cette étude nous montre l'importance considérable de la digestion intestinale. Et en réalité, pour diverses raisons, les chirurgiens ont pu, dans certains cas, débarrasser des sujets d'un estomac malade, sans que les fonctions digestives aient été sérieusement compromises ; il existe de ce fait plusieurs observations. Il ne faut donc pas se laisser entraîner à ne s'occuper que de l'estomac quand on veut régulariser une digestion. Le malade, s'en rapportant aux symptômes les plus apparents, dont le principal est la douleur, s'il ne ressent rien, prétend que ses digestions sont parfaites, et s'il souffre, attribue tout son mal à l'estomac, établissant une corrélation qui lui semble évidente entre cette douleur et son mauvais état général. Inconsciemment, il s'emploie ainsi à abuser le médecin.

Celui qui souffre de l'estomac digère quelquefois très bien, et nous en avons la preuve chez ces hommes à qui leur estomac ne permet pas la suralimentation habituelle de leurs contemporains, et qui doivent, en conséquence, choisir avec soin leur nourriture et manger peu. Ils paraissent minces et chétifs, mais ne sont jamais malades, se montrent très résistants, et ont une existence très prolongée, parce que leur régime est bon, qu'ils évitent de se surcharger de graisse et que leur intestin digère bien. Il faut considérer l'estomac comme une sentinelle d'avant-poste, destinée à donner le signal d'alarme ; tant pis pour celui chez qui le mécanisme avertisseur ne fonctionne pas. Cela ne veut pas dire que tout va pour le mieux chez lui, et il peut se passer derrière la sentinelle des choses qu'elle ne voit pas. C'est au médecin à dépister les troubles profonds et sans retentissement subjectif de son malade, et à le remettre sur la bonne voie, en lui faisant observer que la résistance dont il est fier ne sera pas indéfinie, et que l'inobservation des règles de l'hygiène lui sera fatalement un jour préjudiciable, à lui ou à ses descendants.

Pour résumer, nous répéterons que la décomposition digestive de la matière alimentaire doit se faire suivant un mode déterminé qui l'accommode aux besoins de la matière vivante et favorise le bon fonctionnement de la cellule. Ainsi les nucléines doivent fournir de l'acide phosphorique et non du phosphore, les hydrates de carbone doivent fournir de la glycose dans le tube digestif, et attendre pour s'évanouir sous forme d'eau et d'acide carbonique leur introduction dans la cellule.

De la régularité et de la coordination des phénomènes de la chimie digestive, résulte la possibilité de l'organisation de la matière et de cette organisation sous cette forme définie, l'apparition de propriétés nouvelles de la matière dont l'ensemble constitue la vie.

La digestion est par conséquent à la base de toutes les mutations qui vont faire d'un corps brut un corps vivant. Elle est soumise à des conditions sur lesquelles, dans un grand nombre de circonstances, il nous est possible d'agir. Il importe alors de nous efforcer par tous les moyens possibles de la rendre régulière et correcte, et d'éviter, par la trop grande abondance ou le choix défectueux des aliments, la fatigue des organes. Les substances qui gênent la sécrétion du suc gastrique, comme la graisse, ne doivent pas être prises en même temps que la viande dont la digestion exige l'action de la pepsine unie à l'acide chlorhydrique ; l'alcool, qui l'empêche absolument, doit être évité. Une erreur d'alimentation en ce sens est l'origine d'indigestion ou de dyspepsie. La fermentation lactique, ordinaire dans l'estomac, au début de toute digestion, devient nuisible lorsque l'acide chlorhydrique ne l'arrête pas. Il ne faut donc pas tarir la sécrétion chlorhydrique, car on verrait apparaître une fermentation butyrique d'origine bactérienne, et souvent même la fermentation alcoolique, qui transforme les hydrocarbonés en alcool et acide carbonique, bien avant le moment où le dédoublement pourrait devenir utile. L'insuffisance simultanée des fermentations bactériennes et diastasiques n'amène plus une dislocation assez poussée de l'aliment, et celui-ci présente à l'absorption des molécules trop grosses, passant avec difficulté ou pas du tout à travers l'épithélium intestinal.

Une grande partie n'est pas absorbée, et celle qui parvient à traverser la muqueuse, impose de la sorte à l'organisme un travail et une fatigue tels, que toute l'énergie qu'elle apporte est employée et usée ainsi sans aucun bénéfice. Il peut se faire encore que des fermentations microbiennes irrégulières s'emparent de ces masses mal élaborées en dégageant des produits alcaloïdiques qui, joints aux sécrétions propres des bactéries, donnent lieu à des phénomènes d'intoxication aiguë ou chronique. Il arrive alors un moment où les phagocytes ne sont plus assez nombreux, où la cellule hépatique et généralement toutes les cellules de l'économie, par suite de l'intoxication ou de l'excitation anormale dont elles sont le siège, se trouvent incapables de concourir à un fonctionnement satisfaisant. La direction ainsi imprimée à leurs réactions n'est pas conforme à celle que réclame le maintien de la santé ; la solidarité indispensable des activités cellulaires est rompue, alors apparaît la maladie, indice de la rupture de l'équilibre.

# CHAPITRE V

## L'ABSORPTION INTESTINALE

L'absorption est une fonction à la fois génératrice du milieu intérieur et conservatrice de sa composition constante. Elle fait pénétrer les substances réparatrices de l'organisme du milieu extérieur dans le milieu intérieur. L'élément organique spécial qui intervient dans l'accomplissement de l'absorption est l'élément épithélial, agissant physiquement à la manière d'un filtre, ou chimiquement par la création de principes immédiats et de ferments. Dans l'absorption à la surface des muqueuses, le liquide doit traverser, outre l'épithélium vasculaire, la couche épithéliale qui revêt la membrane et qui peut avoir des propriétés particulières (Cl. Bernard).

La recherche des conditions qui président à l'absorption intestinale des aliments élaborés par la digestion a donné lieu à une infinité d'expériences. Les suivantes méritent d'être retenues et étudiées, car leur analyse est susceptible de nous conduire à des conclusions sur lesquelles les auteurs, tout en les indiquant, n'ont pas suffisamment insisté.

Lorsque, sur un chien, on introduit dans une anse intestinale isolée et mise dans des conditions favorables, du sérum de chien, naturel ou concentré, ce liquide est résorbé en totalité ou en partie. De même, avec une solution hypertonique de chlorure de sodium, l'eau est absorbée ; avec une solution hypotonique du même sel, le chlorure passe dans le sang. Enfin la muqueuse intestinale résorbe plus activement les sels de sodium que les sels de potassium, quoique la diffusion des seconds soit plus grande. A égal pouvoir de diffusibilité, du sucre de raisin et du sulfate de soude sont inégalement résorbés.

Tous ces faits sont en désaccord avec ce que nous savons du passage des liquides et des sels à travers les membranes dialysantes. Les lois de l'osmose sont connues et bien définies : dans le cas d'un liquide isotonique, comme le sérum de chien placé à l'extérieur du vase fermé par la membrane, lorsqu'un liquide de même nature est contenu à l'intérieur, il ne se produit pas d'action, on ne constate aucun échange, aucune pénétration d'une part ni de l'autre. Dans le cas d'un liquide hypertonique comme le sérum concentré placé à l'intérieur, il se fait un courant qui allant de la solution la moins concentrée à celle qui l'est le plus, tend à rétablir l'équilibre. Dans le cas d'une solution extérieure de chlorure de sodium hypertonique, le sens du courant se fait de l'intérieur à l'extérieur, et enfin, dans tous les cas, s'il passe de l'eau, le sel ne passe pas. Or, rien de ce que nous constatons dans l'expérience de laboratoire faite avec une membrane organique hémiperméable, n'est vrai pour la muqueuse intestinale qui est cependant aussi une membrane organique hémiperméable. Les lois de l'osmose ne sont donc pas applicables lorsqu'il s'agit du transport des matériaux de la nutrition de l'extérieur à l'intérieur de l'organisme.

Il ne faut pas oublier, en effet, que si, dans un dialyseur, nous pouvons faire varier à l'infini la nature des solutions expérimentées, si nous pouvons nous servir de solutions recueillies dans un intestin après la digestion, aussi bien que de solutions salines banales, si nous pouvons également expérimenter dans des conditions très différentes de température, de pression, de concentration, il n'en est plus de même pour la membrane qui reste toujours semblable à elle-même, et dont les propriétés ne varient pas. C'est une membrane inerte, morte, dont les éléments constitutifs peuvent présenter certaines affinités rapidement satisfaites, mais qui n'est pas le siège d'échanges incessants, à l'égal de la matière vivante dont l'instabilité des éléments est le caractère fondamental. Le dialyseur est passif et inerte, la membrane intestinale d'absorption est active et vivante.

Les organes de l'absorption sont constitués par la muqueuse intestinale revêtue de son épithélium. La surface absorbante est considérablement augmentée par les replis que forment les valvules conniventes et les saillies des villosités. La villosité représente la partie principale du système, car elle contient dans sa profondeur les vaisseaux sanguins et chylifères par lesquels se fera la pénétration des liquides intestinaux dans la circulation, et elle est doublée à sa surface par l'épithélium que ces liquides doivent traverser pour arriver aux vaisseaux.

L'eau pénètre évidemment dans la cellule par un courant qui la porte de dehors en dedans vers les capillaires veineux et la veine porte. Lorsqu'elle fait partie d'une solution saline, le sel passe plus ou moins avec l'eau, mais il a été constaté que la solution envahissait également les espaces intercellulaires. Les chylifères se prêtent peu à cette absorption. Dans le cas d'injection intra-intestinale d'extrait de noix vomique, si la voie veineuse est supprimée, l'empoisonnement n'a pas lieu, à cause de la lenteur de la résorption par les lymphatiques, qui laisse ainsi à l'économie le temps de se débarrasser du poison.

Il importe de noter que le phénomène peut être dissocié suivant que la solution emprunte la voie intercellulaire ou bien traverse la cellule en prenant contact avec le protoplasma. Tandis que la plus grande partie de l'eau peut traverser la cellule, la plus grande partie des sels passe entre les éléments figurés. Nous ne savons s'il peut en être de même pour les globules graisseux et les solutions colloïdales, telles que celles formées par l'albumine, mais les transformations subies par ces dernières dans l'épaisseur de la muqueuse nous font reconnaître une influence évidente du contenu cellulaire, soit par action chimique réciproque du protoplasma et de la substance étrangère, soit par l'intermédiaire d'une diastase intracellulaire, ainsi que nous allons le voir.

Les hydrates de carbone sont en général amenés par la digestion à la forme de sucres réducteurs absorbables. Leurs solutions traversent l'épithélium cylindrique sans modifications apparentes et sont transmises aux capillaires de la veine porte. Une très petite quantité de sucre passe par le canal thoracique, sauf dans le cas d'abondance exagérée. S'ils ne subissent pas par l'absorption, de modifications appréciables, on peut supposer néanmoins que certains sucres, qui n'ont pas été dédoublés par les ferments intestinaux et se présentent avec leur complication moléculaire, peuvent être simplifiés par les diastases produites, soit par la cellule intestinale, soit par les leucocytes qu'ils rencontrent chemin faisant, et dont le concours à ces transformations diastasiques est absolument certain.

La graisse revêt dans l'intestin deux formes différentes sous chacune desquelles elle est soumise à l'absorption. En premier lieu elle se dédouble par saponification, en se séparant de la glycérine avec laquelle elle se trouvait combinée, et la remplaçant par une base qu'elle rencontre dans le milieu. D'ailleurs, que l'acide gras soit combiné ou libre, les mêmes phénomènes ont lieu. Qu'on livre à l'absorption intestinale de l'acide palmitique et de la glycérine préalablement séparés et distincts l'un de l'autre, l'épithélium les combinera et en fera de la graisse. Des acides gras, introduits seuls dans l'intestin, sont également résorbés et sans qu'on ait joint aucune molécule de glycérine, sont capables, en traversant l'épithélium, de régénérer la graisse. Il y a plus : si on fait ingérer à un animal du palmitate de cétyle, cette graisse, saponifiée dans l'intestin, reforme par synthèse dans la cellule absorbante, de la tripalmitine, graisse neutre dont la base est la glycérine, tandis que sa base primitive, la cétyle, ne se retrouve plus, transformée sans doute en alcool cétylique, puis hydratée ou oxydée, en tout cas disparue. L'oléate d'amyle, l'oléate d'éthyle, le palmitate d'éthyle donnent les mêmes résultats; leur métamorphose met au jour les éthers correspondants de la glycérine, ce qui fait que les graisses naturelles de l'organisme sont toujours les éthers de la glycérine, quelles que soient les matières premières qui ont servi à les constituer.

Le processus synthétique intra-cellulaire a été très exactement suivi et vérifié sans qu'on puisse l'expliquer d'une manière précise. Lorsqu'il s'agit de la glycérine seule, sans accompagnement d'un acide gras, le même phénomène ne se reproduit pas, il n'y a pas formation de graisse et la glycérine disparaît, soit par oxydation, soit de toute autre manière non déterminée. Cette résorption n'a pas lieu pour tous les corps gras indifféremment : la lanoline, par exemple, quoique n'ayant pas un point de fusion élevé, et grâce sans doute à sa composition chimique qui diffère de celle des graisses habituellement employées à l'alimentation, traverse le tube digestif sans qu'aucune parcelle en soit résorbée.

L'absorption de la graisse nous réserve une autre surprise. Nous savons maintenant, à la suite de diverses expériences des physiologistes, que lorsqu'on nourrit un animal avec des graisses spéciales, faciles à différencier, soit par les principes qu'elles renferment, soit par leur température de fusion, l'animal ne se sert pas de cette graisse exclusivement pour en fabriquer une qui lui soit propre. S'il emploie une partie de ces matériaux pour la constitution d'une graisse spéciale à son espèce, il en résorbe cependant une certaine quantité en nature, et la graisse répartie dans ses tissus, présente les caractères de celle qui lui a été fournie. Il y a là une exception apparente à ce principe qui veut que les ingesta ne soient pas employés en nature, et que leurs éléments seuls servent à une nouvelle organisation. Comme d'ailleurs les modifications de la constitution chimique des tissus animaux, en rapport avec l'alimentation, n'ont jamais été très importantes, ni surtout définitives, il faut admettre que l'action des

ferments cellulaires accomplit plus tard et d'une façon
plus lente la transformation alimentaire, suppléant
ainsi à l'insuffisance toute relative de l'action digestive.
On ne peut changer que temporairement les caractères
de la graisse d'un animal, en le nourrissant avec une
graisse différente de la sienne : telle est la conclusion
évidente qui résulte avec netteté des expériences con-
tradictoires des auteurs, expliquant ainsi ces contra-
dictions mêmes (Voir à ce sujet le traité de Diététique
de Munk et Ewald, p. 43.)

Quoi qu'il en soit, le globule de graisse émulsionnée
peut être résorbé en nature par la cellule épithéliale
qui agit, dans cette circonstance, comme une amibe
vis-à-vis des corpuscules qu'elle rencontre pendant
ses évolutions. Les prolongements protoplasmiques
qui constituent le plateau strié, analogues aux pseudopodes amibiens, s'emparent du globule et l'introduisent
dans la cellule, où il subit le sort des autres graisses
après leur recomposition. Le passage dans la circulation générale se fait exclusivement par les lymphatiques
et le canal thoracique.

Les phénomènes de la diapédèse montrent de quelle
façon un corps figuré peut sortir d'un vaisseau par les
interstices intercellulaires. Sans doute le globule de
graisse emploie des moyens analogues pour y pénétrer. Il est possible également qu'il soit convoyé dans
ce trajet par les leucocytes qui sont invariablement
mêlés à tous ces phénomènes d'absorption et leur apportent un concours soit physique, soit chimique. Nous
savons d'ailleurs que le globule graisseux, entré par
effraction dans le lymphatique, doit à l'exemple du
leucocyte, pour se fixer dans les tissus, quitter le capil-
laire en traversant la paroi.

Le mécanisme de l'absorption de la granulation graisseuse émulsionnée a pu être suivi à travers la muqueuse,
grâce aux propriétés optiques de la graisse. Elle paraît
être saisie par les prolongements protoplasmiques du
plateau strié. Ainsi déposée entre les filaments superficiels de la villosité, elle ne tarde pas à être englobée
de toutes parts et à pénétrer dans la cellule. Sous l'influence des ferments qui y sont sécrétés, peut-être par
un autre mécanisme que nous ignorons, il se passe là
des réactions qui, recombinant les acides gras préalablement dédoublés, en forment de nouvelle graisse
neutre qui se joint à celle qui a pénétré en nature. Les
granulations sont de plus en plus volumineuses suivant
qu'on les considère à une plus grande profondeur.
Elles finissent par infiltrer non seulement la cellule,
mais toute la charpente connective de la villosité. Elles
cheminent ainsi jusque dans les espaces lymphatiques
intercellulaires où elles rencontrent les leucocytes qui,
à leur tour, les entraînent dans la circulation lymphatique du chylifère central de la villosité. En examinant
l'épithélium à toutes les périodes de la digestion, on
peut voir les globules s'avancer peu à peu de la surface
de la muqueuse vers la lumière des lymphatiques à
travers le protoplasma cellulaire.

En résumé, les graisses sont absorbées sous deux
formes différentes, d'abord sous forme de savons ou
d'acides gras, ainsi transformées par l'action du suc
pancréatique, combinées ou non aux alcalis qui se
rencontrent dans l'intestin. La bile les dissout et les
dispose à l'absorption. Une autre partie s'émulsionne
sans se décomposer par l'action du suc pancréatique
et de la bile, et passe en cet état dans la cellule cylindrique de la muqueuse intestinale, où elle se retrouve

avec la graisse neutre qui résulte de la synthèse des acides gras avec la glycérine.

La constitution du plateau strié de l'épithélium intestinal nous explique pourquoi on ne rencontre dans son épaisseur aucun globule graisseux. La graisse ne pénètre pas dans l'épaisseur des prolongements protoplasmiques, elle entre dans la cellule au niveau de la base de ces prolongements, et ainsi se trouve détruit l'argument des physiologistes qui supposaient que la cellule n'absorbe pas la graisse en nature, parce qu'on n'en rencontre que dans le corps de la cellule cylindrique et non dans la partie superficielle constituée par ces excroissances. Lorsqu'on pensait que le plateau strié formait une couche continue et homogène, on était étonné en effet de ne jamais trouver de graisse dans son épaisseur, et on en inférait que la granulation graisseuse ne pouvait prendre naissance qu'au-dessous de ce plateau par synthèse des éléments séparés dans la cavité intestinale. Ceci reste vrai pour les savons et les acides gras dissous, mais ne l'est pas pour la graisse simplement émulsionnée.

Les albuminoïdes arrivent au contact de la surface absorbante de l'intestin sous des formes différentes plus ou moins utilisables par l'épithélium. La désintégration peut être telle qu'il n'existe plus qu'une molécule azotée très simple, capable de donner du carbamate d'ammoniaque, lequel sera l'origine d'une partie de l'urée du foie. Mais la dissociation paraît pouvoir s'arrêter à un simple dédoublement dont le résultat est la formation de peptones. Du moins une transformation ainsi limitée est admise par tous les auteurs. Enfin l'albumine peut rester entière et arriver dans cet état au contact des organes de l'absorption.

Dans ce dernier cas, elle parviendrait directement dans le sang en passant à travers la paroi des capillaires de l'intestin, comme tous les éléments dissous dans l'eau. Il ne paraît pas nécessaire qu'elle soit dédoublée en peptones. En effet, l'albumine placée dans une partie isolée et lavée de l'intestin est absorbée et on peut constater qu'il n'y a aucun dédoublement dans la quantité qui reste non absorbée. Des auteurs ont prétendu que seule l'albumine ainsi absorbée entière, peut servir à la réparation des tissus, tandis que les peptones, se dissociant davantage, ne sont plus bonnes qu'à servir de combustibles. Si en effet on cherche à maintenir en équilibre d'azote un animal, en ne lui donnant que la quantité d'albumine qui correspond strictement à ses excrétions azotées à jeun, associée naturellement aux hydrocarbonés nécessaires, on s'aperçoit que dans ces conditions la déperdition azotée augmente, et que l'équilibre ne peut être obtenu qu'en triplant la ration d'albuminoïdes. C'est donc qu'une quantité est fatalement transformée d'une manière irréversible et perdue pour la réparation azotée. L'animal à jeun, qui vit en consommant ses propres tissus, les transforme et les utilise sans trop de déchets Il n'en est pas ainsi pour l'albumine qui a passé par la digestion, la plus grande partie arrive à l'état d'urée sans avoir passé par l'état de matière vivante.

Evidemment, il n'y a aucune impossibilité à ce que l'albumine soit absorbée en nature aussi bien que la graisse, ni que les acides amidés qui en dérivent, dans leur passage à travers la muqueuse, ne puissent la reconstituer. Mais il est non moins certain que les peptones ne soient capables de redonner de l'albumine, ainsi que le fait a été prouvé de bien des manières. On y est arrivé en nourrissant un jeune chien avec du lait décaséiné dans lequel la caséine était remplacée par des peptones. L'animal s'accroît notablement et ne présente pas le plus léger symptôme de souffrance. La même expérience, faite sur un chien adulte, a donné des résultats semblables ; l'animal a augmenté de poids tandis que l'excrétion azotée restait un peu au-dessous de l'absorption. Il est difficile d'expliquer cette expérience autrement qu'en admettant une formation d'albumine par les peptones (Bunge).

La démonstration de la reconstitution de l'albumine, exclusivement pendant le passage de ses éléments à travers la muqueuse, a été faite de diverses manières. La preuve la plus manifeste en est l'analyse du contenu stomacal ou intestinal, qui montre des peptones en proportions notables, tandis que le sang de la veine en renferme à peine des traces. Il ne s'en rencontre même pas dans les couches sous-jacentes de l'épithélium. Le foie n'est assurément pas le siège de cette transformation qui se passe manifestement dans l'épaisseur de la muqueuse intestinale.

Une expérience rapportée par Bunge démontre le fait directement. Chez un chien tué récemment, on isole une anse intestinale pourvue de son mésentère et on y entretient une circulation artificielle à l'aide de sang défibriné. En injectant à l'intérieur de cette anse une solution de peptones, au bout d'un certain temps, la plus grande partie est transformée en albumine ; il ne reste à peine que des traces appréciables de peptones dans l'intestin et pas du tout dans le sang qui a circulé. Si ce sang est au préalable chargé de peptones, on retrouve celles-ci intégralement à la fin de l'expérience, malgré un passage réitéré du sang à travers l'intestin.

C'est donc bien dans la paroi intestinale et avant l'arrivée aux vaisseaux que les peptones disparaissent.

Bunge ajoute que la transformation de la peptone en albumine doit être un effet d'une fonction vitale des cellules de la muqueuse digestive. On ne peut admettre qu'on appelle vitale cette propriété de l'épithelium, qu'à la condition de reconnaître qu'elle appartient à la matière et non à ce principe surajouté et énigmatique qui a figuré si longtemps dans la physiologie sous le nom de principe vital. Nous allons revenir sur ce sujet.

Pendant la digestion, l'abondance des peptones fait qu'on en rencontre une certaine quantité dans la veine porte, et on en a conclu que la reconstitution est alors incomplète. Étant donné ce que nous connaissons des transformations digestives qui ne se bornent pas au stade peptone, mais s'avancent bien au delà dans la voie de la désintégration, il serait jusqu'à un certain point possible d'interpréter le phénomène d'une autre manière, en disant qu'il y a bien là en effet un commencement de reconstruction de l'albumine à l'aide de ses éléments séparés, mais que ce travail a été arrêté avant sa terminaison. Le résultat serait resté incomplet, donnant la peptone au lieu de l'albumine. En effet théoriquement, la voie suivie doit être inverse de celle qu'a traversée l'albumine sous l'action des ferments digestifs, et le stade peptone fait partie des étapes traversées.

L'absorption des substances étrangères à l'alimentation se fait de la même façon que celle des aliments, en vertu des propriétés physiques et chimiques des cellules absorbantes, réagissant vis-à-vis de la matière contenue dans l'intestin, quelles qu'en soient les propriétés nutritives. La cellule prend la substance qui lui est offerte, sans préoccupation de l'utilité qu'elle peut avoir. L'amidon, des parcelles de charbon, sont transportés dans la circulation générale, tandis que le lycopode ne l'est pas ; le calomel peut être absorbé en nature. Si le grain de carmin pénètre dans la cellule épithéliale, mais ne va pas plus loin, ce n'est pas en vertu d'un pouvoir spécial et électif qu'il se trouve arrêté, c'est parce que son volume et ses affinités lui interdisent d'aller au delà. Il n'a pu franchir les interstices des cellules pariétales du vaisseau, il n'a pu traverser la paroi plus résistante d'une cellule plus profonde, il s'est montré récalcitrant à l'action d'une diastase ou n'a pu provoquer sa sécrétion, et il a dû retourner en arrière et retomber dans l'intestin. Ce n'est pas la cellule qui l'a arrêté comme suspect. Elle en laisse passer bien d'autres et de plus nuisibles.

L'expérience nous montre en effet qu'elle n'arrête pas toutes les bactéries. Le sang n'est pas un liquide stérile, et si quelques-uns des organismes étrangers qu'il renferme ont pu pénétrer par effraction de la peau ou de certaines muqueuses, d'autres ont traversé l'épilium intestinal sans lésion. La vérification a été faite pour le bacille de la tuberculose, ingéré par des veaux et leur communiquant la maladie (Chauveau). Le passage de certains flagellés dans le sang a pu également être constaté, et on ne lui a pas trouvé d'autre raison que l'affaiblissement anémique des muqueuses, c'est-à-dire sans doute, une altération de la chimiotaxie du cytoplasme. Néanmoins, la plupart du temps, des érosions de la muqueuse sont nécessaires pour la pénétration des microbes. S'il n'en était pas ainsi, les milliards de bactéries qui habitent normalement l'intestin, auraient bientôt fait d'envahir l'organisme, qui deviendrait leur proie assurée. Les sécrétions microbiennes elles-mêmes, les toxines, se trouvent en général arrêtées comme les bactéries, soit par l'épithélium, soit par les liquides digestifs, acides et diastases qui les atténuent ou les détruisent, au moyen de diverses combinaisons comme le phénol, l'indol, les gaz antiseptiques, le manque d'oxygène, créant des conditions peu favorables à la pullulation des organismes et à la dissémination de leurs produits.

Diverses circonstances peuvent influer sur l'absorption, et il est nécessaire de connaître les maladies dans lesquelles se manifeste la suppression du pouvoir absorbant, de manière à régler la thérapeutique sur les capacités de l'organisme. Si, dans la fièvre typhoïde ou le choléra, on veut faire un traitement actif par des médicaments énergiques ou dangereux comme les alcaloïdes, on s'expose à des accidents dus à l'inactivité temporaire de la muqueuse intestinale. Les poisons s'accumulant sans modifications dans l'intestin, sont résorbés en masse au moment où l'épithélium reprend ses fonctions. Dans la manie aiguë, quoique l'influence du système nerveux sur l'absorption soit bien secondaire, on a également noté le ralentissement ou la suppression du pouvoir absorbant, soit par action nerveuse directe, soit par l'intermédiaire de la circulation.

Pour se rendre compte des phénomènes bio-mécaniques de l'absorption, il est bon de se rappeler que la question a deux côtés. En premier lieu, nous remarquerons que les substances soumises à l'absorption peuvent se présenter sous forme de corpuscules solides comme certaines graisses émulsionnées, des matières étrangères ou des microbes, ou bien sous forme de solutions. Ces solutions elles-mêmes renferment des colloïdes ou des cristalloïdes, et dans chacun de ces cas, la marche du phénomène est différente. On doit envisager en second lieu l'élément absorbant, la couche épithéliale de l'intestin, dont l'activité propre, sollicitée par le contact du contenu intestinal, se manifeste de façons diverses suivant la nature de ce contenu. Le processus de résorption, en ce qui concerne la cellule, peut être divisé en deux temps, théoriquement distincts, le premier, de simple pénétration intra ou intercellulaire : les solutions salines et l'eau, peut-être aussi l'albumine non altérée par la digestion traversent la muqueuse ainsi et sans plus de complication. Dans un second temps, sont comprises les transformations intracellulaires que nous avons signalées sur les peptones ou autres produits de la décomposition des albuminoïdes et sur les acides gras et les savons.

Si les solutions, dans leurs rapports avec les diverses muqueuses ou séreuses de l'économie, obéissent tant soit peu aux lois expérimentalement établies de l'osmose, il n'en est plus ainsi pour le tube digestif, surtout lorsqu'il s'agit de solutions alimentaires obtenues par les actes digestifs. Il devient parfaitement évident que la diffusion et l'osmose, propriétés physiques de la matière, sont insuffisantes pour expliquer le fonctionnement de l'absorption. Pourquoi en effet ces deux voies également ouvertes, au moins en apparence, et inégalement fréquentées, des veines et des lymphatiques ? Chaque substance, dans l'état d'intégrité de la membrane absorbante, prend une direction toujours la même. La question n'est pas simple et le mécanisme paraît compliqué.

Les considérations qui précèdent s'appliquent même aux cristalloïdes qui traversent l'épithélium intestinal sans transformations. Ils ne se conduisent plus comme dans le dialyseur. Les substances dissoutes, les sels et les sucres que la membrane hémiperméable du dialyseur ne laisserait pas passer, traversent la cellule vivante. Il faut à ces solutions une hypertonie considérable pour faire dialyser l'eau des capillaires. Isotoniques ou légèrement hypertoniques, elles trouvent leur voie aussi bien dans les interstices intercellulaires que dans la cellule, et pénètrent ainsi dans la circulation. Ces rapports avec la cellule, si différents de ce qu'on observe dans le dialyseur où la membrane si variée qu'on la suppose, possède toujours une histologie à peu près semblable, tiennent à ce que l'épithélium intestinal est une membrane vivante, établissant des réactions chimiques avec les substances qui la pénètrent, pratiquant des échanges de matières, possédant des affinités, douée en un mot des propriétés des tissus vivants. L'activité de la membrane domine toute la question de l'absorption.

Les différences s'accentuent surtout lorsqu'il s'agit des colloïdes. Les solutions colloïdales ne sont pas homogènes; elles renferment, comme les solutions d'albumine, des granules en suspension. Les émulsions grasses peuvent leur être comparées, et cette constitution qui est aussi celle du protoplasma, mettant en présence ces deux substances semblables, devient l'origine de phénomènes spéciaux que l'expérimentation avec les membranes des dialyseurs ne peut en aucun cas reproduire. L'étude des solutions colloïdales nous a appris que les granules qu'elles tiennent en suspension sont susceptibles de réactions très complexes et encore mal déterminées, sous l'influence des solutions salines dont elles sont accompagnées, agissant comme électrolytes. Des granules colloïdaux peuvent entrer en combinaison avec d'autres de signe électrique opposé, en présence des sels ou en présence de l'eau. D'autres colloïdes peuvent se déshydrater au moyen de sels neutres agissant par leur tension osmotique. Il se produit des réactions chimiques très difficiles à déterminer d'une façon certaine et dans lesquelles se retrouve toujours l'influence de la charge électrique du corps en présence. La membrane cellulaire, constituée par un colloïde négatif, est très sensible à l'influence des acides et des métaux bi et trivalents. Si on veut bien se souvenir que le protoplasma est un mélange de colloïdes, on concevra, sans qu'il soit possible de préciser, l'intensité des réactions qui peuvent se passer dans la cellule épithéliale de l'intestin, en présence des sels et des colloïdes élaborés par les ferments digestifs.

Les peptones sont ainsi soudées et reforment l'albumine. Les acides gras eux-mêmes sont pris dans ce mouvement de synthèse et, trouvant dans les produits élaborés par la cellule, la glycérine nécessaire à leur reconstitution, reforment une graisse neutre qui n'est plus celle qui a été ingérée, mais dont les matériaux en dérivent incontestablement.

La cellule, en dehors de ces propriétés osmotiques et électrolytiques, en possède encore d'autres qu'elle met en jeu dans l'absorption, et qui contribuent comme les précédentes, à la transformation des substances qui la traversent, de telle sorte qu'elle devient un laboratoire de complications chimiques remarquables. Peut-être toutes ces réactions sont-elles réductibles en une seule et devra-t-on plus tard les réunir.

Sans entrer dans le détail de la constitution et des fonctions de la cellule, nous devons rappeler ce fait dont l'attention se détourne facilement chez les êtres pluricellulaires, à savoir qu'elle est à la fois un organisme et un élément. Elle est un élément lorsqu'on la considère dans ses rapports avec l'organisme dont elle fait partie, dans ses rapports avec la vie générale de l'individu. Mais cet élément a une vie propre; considéré en lui-même et isolément, il est un organisme, et si certaines de ses fonctions sont peu apparentes, par suite de la différenciation, ce n'en est pas moins un être unicellulaire, conservant de la cellule primordiale qui fut son ancêtre, des propriétés que nous pouvons constater. L'individu monocellulaire doit sans aide accomplir toutes les fonctions nécessaires à son existence. Il absorbe, digère, assimile, excrète et se reproduit. La cellule différenciée, celle qui est associée à un ensemble et vit en société, n'accomplit pas à la vérité un labeur aussi compliqué. Par suite de la division du travail, elle peut s'en rapporter à la collaboration de ses voisines pour certaines de ces fonctions, et elle se spécialise pour d'autres. La cellule intestinale absorbe avec intensité, elle sécrète de même, mais les affinités qui caractérisent son pouvoir assimilateur existent toujours. Si le sucre et les sels passent inattaqués, il n'en est plus de même pour les substances azotées, et les ferments qu'elle sécrète, caractéristiques de sa puissance de transformation, agissent sur elles avec intensité.

On sait, en effet, que toutes les cellules produisent abondamment des diastases. Elles enveloppent les substances avec lesquelles elles viennent en contact d'une atmosphère diastasique qui les met au point pour l'absorption par un processus de destruction et de désintégration. Elles les simplifient, tandis qu'à l'intérieur de la cellule d'autres diastases, opérant inversement, les reconstituent. Ces derniers agents de transformation échappent pour la plupart aux recherches soit par leur insolubilité, soit par leur union intime au protoplasma. Ils ne flottent d'ailleurs pas autour ou à l'intérieur de la cellule en attendant leur proie, ils ne sont sécrétés qu'à mesure du besoin, par suite de l'excitation apportée à la substance cellulaire par les matériaux extérieurs. Ces ferments sont à peine manifestés, ils ne peuvent être mis en évidence que par leur action même. C'est un fait remarquable qu'ils sont produits expressément à la demande. La cellule les fabrique sous l'action d'une excitation déterminée, et ils répondent exactement par leur constitution, ou du moins par leurs propriétés, à la chimie de la substance qui a causé leur apparition. L'altération de la fonction sécrétoire des diastases est le premier acte des maladies de la nutrition. Or, les diastases sont nombreuses et leurs propriétés dominent les actions cellulaires.

Tous les phénomènes de l'absorption consistent pour certains corps, uniquement dans le passage à travers la muqueuse. Il ne se produit rien de plus par exemple, pour les solutions salines et sucrées dont cette pérégrination ne modifie en aucune manière la composition. Il n'en est plus de même lorsqu'il s'agit des constituants de l'albumine et de la graisse, et c'est alors qu'interviennent les actions diastasiques. Chacun de ces aliments, suivant sa nature, provoque la sécrétion d'une diastase appropriée. Les enzymes se livrent

ici à un travail différent de celui qu'on est accoutumé
de leur voir accomplir. Presque partout elles s'occupent à dissocier la matière, tandis qu'à l'intérieur de la
cellule elles s'occupent à la reconstituer.

D'après les théories qui font de la plante un laboratoire de synthèse, tandis que l'animal est représenté
comme désorganisateur de la matière, chez celui-ci la
diastase de synthèse ne devrait pas exister. Mais il
n'en est pas ainsi. En réalité, la recomposition des matériaux décomposés par les ferments digestifs de l'animal, se produit presque immédiatement. Il est bien
évident que l'animal n'utilise pas ce que la plante lui
fournit sans l'avoir transformé et assimilé, c'est-à-dire
changé en une substance qui est celle de ses propres
tissus. C'est ici que les diastases de synthèse apparaissent.

On a d'ailleurs démontré la réversibilité de l'action
de certains ferments. Dans des conditions d'acidité,
de temps et de température où une combinaison directe
ne saurait être obtenue, la lipase, au contact de la glycérine, de l'acide isobutyrique et de sérum, a fourni
une combinaison (Hanriot). De plus, on a fait observer
que les produits d'une fermentation exercent toujours
sur la marche de cette fermentation une action inhibitrice qui semble indiquer une tendance à la réversibilité. La démonstration classique se fait à l'aide de la
maltose, se convertissant en glycose sous l'action de
la maltase. Il arrive un moment où la réaction s'arrête.
Si alors on ajoute de la glycose à cette solution, de
façon à dépasser la proportion qui existe au moment
de l'arrêt, la glycose se retransforme en maltose.

Il paraît légitime de conclure par comparaison à une
action semblable de toutes les diastases, quelle que

soit leur origine, car elles sont issues de cellules vivantes, comparables au point de vue de leurs processus généraux. Indépendamment de la constatation directe des faits, la théorie nous fait donc admettre comme vraisemblable l'action de synthèse des diastases intra-cellulaires de la muqueuse intestinale.

Les diastases peuvent agir physiquement en faisant varier la pression osmotique des milieux où elles sont sécrétées, par modification du nombre des molécules constituantes de ces milieux. Or, c'est là le mode d'action des substances catalytiques, de ces substances qui arrivent par des procédés chimiques mal connus à produire dans les combinaisons en présence, des modifications chimiques de composition. Les diastases se conduisent à la façon de catalysateurs, c'est-à-dire qu'aucune de leurs parties constituantes ne se retrouve dans le produit final, et qu'elles conservent leur composition malgré l'intensité ou la durée des réactions. Les interversions qu'elles produisent ne sont pas proportionnelles à la quantité de substance agissante, mais plutôt à sa concentration, et les proportions de matière qu'elles peuvent transformer sont ainsi considérables et même théoriquement illimitées. Cependant leur activité dépend d'une association d'éléments minéraux ; par exemple, la laccase, ferment oxydant, est d'autant plus active que la quantité de manganèse coexistant est plus considérable. Nous arrivons ainsi à établir une certaine solidarité entre les diastases et les réactifs chimiques. D'autre part, les considérations déjà présentées relativement au rôle des solutions électrolytiques en présence des solutions colloïdales, nous permettent encore de faire appel, pour ces fonctions de synthèse, aux propriétés des colloïdes, associées toujours aux affinités chimiques de la matière.

Il est inutile de s'arrêter davantage sur la démonstration du pouvoir de synthèse de la cellule, cette démonstration, quoique s'appliquant ici plus particulièrement aux cellules de la muqueuse intestinale, trouvant plutôt sa place dans l'étude des phénomènes de l'assimilation.

Pour compléter ces considérations, nous signalerons l'analogie qui existe entre les actes de la cellule isolée et les actes de celle qui entre dans la composition d'un métazoaire. Nous savons comment l'amibe capte sa nourriture, et comment elle la transforme à l'aide de la pepsine qu'elle sécrète et des acides que la tension osmotique de la vacuole extrait du protoplasma. Les leucocytes accaparent de la même manière les particules solides qui viennent à leur contact, les bactéries ou les déchets solides de la nutrition comme les globules rouges usés. Chez les vers, chaque élément de l'épithélium intestinal, représenté par une cellule amiboïde garnie de pseudopodes semblables à ceux des amibes, fonctionne de la même façon en présence des gouttelettes de graisse. Chez les animaux supérieurs, ces prolongements subissent quelques modifications. Ils ne sont plus figurés que par le plateau strié de l'épithélium intestinal constitué par de fines excroissances cellulaires, analogues aux flagelles de certaines cellules, et se conduisant à la manière des pseudopodes. Ils s'emparent des gouttelettes de graisse arrêtées dans les anfractuosités du plateau strié, et le protoplasma les englobe ensuite comme ferait une simple amibe.

Le premier temps de l'absorption, la pénétration dans la cellule, est favorisé par quelques mouvements du protoplasma, dont on a fait des mouvements de préhension, manifestation d'une activité voulue en vue d'un but déterminé. Les attractions et les répugnances de la cellule doivent être simplement attribuées à des phénomènes de chimiotaxie positive ou négative, dirigeant l'osmose et la diffusion, et réglant la perméabilité suivant des conditions non encore définies, mais dont le déterminisme est incontestable.

Les partisans du mouvement spontané de la cellule ont voulu voir de plus, dans la manifestation de cette irritabilité spéciale, qui n'est autre chose que la chimie propre des substances cellulaires, une sélection des aliments, un choix effectué par la cellule épithéliale. L'épithélium intestinal aurait, par exemple, la perception de la nocivité de certaines substances : le virus rabique, le venin de la vipère, le curare. Elle s'abstient de les absorber, ou du moins le fait tellement lentement, que le poison, arrivant en petites quantités à la fois dans la circulation, a le temps d'être éliminé avant d'avoir pu produire ses effets. Peut-on croire que la cellule a réellement la notion des qualités bien ou malfaisantes du contenu intestinal ? Rien ne nous autorise à penser qu'il en est ainsi, et il paraît suffisant de reconnaître simplement dans ces phénomènes le résultat d'affinités plus ou moins grandes entre la matière absorbante et la matière absorbée. Il arrive, en effet, que ce choix paraît bien incohérent, et que l'absorption s'exerce contre toute raison vis-à-vis de substances indifférentes ou même nettement nuisibles.

Cette irritabilité particulière peut être détruite ou complètement modifiée, lorsque pour une raison quelconque la couche épithéliale de l'intestin vient à être altérée, détruite ou que son activité est simplement paralysée à l'aide du fluorure de sodium. Alors les phénomènes ne sont plus soumis qu'aux lois physico-chimiques de la matière inorganique. Il se produit un renversement du courant, et des liquides sont excrétés au lieu d'être absorbés, ainsi que cela se passe dans la membrane morte du dialyseur.

Nous devons nous en tenir à la conception des affinités, quoiqu'elle ne soit que la constatation et non l'explication d'un fait. Dans l'hypothèse d'un libre choix, il resterait toujours à expliquer le pourquoi et le comment de ce choix. On a remarqué d'ailleurs, que si certains êtres unicellulaires, si comparables aux cellules de la muqueuse intestinale par leurs propriétés, s'attaquent de préférence à d'autres êtres bien déterminés et généralement les mêmes, pour en faire leur nourriture, c'est que dans l'endroit où ils vivent, ou bien ces seuls êtres se rencontrent, ou bien ils sont les seuls qui conviennent à cet usage par leurs propriétés physiques ou chimiques. Il en sera de même dans l'intestin où les globules de graisse sont communs pendant la digestion, et où les grains de carmin, introduits dans un but d'expérimentation, ne manifestent aucune affinité pour le protoplasma de la cellule épithéliale dont ils ne peuvent traverser la membrane d'enveloppe.

Dans l'appréciation des qualités absorbantes de la cellule, il sera de plus nécessaire de faire entrer l'individualité du métazoaire auquel appartiennent les organes absorbants, ce qui revient d'ailleurs à la constatation d'affinités différentes suivant les espèces et les individus, causées par les différences de la composition chimique des protoplasmas.

La cellule absorbante de l'intestin, quoique faisant

partie d'une agrégation, se conduit donc à l'exemple de la cellule amibienne isolée. Comme elle, elle absorbe, et si sa chimie intérieure est différente, c'est à cause de la différenciation des fonctions, qui résulte de la division de la cellule primitive. Cependant la puissance synthétique existe chez toutes deux, l'une l'exerce pour elle seule, et l'autre au profit de la collectivité.

En résumé, l'absorption n'est pas un phénomène de physique pure ; elle se complique d'actions chimiques ayant pour protagoniste la cellule ou mieux la molécule de matière vivante. Ces actions se caractérisent principalement par des synthèses de matière qui sont un premier pas vers l'assimilation.

# CHAPITRE VI

## LA CHIMIE DU FOIE

Les connexions du foie, aussi bien que son développement, en font une annexe de l'intestin moyen. Confondu avec lui au bas de l'échelle des êtres, il s'en distingue peu à peu en prenant la forme d'une glande unique, extérieure à la paroi du tube digestif, puis se compliquant et multipliant les éléments, qui se conglomèrent et donnent naissance dans des organismes plus perfectionnés à une masse en apparence différente de l'organe primitif, mais conservant en réalité ses mêmes propriétés qui sont avant tout, de continuer et de parfaire les transformations digestives. En effet, placé comme une sentinelle avancée sur le trajet que les matériaux élaborés par la digestion, quittant l'intestin, vont suivre avant de pénétrer dans l'organisme, le foie est traversé par tous ces produits qui ne sont pas toujours des produits alimentaires. Ceux-ci lui arrivent un peu en désordre, mal dégrossis, formant un mélange de substances utilisables avec d'autres qui le sont moins, quelquefois nuisibles ou tout à fait toxiques. La cellule hépatique reçoit sans distinction toutes ces matières premières, mais elle ne se borne pas à négliger celles qui dans la quantité sont impropres à la nutrition. A son contact, toutes subissent une série de mutations très diverses, puis suivant la nature des substances et la possibilité de leur utilisation dans l'organisme, sont détruites et éliminées, ou bien emmagasinées pour passer ensuite dans la grande circulation. La réception irrégulière et intermittente des aliments est transformée dans le foie en fourniture uniforme et continue au sang. C'est un laboratoire de transformations chimiques en même temps qu'un organe de régulation de la nutrition. Il remplit ainsi un rôle alimentaire et un rôle sanguin et de plus, comme dans leur passage les poisons, les composés non assimilables sont rendus inoffensifs, que les albuminoïdes usés, les hématies hors d'usage sont détruits, il est dépurateur. On lui attribue vis-à-vis du fer un rôle tout particulier auquel on a donné le nom de fonction martiale et que nous aurons à préciser. Enfin, on le considère encore comme un organe d'excrétion fournissant une sécrétion excrémentitielle, la bile, et une sécrétion interne, la glycose.

D'autre part, à côté des matériaux neufs qui lui viennent de l'intestin, le foie reçoit des produits de désassimilation provenant plus spécialement des albuminoïdes. Le sucre s'est évaporé en eau et acide carbonique, tandis que l'albumine et les composés qui en dérivent sont dirigés vers le laboratoire hépatique, pour y revêtir une forme ultime et définitive, qui consacre leur impuissance actuelle à prendre part aux fonctions de la vie. Ses constituants sont ensuite éliminés, soit sans retour par les urines, soit temporairement avec la bile qui les entraîne dans un nouveau cycle. La nomenclature des fonctions ou des actions qui sont sous la dépendance de son activité est très étendue, et de plus, bien des détails de ces opérations sont loin d'être élucidés.

La multiplicité des fonctions[1] n'en exclut pas l'importance. Presque toutes sont spéciales au tissu hépatique, et aucun organe ne peut les suppléer efficacement. Si l'une d'elles se trouve supprimée ou seulement gênée, ainsi qu'on peut l'observer dans les maladies ou par l'expérimentation directe, la souffrance de l'organisme ne tarde pas à traduire le trouble de la fonction. L'opération de laboratoire qu'on appelle la fistule d'Eck, qui consiste à retrancher le foie du réseau de la circulation en abouchant la veine porte directement dans la veine cave inférieure, amène infailliblement la mort dans un délai très bref. Le foie tient une place des plus considérables dans la physiologie des individus.

Ses fonctions, et il est impossible qu'il en soit autrement, appartiennent toutes à la chimie, soit qu'elles puissent être reliées aux procédés ordinaires d'oxydation, d'hydratation, de dédoublement, surtout de réduction, soit qu'elles ressortissent plus spécialement des réactions fermentatives, qui sont les moyens employés d'habitude par la chimie des organismes vivants. D'ailleurs, bien qu'il existe entre elles une barrière séparative, toutes ces fonctions sont confondues dans la réalité, et les descriptions de ces activités successives ne donnent qu'une idée schématique de la véritable activité du foie dans lequel tous les

---

1. *Fonction* : Mode d'action des appareils, acte spécial que chacun d'eux exécute. On dit souvent, mais à tort, des fonctions qu'elles atteignent tel ou tel but ; la fonction est personnifiée et on la fait agir ; on prend en un mot le terme fonction dans le sens d'un être actif, ce qui est en donner une idée très fausse. L'accomplissement d'une fonction est la manifestation des diverses propriétés des éléments anatomiques, des humeurs et des tissus disposés en organes..... (Littré et Robin).

processus, enchaînés l'un à l'autre, sont simultanés. Il
est nécessaire, pour ne pas s'égarer dans l'exposé suc-
cinct d'un travail aussi touffu, exposé indispensable à
l'intelligence de la valeur de l'aliment et de son rôle
dans la nutrition, de créer pour la description une
division qui n'existe pas dans la nature. Des groupements naturels sont difficiles à établir sans séparer
trop les phénomènes. Cependant, on a pu, en raison de
ses rapports avec la circulation dans laquelle il déverse
les produits qu'il a élaborés, faire du foie une glande
vasculaire sanguine, et étudier ses sécrétions : glycogène, graisse, urée, ferments coagulant et anticoagulant, indican, fer. D'autre part, il existe une sécrétion
externe, la bile au moyen de laquelle sont excrétés et
rejetés dans l'intestin, c'est-à-dire au dehors, différents
matériaux usés ou inutilisables. De plus, en dehors de
ses fonctions de sécrétion interne ou externe, auxquelles
il est possible de rattacher divers autres modes de son
activité, le foie est encore le siège de réactions d'ordres divers, comme les phénomènes de rétention et de
fixation de substances étrangères, d'hématolyse, etc...,
et enfin, nous devons également parler de sa fonction de défense. Ainsi, se trouvera mise en relief
l'activité de cette grosse glande dont les rapports avec
tout ce qui touche à la nutrition sont si intimes et si
étendus.

Aussitôt que parviennent au foie les matériaux de
la nutrition, tels que les ont façonnés les agents de la
digestion et de l'absorption, la cellule hépatique entre
en action, sollicitée par leur présence, et complète la
mise au point en uniformisant avant de les livrer à l'assimilation des substances de caractères déjà si rapprochés. Le sucre est la matière première sur laquelle

agit principalement le foie. Il le transforme en glycogène, et jusqu'au dernier moment, souvent même encore après la mort, il remplit cette fonction primordiale qui est la glycogénie. Toujours on trouve du sucre et du glycogène dans le foie, quelle que soit la nourriture. Non seulement, les hydrocarbonés fournissent de la glycose, mais les albuminoïdes prennent également part à cette formation. Et en effet, les éléments nécessaires à la constitution du sucre, carbone, hydrogène et oxygène existent dans les albuminoïdes.

Cependant, il paraît plus raisonnable de ne pas attribuer à la cellule hépatique des propriétés de synthèse aussi excessives, et de faire quelques réserves sur la question de savoir aux dépens de quels éléments le foie, en présence des produits de la digestion des albuminoïdes, forme son glycogène. La constitution de ces derniers ne nous est pas encore assez connue pour qu'on puisse affirmer d'une façon certaine que les hydrates de carbone entrent dans leur composition et d'autre part, nous ne pouvons douter que la molécule albuminoïde ne soit constamment accompagnée d'hydrates de carbone, que seules jusqu'à présent, les opérations chimiques de l'assimilation seraient parvenues à séparer.

Quoi qu'il en soit, Cl. Bernard qui a découvert la glycogénie, a donné pendant des mois à un chien une alimentation exclusivement carnée, puis l'ayant sacrifié brusquement par piqûre et dilacération du bulbe, afin de saisir autant que possible ses organes au milieu de leur fonctionnement, il a démontré que le sang de la veine porte ne présentait aucune des réactions caractéristiques du sucre, comme lorsqu'on s'est servi d'une nourriture riche en hydrates de carbone, tandis qu'on en rencontrait en abondance dans le foie et dans les veines sus-hépatiques. Il a fait plus, il a soumis un foie à un courant d'eau jusqu'à ce que l'eau en sortît absolument pure et ne présentant aucune trace de sucre. Alors, l'abandonnant à lui-même, il a pu démontrer de nouveau la présence du sucre au bout de quelques heures.

Cette expérience semblerait prouver tout au moins que si des hydrates de carbone accompagnent les albuminoïdes, ils ne se changent en glycose que par l'action de la chimie hépatique, et non par suite des fermentations digestives. Celles-ci n'auraient d'action que sur les hydrates de carbone isolés. Il semble encore d'après cette expérience, que le foie possède la propriété de transformer directement en sucre certains hydrocarbonés, ceux qui dérivent des albuminoïdes, ou leur sont superposés, dans les corps que nous pouvons alors nommer des glucoprotéides. Et en effet, dans l'inanition, quand on peut supposer que tout le sucre apporté antérieurement par l alimentation a disparu, quelque temps avant la mort, on en trouve encore de petites quantités dans la cellule hépatique. On est alors en droit de supposer que sa présence résulte de la décomposition des globules sanguins, ou de la transformation de la matière azotée du corps, désagrégée et amenée par le sang. On a pu penser que la graisse emmagasinée dans la cellule était capable de subir la régression glycosique : la chose est en effet possible, mais quand la graisse est épuisée, on rencontre toujours certaines proportions de glycose, évidemment dues aux albuminoïdes de l'économie.

Le sucre, qu'il soit fabriqué par la cellule hépatique aux dépens des matériaux que la circulation amène, ou qu'il arrive par la veine porte déjà formé, se trouve métamorphosé sous l'influence d'un ferment spécial, qui existe également, mais en moins grande quantité dans d'autres organes et surtout dans les muscles, en une sorte d'amidon, le glycogène, qui s'attache fortement au protoplasma de la cellule.

La glycose est une saccharomonose soluble et diffusible; elle résulte de l'élaboration des hydrates de carbone sous l'influence de la diastase amylolytique, tandis que le glycogène est une amylose, un polysaccharide et peut être considéré comme une forme condensée, un anhydride de la glycose. C'est une substance colloïde, de la famille de l'amidon qui en est l'analogue dans le règne végétal, de la famille de la cellulose, matières insolubles susceptibles dans certaines circonstances de la vie animale ou végétale de repasser à l'état soluble de saccharose et de glycose.

Le foie possède sur le glycogène un pouvoir de rétention qui se manifeste par l'accumulation de cette réserve à l'intérieur de la cellule jusqu'au moment où le sang de la grande circulation, appauvri en sucre par le travail de l'organisme, devra renouveler sa provision d'énergie. Alors le glycogène hépatique insoluble se mobilisera. Il redeviendra, pour se dissoudre et circuler, la glycose primitive, qui de nouveau charriée jusqu'aux muscles striés, s'y déposera en reprenant la forme plus stable de glycogène. La composition du liquide sanguin se maintient de la sorte à peu près fixe en sucre, car le foie recevant les matériaux de la digestion d'une façon intermittente et irrégulière en qualité et en quantité, ne les laisse échapper que lorsqu'il est sollicité par l'abaissement du taux glycosique du sang, de façon à faire face à l'assimilation qui est une fonction régulière et continue, ne comportant aucune interruption. Cependant au moment de la digestion, on trouve dans les veines sus-hépatiques une plus grande abondance de sucre, et c'est le moment qu'il faut choisir lorsqu'on veut le démontrer avec évidence. Ces phénomènes sont les mêmes chez tous les vertébrés, chez lesquels la glycémie physiologique est constante, qu'ils soient herbivores ou carnivores.

La quantité de glycogène mise en réserve par le foie n'est pas bien considérable. Le volume de l'organe remarquablement augmenté pendant la digestion, revient ensuite rapidement à des dimensions plus restreintes, ce qui signifie qu'il ne reste plus dans ses cellules qu'une quantité de glycogène suffisante pour l'alimentation du sang en sucre pendant un ou deux jours. Mais si le sucre apporté a été abondant, si son passage continu en proportions exagérées dans le sang, menace de compromettre la composition chimique du plasma, il se passe alors un phénomène particulier qui dans une certaine limite vient obvier à la possibilité des désordres. Les sécrétions diastasiques du foie auxquelles sont dues toutes les transformations intra-hépatiques, excitées par le volume trop grand des réserves glycogéniques, s'attaquent au glycogène en excès et en font de la graisse. C'est la fonction adipogénique, qui n'est en réalité, dans ce cas qu'un corollaire de la fonction glycogénique et en dérive directement.

Dans la suralimentation, il se produit donc ce fait, qu'un apport trop considérable de sucre au foie met en jeu le système nerveux régulateur ou mieux les affinités limitées de la cellule hépatique, qui, surchargée d'aliments, voit son activité glycogénique entravée par cela même. Les conditions thermiques créées par la surabondance de l'apport influent assurément aussi sur cette déviation fonctionnelle. L'obésité peut prendre naissance ainsi. Cependant, si on veut bien considérer que les véritables travailleurs, ceux qui font usage quotidiennement de tous leurs muscles, et non pas seulement d'un groupe limité, ne deviennent pas obèses, tout en se nourrissant quelquefois très fortement, nous sommes conduits à penser que le dépôt de graisse reconnaît d'autres conditions que la suralimentation seule. L'activité musculaire est un agent puissant de destruction pour la graisse, elle est même une condition empêchante de la formation par la consommation de glycogène qu'elle provoque. De plus, les sédentaires suralimentés ne deviennent pas toujours obèses, et ici nous pouvons invoquer à juste titre, non plus le défaut de formation, mais la destruction de la graisse par des ferments spéciaux peu connus encore, par exemple peut-être l'iodothyrine, dont l'absence dans certains cas permet l'apparition de l'obésité, même chez des individus peu abondamment nourris. Le phénomène de la formation de la graisse est donc fort complexe et subordonné à des conditions variées. Il est possible de le comparer à la déviation fonctionnelle encore bien obscure qui produit la glycosurie, l'organisme refusant d'oxyder la glycose et l'éliminant sans changement. Pour l'obésité c'est aussi la suspension de l'oxydation du sucre qui n'est plus éliminé, mais dédoublé avec dégagement d'acide carbonique et de vapeur d'eau et formation de graisse. L'adiposité d'origine glycosique ou glycogénique paraît incontestable, mais lorsque nous rencontrons l'alcool comme matière première de la réserve adipeuse, il est plus difficile d'expliquer la marche des réactions.

L'alcool est incapable de contribuer directement à la formation des réserves, car il ne fabrique pas de glycogène. Cependant, il favorise la disposition à l'obésité. Il est possible qu'en s'oxydant dans le foie, il modifie par la chaleur de la combustion les conditions du milieu dans lequel s'opèrent normalement la condensation de la glycose et le dépôt du glycogène dans la cellule hépatique, et amène ainsi une déviation fonctionnelle du travail glycogénétique. Il est possible aussi, selon Bunge, qu'il ait une action analogue à celle de certains poisons, tels que le phosphore, l'arsenic et l'antimoine. Mais dans tous les cas, quoique brûlant très facilement, on n'en fera pas un aliment d'épargne vis-à-vis de la glycose, car la chaleur émise par la combustion des hydrocarbonés quels qu'ils soient, n'est qu'un déchet, la dernière manifestation de leurs propriétés dans l'organisme et ne peut donner naissance à aucune forme d'énergie. L'alcool commence et finit par la dernière étape qui est la combustion sans rien de plus. Il vaudrait mieux admettre, avec Bunge, que la cause principale qui fait qu'il favorise les dépôts graisseux, est son action paralysante sur le cerveau, qui rend l'homme paresseux.

Nous considérerons donc, d'après ces quelques données, l'obésité comme curable, non par le régime, mais par un exercice musculaire spécial, mettant en jeu tous les muscles du corps, pratiqué d'une façon continue et non limité à des périodes de cure. Ce traitement paraît favoriser l'apparition du ferment lipolytique, ce qui mettrait cette sécrétion sous la dépendance du muscle en activité. L'exercice n'a pas besoin d'être excessif, il peut être modelé sur celui que prend normalement un travailleur des champs, un menuisier, un manœuvre quelconque, sans être accompagné de prescriptions minutieuses pour le régime. On se contentera de ne pas exagérer l'alimentation sous prétexte d'une consommation plus forte de calories.

Le glycogène n'est pas seul à fournir de la graisse, l'absorption intestinale directe introduit dans la circulation celle qui, à la suite de l'ingestion, a été élaborée dans le tube digestif. Si la voie lymphatique est le plus généralement suivie par les graisses émulsionnées, les savons peuvent cependant pénétrer par la veine porte. D'un autre côté, la circulation ramène dans le foie les graisses absorbées, et celui-ci les fixe et les transforme, de sorte que si, pendant quelque temps, on peut retrouver en nature, dans l'économie, les graisses ingérées, il arrive cependant un moment où, sous l'influence des ferments cellulaires, l'assimilation s'est opérée, de telle sorte que l'organisme ne possède plus en propre que des graisses identiques aux siennes et formées par son propre travail. Il les retient pendant quelque temps dans le foie, mais peut aussi les envoyer dans la grande circulation qui les déposera dans les différents tissus où elles se constituent à l'état de réserve disponible en cas de déficit glycogénique.

Dans certaines périodes de la vie de l'animal, et surtout au moment où la vie génitale est le plus active, chez le mâle comme chez la femelle, la graisse apparaît dans le foie en plus grande abondance, pour disparaître en dehors de ces époques. Chez la morue, où elle reste à peu près liquide, on la trouve en permanence dans la cellule hépatique, parce que ce poisson a une ponte à peu près continue, ou du moins sans intervalles bien tranchés. Cette graisse physiologique peut remplir la cellule et l'infiltrer au point que tout le tissu hépatique semble devenu une masse adipeuse dépourvue de toute fonction active. Cependant la bile est parfaitement sécrétée, et le foie continue de vivre. Ce phénomène différencie la graisse dont la formation accompagne ainsi une fonction physiologique, de celle qui se montre sous l'influence de poisons ou de circonstances pathologiques diverses. La première respecte l'intégrité du noyau de la cellule qui disparaît avec la seconde.

Chez la femme, au moment de la lactation, et même pendant la période qui précède, en même temps que de glycogène, le foie se remplit d'une graisse particulière, semblable à celle du lait, et dont la destinée est assurément de prendre part à la formation du lait, car dans le cas d'insuffisance du foie, lorsque ce phénomène ne se produit pas, la lactation devient impossible.

Il est probable que la graisse, celle qui ne prend pas naissance sous l'influence de ces conditions spéciales, repasse, au moment de la combustion, par une forme plus accessible à l'oxygène, l'état de glycogène et de sucre. Tous les aliments aboutissent ainsi par des voies diverses à un sort identique, même la graisse résorbée directement par les lymphatiques et le canal thoracique, que la circulation ramène forcément au foie en très peu de temps, ou qui, déposée dans les tissus, y subit, avant de brûler, les mêmes décompositions.

La lumière n'est pas faite sur la manière dont le foie se comporte vis-à-vis des albuminoïdes. Parmi les raisons de cette incertitude, il en est une capitale, c'est qu'on est loin d'être fixé sur la forme revêtue par l'albumine pour se présenter au foie. Nous connaissons les produits du travail digestif, nous savons que les albuminoïdes ont subi dans l'intestin une dégradation telle qu'ils n'abordent l'épithélium absorbant que sous la forme de leucine, tyrosine, glycocolle, acides amidés, peut-être de combinaisons encore plus simples, mais peut-être aussi sous la forme d'albumine dans toute sa complexité. Sur ce qui se passe par la suite, nous sommes encore moins renseignés. Les produits de décomposition des substances protéiques se retrouvent dans la veine porte ; ils y sont de plus accompagnés de carbamate d'ammoniaque, résultat de la transformation des composés ammoniacaux. Quant à l'albumine, elle n'est pas plus abondante dans la veine porte que dans les veines sus-hépatiques, de sorte qu'il est difficile d'attribuer à sa présence une autre signification qu'à celle qu'on trouve dans le sang en général. Est-ce donc que l'albumine s'est décomposée entièrement pendant la digestion et n'est plus ensuite représentée que par ses éléments de désagrégation ? Dans ce cas, quelle serait l'origine de l'albumine du sang ? La plupart des physiologistes ont attribué à la muqueuse intestinale un pouvoir de synthèse reconstituante qui réunirait tous les éléments ainsi dissociés. Mais, d'après Bunge, il n'en serait pas absolument ainsi, et les molécules désagrégées ne se reconstituent pas. L'albumine contenue dans le sang a été absorbée en nature et sans modification de ses éléments, tandis que ce qui parvient au foie n'est composé que de combustibles et d'un excretum toxique auquel il fait subir la transformation en urée afin de s'en débarrasser sans inconvénient.

A l'appui de son opinion, Bunge fait remarquer que, pour que l'équilibre d'excrétion azotée s'établisse, il est nécessaire de donner une quantité d'albumine trois fois plus grande que celle qui représente la quantité d'azote excrétée à jeun. C'est donc que l'intestin détruit une certaine quantité d'albuminoïdes qui deviennent ainsi inutilisables pour la nutrition, du moins en tant qu'azotés. On comprendrait alors que l'ingestion doive être supérieure à la consommation réelle des tissus. Quoi qu'il en soit de cette théorie, on ne peut démontrer que la présence des albuminoïdes dans le sang porte est due à l'absorption intestinale plutôt qu'à la composition générale du sang, tandis que les produits de désagrégation de l'albumine qui y sont contenus en abondance, proviennent manifestement de l'intestin, au moins pour une grande partie.

Les injections d'albumine ou de peptones dans la veine porte ne peuvent guère élucider la question. On ne retrouve pas dans les veines sus-hépatiques la substance injectée; à condition toutefois qu'elle ne soit pas en quantité massive, le foie la fait disparaître. Mais le processus de cette disparition reste incertain, soit que l'albumine, après quelques modifications, soit entrée dans la circulation, soit qu'elle ait été décomposée en glycose, urée, taurine, acide sulfurique, toutes substances qui peuvent aussi bien résulter de la désassimilation des albuminoïdes et de la destruction des globules usés. Un fait est certain, c'est qu'un animal privé par le jeûne de toute réserve de graisse, et de glycogène, réduit à ses seuls albuminoïdes de constitution, reconstitue non seulement de la graisse mais du sucre, avec une nourriture exclusivement azotée, d'où il résulte, quel que soit le chemin parcouru, que l'albumine est capable de donner dans le foie naissance aux mêmes produits que les hydrocarbones. Cela est d'ailleurs bien évident pour les carnivores purs, chez lesquels la nutrition ne se fait pas autrement que chez tous les animaux, c'est-à-dire par l'intermédiaire du glycogène.

La fonction glycogénique du foie, prise dans son acception générale, représentant les transformations glycogéniques des sucres, des albuminoïdes et de la graisse, met en évidence les difficultés du traitement diététique du diabète, et montre pourquoi le régime purement carné, aussi bien d'ailleurs que celui qui se compose spécialement de graisses, ne donne pas de résultats très satisfaisants. Nous verrons, de plus, en continuant l'étude des transformations intra-hépatiques des albuminoïdes, les inconvénients spéciaux des aliments azotés.

L'idée première du régime carné, tel qu'il a été institué, vers 1797, par Rollo, était basé sur des considérations digestives erronées. Plus tard, on l'a continué, parce qu'en somme, il semblait avoir, dans la plupart des cas, des conséquences moins déplorables que l'usage des féculents et du sucre. On a cru ainsi supprimer complètement les apports du sucre au sang, tandis qu'en réalité, on ne faisait qu'en diminuer et en changer la provenance. L'intestin et le foie se chargent de donner un démenti à la théorie, et il résulte de leur action qu'on obtient peut-être la diminution, mais non la suppression impossible du sucre dans la nutrition. Cependant on réalise de cette façon une amélioration, au moins au début du traitement, et on peut se demander si dans le diabète ou tout au moins dans certaines formes, l'économie qui, manifestement, refuse d'utiliser le sucre issu des hydrocarbonés, ne fait pas une sorte de sélection et ne brûle pas de préférence celui qui résulte de la dislocation des albuminoïdes. Il n'existe pas et on ne peut inventer des aliments qui entretiennent la vie avec autre chose que du sucre. Ce n'est qu'une affaire de dosage, et les légumes verts eux-mêmes en renferment des proportions appréciables.

Mais il y a autre chose. On doit supposer dans le diabète l'activité du foie plus ou moins pervertie, et d'ailleurs, si la maladie dépend de lésions étrangères au foie, il faut compter que celui-ci soumis à l'obligation de la transformation de produits azotés en proportion trop considérable, ne conservera pas longtemps son intégrité. La cellule hépatique oubliera vite son prétendu rôle défensif et les composés ammoniacaux excessivement toxiques ne seront plus transformés. Ils joindront leur action nocive à celle d'une glycémie exagérée et le malade sera intoxiqué par l'acétone ou d'autres poisons plus rapidement que s'il s'était simplement nourri de légumes en quantité raisonnable. C'est un cercle vicieux. Pour cette raison et aussi pour d'autres, la pomme de terre a pu être employée avec un certain succès dans le traitement du diabète. Renfermant relativement peu de fécule, des sels plutôt utiles que nuisibles, mais surtout pas de composés azotés, elle paraît se borner, du moins dans quelques cas, à son rôle nutritif, sans pouvoir être accusée d'une action toxique qui appartient incontestablement à la viande.

La graisse représente en quelque sorte un déchet, mais un déchet dont l'organisme peut tirer parti à l'occasion, c'est une sorte de réserve stabilisée, momifiée. Il n'en est plus de même pour un autre déchet résultant de la transformation des matériaux azotés. Ceux-ci pour une partie doivent donner du glycogène.

Leur constitution chimique se prête en effet à cette
métamorphose, mais elle montre en même temps,
dans les produits de cette opération, un résidu azoté
qui doit être employé ou éliminé. Or, presque tout
l'azote ingéré est excrété par l'urine sous forme d'urée ;
il s'agit de faire voir que c'est bien le foie qui est l'organe de cette transformation qui lui procure à la fois
du sucre qu'il conserve, et de l'urée dont il se débarrasse.

Nous abordons un terrain plus solide avec la fonction uréopoiétique du foie. L'urée n'existe pas dans le
sang de la veine porte, mais comme elle se trouve en
proportion appréciable dans celui des veines sus-hépatiques, on peut affirmer qu'elle est formée dans le
foie, ainsi que diverses observations ou expériences
sont venues le confirmer.

Il est facile de se rendre compte que l'excrétion de
l'urée diminue dans les maladies du foie. Le rapport
azoturique, c'est-à-dire le rapport de l'azote uréique à
l'azote total est abaissé, l'azote total étant représenté
par une quantité plus considérable d'ammoniaque.
L'hypoazoturie est un signe constant de l'insuffisance
hépatique ; on l'a notée dans la cirrhose et le cancer
aussi bien que dans les affections hépatiques de
courte durée.

La suppression partielle du foie par résection, par
l'empoisonnement phosphoré, par l'injection d'acide
acétique dans la veine porte, provoque la diminution
de l'urée. D'autre part, on constate que normalement
le sang de la veine porte est moins riche en urée que
celui des veines sus-hépatiques, mais si on vient à
pratiquer la fistule d'Eck, c'est-à-dire à exclure par
l'abouchement de la veine porte dans la veine cave

inférieure, le foie du passage des produits alimentaires, on voit une production considérable d'acides amidés et surtout de carbamate d'ammoniaque, envahir le sang. Les accidents surviennent alors très vite, et l'empoisonnement est d'autant plus rapide que l'animal est nourri avec de la viande, preuve manifeste de l'uréopoièse hépatique et de son influence. Les réactions de la chimie hépatique opposent donc un obstacle réel à la toxicité des albuminoïdes en transformant les composés azotés qui en dérivent, en urée, corps dont la présence dans le sang est assez bien tolérée et qui dialyse très facilement par le rein. Au contraire de l'urée, l'ammoniaque et ses dérivés se montrent toujours toxiques à petites doses. La fonction uréopoiétique du foie rentre donc dans son rôle dépurateur par transformation.

M. Richet, inspiré par l'expérience de Cl. Bernard pour la démonstration de la glycogénie, en a fait une semblable pour préciser la fonction uréopoiétique. Après avoir lavé un foie jusqu'à ce qu'il n'en sorte ni urée, ni glycogène, et afin de se préserver de l'action de différents ferments et surtout de l'oxygène, il l'enfouit dans un revêtement complet de paraffine et y constata au bout de quelque temps la présence d'une quantité non contestable d'urée. Une partie de ce foie, conservée à l'air comme témoin, n'en renfermait pas. Il en conclut que l'uréopoièse est un phénomène chimique indépendant de la vie et lié à un ferment intra-hépatique. Ce ferment isolable chez les mammifères, n'existe pas chez les oiseaux qui ne font pas d'urée, mais de l'acide urique.

Il reste maintenant à préciser la question de savoir aux dépens de quels composés se produit l'urée.

MM. Richet et Chassevant expérimentant au moyen du ferment uréopoiétique isolé, ne sont pas parvenus à en obtenir avec l'ammoniaque, carbonate ou chlorhydrate, mais ils en ont obtenu avec les dérivés de la décomposition des albuminoïdes, xanthine, hypoxanthine, acide urique, acides amidés. Cependant l'ingestion de carbonate ou de chlorhydrate d'ammoniaque augmente aussi bien l'urée que celle des acides amidés ou des bases puriques et de plus, le passage expérimental des sels ammoniacaux à travers un foie sorti du corps donne naissance à de l'urée. Celle-ci proviendrait donc à la fois des albuminoïdes usés et désassimilés et de ceux qui ingérés ont été soumis aux fermentations digestives.

Il est difficile aujourd'hui d'attribuer au foie une part prépondérante dans la formation de l'acide urique. D'après les plus récents travaux, il est reconnu que l'acique urique se forme dans tous les tissus et tous les organes, tout spécialement dans les éléments cellulaires nucléiniques, c'est-à-dire principalement dans les leucocytes. Cependant les bases puriques introduites par les aliments, traversent le foie, et il pourrait paraître extraordinaire que celui-ci, doué des propriétés chimiques que nous lui connaissons, laissât passer ces composés sans leur faire subir la transformation en acide urique. Il est plus probable qu'il en est ainsi, au moins pour ceux qui n'ont pas été préalablement désintégrés dans l'intestin, et que dans les tissus il ne se forme que celui qui trouve son origine dans les nucléines de désassimilation.

M. Roger a noté que l'abaissement de la nocivité des albuminoïdes, et plus généralement des substances toxiques que reçoit le foie, est en rapport avec la pré-

sence du glycogène qui serait indispensable à l'exercice de la fonction antitoxique, soit parce qu'il est l'indice de l'intégrité et du bon fonctionnement de l'organe,
soit qu'il possède par lui-même un pouvoir antitoxique.
On conçoit qu'il soit difficile de dissocier les fonctions
du foie de manière à éviter l'influence de l'une sur
l'autre, et par suite de se rendre un compte exact du
mode de fonctionnement de chacune en particulier.

Il n'est pas inutile de faire remarquer que dans toutes
ces opérations, le foie procède par synthèse, aussi
bien quand avec le glycogène il refait du sucre qui doit
passer dans le sang, que lorsqu'il fait de l'urée avec
les composés ammoniacaux, de la graisse avec le glycogène. C'est que dans le foie, il se produit un travail
énergique d'assimilation, et l'assimilation est surtout
un processus synthétique. C'est que les substances alimentaires, désintégrées par les fermentations digestives, subissent dans le foie une intégration nouvelle
sous une autre forme, souvent même lorsqu'il s'agit
pour elles non plus d'être assimilées, mais d'être rejetées. Les désagrégations véritables ne sont pratiquées
que sur les substances qui ont fait partie de l'organisme,
qui ont été assimilées, et non sur les aliments à leur
arrivée.

Lorsque le foie se montre insuffisant pour la destruction ou la rétention des albuminoïdes, il laisse arriver
dans le sang de l'albumine non décomposée, de la
fibrine en trop grande quantité, et peut ainsi devenir
l'origine d'une forme d'albuminurie. Il passe en effet
de la fibrine, de la sérine, de la globuline dans les
veines sus-hépatiques ; mais, dans l'état d'intégrité du
foie, en proportion telle qu'elle n'excède pas le pouvoir
d'assimilation de l'organisme qui peut encore l'en-

voyer secondairement par l'effet de la circulation se détruire dans le foie. Cependant, la question de la destruction des albuminoïdes reste toujours bien obscure. Nous avons vu que certains physiologistes sont d'avis que le foie ne reçoit pas l'albumine en nature par la circulation porte, mais seulement les produits de la désintégration et cette forme d'albuminurie que nous signalons devrait alors sans doute être attribuée à un vice de l'absorption intestinale et non à l'insuffisance de la protéolyse hépatique.

La fonction uréopoiétique du foie met en œuvre différents composés azotés desquels elle débarrasse l'économie en en faisant de l'urée. C'est une fonction d'excrétion qui pourrait être rangée à côté des autres fonctions antitoxiques qu'il reste à exposer et dont les plus importantes utilisent les matériaux quaternaires de l'alimentation, complétant ainsi la dépuration commencée par l'uréopoièse. Il semble que les albuminoïdes et leurs dérivés, produits nuisibles, capables par leur présence persistante d'affecter gravement l'organisme, ont besoin, pour disparaître, de mettre en jeu le plus grand nombre de ces opérations chimiques que nous appelons les fonctions hépatiques. En un mot, leurs réactions tiennent une large place dans le fonctionnement du foie.

La plupart des composés azotés, leucine, tyrosine, glycocolle, asparagine, acides amidés, contribuant à la formation de l'urée, disparaissent ainsi. Mais il existe d'autres composés, azotés également, et, si leur séjour dans le foie sous leur forme primitive se prolongeait un peu, également toxiques. Qu'ils proviennent de la destruction du protoplasma, des hématies ou des aliments, il est nécessaire que la chimie du foie procède à une opération qui, après les avoir rendus inoffensifs, leur ouvre une porte de sortie facile soit par l'intestin, soit par le rein. Ces produits de la fermentation intestinale ou de la décomposition intrahépatique des globules sanguins sont les phénols, crésol, pyrocatéchine, hydroquinone, indoxyle, scatoxyle, inosite, auxquels nous joindrons un corps simple, le soufre, mis en liberté par la désintégration de la molécule albuminoïde. C'est celui-ci, nuisible lui-même sous sa forme de métalloïde qui va sauver la situation. En effet, s'oxydant aussitôt après sa libération pour devenir de l'acide sulfurique, il se combine en premier lieu aux bases alcalines rencontrées dans les tissus, puis les sulfates alcalins ainsi formés s'unissent aux ammoniaques composés et aux phénols, pour donner naissance à des corps sulfoconjugués beaucoup moins toxiques que leurs composants et qui peuvent être jetés sans inconvénient dans la circulation. Ces corps, monosulfates de phénols, solubles dans l'eau, sont des éthers justifiables en partie de l'élimination biliaire — acides tauro et glycocholique — en partie de la dépuration urinaire, phénylsulfates, paracrésylsulfates indoxyl et scatoxylsulfates.

Si l'indol et le scatol isolés peuvent, en quantité infinitésimale, faire partie d'une urine normale, on doit les considérer comme pathologiques, ou tout au moins comme étant l'indice d'une alimentation défectueuse et surtout de fermentations intestinales de nature microbienne, lorsque leur proportion devient un peu élevée. L'analyse ne doit en constater que des traces, et lorsqu'on établit le rapport de l'azote de l'urée avec l'azote urinaire total, on dit que la nutrition est d'autant plus parfaite que le coefficient est plus élevé. L'hypoazoturie, c'est-à-dire la diminution de l'urée et l'augmentation des autres dérivés de décomposition azotée est un des signes les plus constants et les plus certains de l'insuffisance hépatique, que cette insuffisance soit relative et due à la trop grande abondance des azotés, ou absolue et attribuable à la méiopragie ou à une lésion du foie.

Il peut arriver qu'on trouve dans l'urine les corps aromatiques conjugués avec un autre acide, l'acide glycuronique, dérivé de la glycose par insuffisance d'oxydation. Le mécanisme de cette combinaison dans laquelle la chimie du foie joue encore un rôle paraît être celui-ci : les corps aromatiques engendrés par une fermentation intestinale vicieuse existent en trop grande abondance et empêchent le mouvement nutritif et la destruction par oxydation des principes des tissus (A. Gautier). On observe alors, entre autres conséquences, l'apparition de l'acide glycuronique qui représente la glycose dans laquelle un atome d'oxygène est venu prendre la place de deux atomes d'hydrogène et qui, s'unissant au phénol ou au naphtol venant de l'intestin forme avec eux l'acide phénol ou naphtol-glycuronique. Cette conjugaison s'observe avec le camphre, le chloral, le chloroforme... Cette réaction présente un grand intérêt en ce sens que dans les cas de médication par le chloral, le camphre ou le naphtol, dans les cas de chloroformisation, aussi bien que d'insuffisance et de déviation de la digestion intestinale, l'urine renferme un composé qui n'est pas de la glycose véritable et cependant, réduit comme elle la liqueur cupropotassique.

Cependant, il ne faut pas exagérer, car l'acide glycuronique est un élément de l'urine normale qui assure l'élimination des dérivés de la série aromatique et de la série grasse, lorsque l'acide sulfurique n'est pas assez abondant pour pourvoir à cet office. Peut-être en est-il alors de l'acide glycuronique comme des ferments qui se produisent par l'action même des substances qu'ils doivent modifier.

La formation de l'urée nous donne un exemple de la transformation en produits inoffensifs de corps toxiques pour l'économie. Les réactions hépatiques s'exercent encore d'autre manière et paraissent dans un certain nombre de cas présenter une certaine tendance à neutraliser l'action nocive des substances étrangères, soit en les immobilisant et les fixant dans la cellule même, soit en les incorporant à la bile qui les entraîne dans l'intestin. Ainsi qu'une amibe, qui dans ses évolutions au milieu de son liquide nourricier, a rencontré des matières impropres à sa nutrition, et les englobant néanmoins les garde plus ou moins longtemps et finit par les excréter, en général modifiées dans leur forme et leur constitution, ainsi la cellule hépatique possède, à l'égard des matières étrangères, un pouvoir de rétention et de transformation. Inertes ou nuisibles, solubles ou insolubles, elle les modifie, les transforme chimiquement, puis finit par les éliminer, soit par l'intestin avec la bile, soit par les reins dans lesquels la circulation les conduit. Dans d'autres cas, ce pouvoir de rétention se manifeste par une accumulation du composé toxique qui, sans modifications, est livré graduellement à la circulation, en proportions telles que l'élimination peut s'effectuer sans dommages. D'une façon générale, la toxicité du sang dans les veines sus-hépatiques est moitié moindre que dans la veine porte. Remarquons enfin que la puissance antitoxique du foie est en rapport avec sa richesse en glycogène, soit que le glycogène ait une action spéciale sur les poisons, soit, ce qui paraît plus vraisemblable, que l'activité des fonctions hépatiques doive être mesurée par son pouvoir glycogénétique.

Les pigments, surtout ceux qui viennent des tissus, sont toxiques. Très peu modifiés, après un séjour d'une certaine durée dans le foie, ils sont rejetés avec la bile. Les substances minérales sont de même accumulées, puis éliminées, mais cette proposition ne peut être formulée que d'une manière très générale, car quelques substances comme les sels de potasse et de soude, ne sont pas arrêtées, de telle sorte que le chlorure de potassium se montre aussi toxique dans les veines sus-hépatiques que dans la veine porte. Les sels de plomb, de manganèse, d'argent, de zinc..., sont arrêtés et passent dans la bile. L'arsenic s'accumule dans le foie, et forme avec les nucléines des compositions organiques. Le plomb et le cuivre, arrêtés et retenus, peuvent être décelés par l'examen et l'analyse directs. On peut encore démontrer leur arrêt par la comparaison du sang qui arrive au foie avec celui qui en sort, ou encore par l'établissement de la fistule d'Eck.

La bile entraîne des composés organiques tels que salicylate de soude, ferro et sulfocyanure de potassium, acide phénique. Quant aux alcaloïdes, certains, comme la morphine, s'accumulent plus ou moins. D'autres comme l'atropine, la nicotine sont décomposés. La strychnine et la cocaïne sont retenues.

L'action sur les poisons organiques et les produits microbiens est variable et ne peut se formuler d'une façon uniforme. Si l'alcool et les savons perdent de leur toxicité, l'acétone et la glycérine traversent librement, la toxine diphtéritique se renforce souvent et dans tous les cas, empêche l'action du ferment sur les microbes.

Les microbes qui pénètrent dans les capillaires hépatiques s'y arrêtent et sont en général détruits par des liquides toxiques pour eux ou des phagocytes. Le streptocoque reste intact. Les cellules animales, cellules néoplasiques des cancers, hématies altérées ou étrangères à l'individu, hydatides, gouttelettes graisseuses, sont arrêtées comme les pigments (granulopexie).

Un certain nombre de bacilles paraissent pouvoir pénétrer dans le foie par l'intermédiaire des voies biliaires. A l'état normal, celles-ci sont stériles, sauf dans la partie qui avoisine l'intestin où on ne rencontre que du staphylocoque doré et le bacille du côlon. Par suite d'influences diverses agissant sur la constitution du milieu, comme une maladie générale, la fièvre typhoïde, par exemple, ou des empoisonnements lents comme l'alcoolisme, les conditions de milieu se trouvant modifiées, l'ensemencement se fait dans toute la hauteur des voies biliaires et le foie devient inapte aux réactions destructives de la matière nocive. Il se fait une infection locale, et si le microbe ainsi fourni par l'intestin est producteur de toxines, une infection peut se manifester. D'autre fois, c'est par une éraillure de l'intestin que l'absorption peut amener directement au foie des échantillons de la flore intestinale.

Dans beaucoup de cas, nous trouvons la *défense* sérieusement en défaut. L'action d'arrêt s'exerce très peu sur le sulfate neutre de strychnine, sur l'alcool, l'acétone, la digitaline. Elle ne protège pas contre le streptocoque et le colibacille. Bien plus la virulence de la toxine diphtérique se trouve notablement accrue par son passage dans le foie, même dans le foie sain qui fabrique normalement son glycogène. Les toxines intestinales qui résultent de la digestion imparfaite de la viande, lorsque celle-ci est ingérée en quantité trop considérable ou est de qualité défectueuse, sont également mal retenues par la cellule hépatique. L'intégrité du foie a une action remarquable sur ces phénomènes.

Parmi les matériaux que le foie détruit, d'ailleurs concurremment avec la rate, se trouvent les hématies. Les globules usés amenés par la circulation sont disloqués, et leurs éléments transformés et évacués avec la bile. Cependant le fer contenu dans les globules n'est pas éliminé, mais au contraire fixé dans le tissu hépatique sous forme de pigment. Là, il reste à la disposition du sang qui peut le reprendre et le remettre en circulation, le conservant de cette façon dans un cycle fermé. Le foie est donc le réservoir du fer de l'organisme. Il importe de savoir sous quelle forme il le reçoit et comment il le transforme.

L'origine du fer organique paraît être dans les aliments, où il s'en trouve toujours assez pour la réparation des pertes si peu considérables qui se font par l'intestin. L'origine première pour l'enfant est évidemment dans le sang maternel ; le foie du nouveau-né en renferme une quantité appréciable, suffisante pour la consommation de la période de lactation, et ne s'augmentant que lorsque l'animal en arrive à prendre des aliments solides, car le lait n'en contient qu'une proportion insuffisante. Le foie est ainsi un réservoir de fer destiné au sang rouge, c'est-à-dire à l'hémoglobine ferrugineuse. Il l'emmagasine sous forme de ferrine, de nucléine ferrugineuse, ou d'hydrate organique, qu'il soit fourni par les aliments ou par la destruction des globules, et la restitue ensuite à la circulation. Telle est la fonction hématique. Mais lorsqu'on examine le foie dans la série des invertébrés, animaux dépourvus de sang rouge, on le trouve également chargé de fer, dans toutes les circonstances, quelle que soit la nourriture, même dans les périodes de jeûne, que l'animal soit terrestre ou marin. Il y aurait donc autre chose qu'une fonction hématique, dans laquelle le fer, comme le glycogène, serait influencé par les apports de l'alimentation, par le milieu extérieur, et aurait en quelque sorte un rôle banal qui serait d'alimenter l'hémoglobine. Cette autre chose est la fonction martiale qui désigne les rapports physiologiques intimes et étroits de l'organe hépatique avec le fer, fonction d'oxydation, de combustion lente, dans laquelle le fer joue le rôle de transporteur de l'oxygène (Dastre).

On connaît en effet l'affinité du fer pour l'oxygène ; on sait de plus que le fer oxydé saturé, à l'état d'oxyde ferrique, est tout disposé à céder une partie de son oxygène à la matière organique. C'est un exemple de cycle fermé dans lequel l'oxyde ferrique retombé à l'état d'oxyde ferreux, en présence de l'acide carbonique et de l'oxygène s'oxyde de nouveau et continue sans interruption la série alternative de ses combinaisons et de ses décompositions. L'hémoglobine chargée d'un fer oxydé par l'oxygène respiratoire, va distribuer dans l'organisme le comburant nécessaire à l'élimination du carbone usé, et lorsque le fer, par suite de l'usure de son support organique devient impropre à sa fonction de transporteur d'oxygène, il est arrêté par le foie qui le débarrasse à son tour de l'hémoglobine et lui en refait une nouvelle. Telle est la fonction martiale du foie. Elle est en rapport avec l'hémopoïèse, avec la circulation générale et avec la thermogenèse qui coïncide avec la désassimilation.

En voyant le fer extrait de l'hématie utilisé de cette façon, en constatant qu'il en disparaît un milligramme par l'urine et cinq dans la bile, dont une partie est certainement récupérée par l'absorption intestinale, on peut se demander ce que devient le fer introduit dans un but thérapeutique, qui produit des effets favorables et qu'on retrouve cependant tout entier dans les excrétions fécales. Et non seulement le fer ingéré par l'estomac, mais même celui qui est injecté dans la circulation, est éliminé dans l'intestin. L'organisme refuse tout apport de fer et paraît n'accepter que celui qui lui est procuré sous forme organique par les aliments, avec cette restriction que l'abondance du fer dans l'organisme et dans le foie n'est même pas en rapport avec son abondance dans le milieu alimentaire. Cette indépendance a été admise par tous les physiologistes à la suite de nombreuses expériences qui ont d'abord paru prouver que les muqueuses digestives n'absorbaient pas du tout le fer salin et très peu le fer organique des aliments, celui qui consiste en nucléo-albumines ferrugineuses, telles qu'on les trouve dans le jaune d'œuf.

Cependant l'administration du fer donne des résultats dans un certain nombre d'affections comme la chlorose et différentes anémies. Il y a à cela plusieurs raisons : la première est que la petite quantité de fer nécessaire à l'organisme se trouve dans les nucléo-albuminates de fer ingérés, ou dans des protéosates de fer du noyau de la cellule animale. En second lieu, d'après Bunge, la saturation nécessaire des sulfures de l'intestin se fait alors au moyen de la préparation absorbée et non plus au moyen du fer des aliments, lequel échappant à la sulfuration est conservé dans l'économie. Les préparations ferrugineuses protègent donc le fer organique de nos aliments contre certaines actions décomposantes et en favorisent ainsi l'absorption.

M. Vaquez pense qu'il est inexact de dire que la médication ferrugineuse supplée à l'insuffisance d'hémoglobine. Le fer n'est pas absorbé en nature sous forme de fer médicamenteux, il favorise seulement une meilleure assimilation du fer alimentaire. A ce titre, il agirait comme une sorte de sensibilisateur, en sollicitant le pouvoir normal des globules à fixer dans leur protoplasma le fer que ceux-ci ne pouvaient pas retenir. Il n'y a certainement aucun avantage à augmenter immodérément les doses de fer à prescrire. Mais il faut admettre qu'il en est du fer comme de l'albumine, la quantité ingérée a besoin d'être plus grande que la quantité utilisée, car l'organisme ne se montre pas toujours un instrument de précision et ne travaille pas toujours avec la plus grande économie.

L'élimination du fer se fait tout entière par l'intestin et la quantité retrouvée dans les matières fécales représente à peu près celle de l'ingestion. S'il n'est pas absolument logique de conclure que la cause de ce phénomène est la non-absorption intestinale, il n'est pas davantage invraisemblable d'en conclure aussi, que l'élimination du fer, se faisant par la muqueuse intestinale, celui qu'on rencontre dans l'intestin a commencé par être absorbé, et après avoir traversé le foie, a circulé dans le sang avant de revenir à son point de départ, ou plus exactement être excrété par la muqueuse du rectum.

Chez certains animaux inférieurs, on a constaté que

l'absorption se fait très facilement lorsque le fer est à
l'état de composé organique, protéosique ou nucléinique. Il se fixe pour un temps plus ou moins long dans
le foie dans lequel on a pu le faire varier du simple au
triple. Cependant, sa teneur ne descend pas au-dessous
d'une valeur moyenne, quel que soit l'appauvrissement
général de l'économie, ce qui est assurément une preuve
de l'affinité du foie pour le métal. En effet, cette faculté
de fixation n'existe pas à ce degré pour d'autres métaux.
Nous devons faire consister exclusivement la fonction
martiale du foie dans cette affinité du tissu hépatique
pour le fer, et s'il paraît bien probable, suivant la théorie très séduisante de M. Dastre, que le fer fixe d'abord
l'oxygène qui lui est apporté par la respiration et l'emploie ensuite à l'oxydation des matières organiques,
dans un cycle ininterrompu, cette dernière fonction
doit être attribuée au fer et non à l'organe dans lequel
il subit ses transformations et qui ne fait que le fixer,
mettant seulement en relief par une combinaison organique, mais ne modifiant pas ses propriétés chimiques.
Le sulfate ferreux mêlé à la sciure de bois absorbe
aussi bien l'oxygène, et changé en sulfate ferrique
brûle la sciure en redevenant sulfate ferreux et ainsi
de suite indéfiniment. Que ce soit le foie ou la sciure,
la fonction est la même et appartient au métal, non à
son support organique qui ne joue d'autre rôle que celui
de milieu favorable.

Et en effet, si le foie est capable après la mort ou
séparé du corps de l'animal vivant, de fabriquer de la
glycose ou de l'urée par la seule réaction des matériaux cellulaires sur les produits ternaires ou quaternaires de l'absorption, il n'existe rien de semblable
pour le fer, et la fonction glycogénétique ou uropoié-

tique n'a rien de comparable à la fonction hématique. Étant admis que l'action spéciale qui constitue la fonction consiste dans la production du ferment apte au travail spécial, on devra tout au moins convenir que ce ferment n'est pas de même nature que celui qui préside à la glycogenèse et à l'uropoièse, puisque ses propriétés ne se manifestent plus dans les mêmes circonstances.

La destruction des hématies se fait aussi bien dans les autres organes hématopoiétiques, rate, ganglions lymphatiques, moelle osseuse, que dans le foie. Les leucocytes phagocytaires les absorbent et le fer vient s'emmagasiner principalement dans le foie. Il en est de même dans la transfusion ; il n'y a pas d'hyperglobulie persistante, les globules sont rapidement détruits, le fer conservé, et l'hémoglobine transformée en pigment biliaire éliminé avec la bile.

La fonction hématopoiétique est en quelque sorte corrélative de la fonction hématolytique. Mais l'hématopoièse du foie n'existe pas en réalité. Comme la rate, comme la moelle des os, les amygdales, le foie donne asile aux éléments capables de fabriquer le globule rouge que ce soit un hématoblaste (Hayem), un érythroblaste (Loewitt) ou la cellule globuligène de Malassez. Ces éléments ne font pas, à proprement parler, partie de la constitution du foie, ils trouvent seulement dans la cellule hépatique un abri, un milieu favorable à leur développement. Restant étrangers à la structure de l'organe au sein duquel ils évoluent, ils lui livrent les produits de leur fonctionnement, les hématies qui rencontrent sur place le fer dont elles ont besoin et sortent du foie toutes équipées de leur hémoglobine pour prendre part à la nutrition.

Tels sont les rapports du foie avec la grande circula-

tion. Le sang quitte le parenchyme hépatique régénéré
pour aller, grâce au fer, se charger d'oxygène dans le
poumon. La fonction hématopoiétique, comme la fonction glycogénique a été qualifiée du nom de sécrétion
interne.

Le foie entretient la régularité de la circulation veineuse et au besoin, dans les cas où celle-ci est troublée,
lui vient paraît-il en aide. Il serait plus correct et plus
conforme à la réalité de dire que la circulation hépatique souffre du désordre de la grande circulation. Quand
dans l'asystolie, le cœur se montre incapable de faire
progresser le sang veineux, celui-ci s'accumule dans
le foie et soulage ainsi le muscle cardiaque obligé à un
moindre effort. Mais la conséquence de cette stase, de
cette action de défense, ainsi qu'on a voulu l'appeler,
est souvent la production du foie muscade. La défense
hépatique se résume dans une dégénérescence. D'un
autre côté, lorsque l'altération du foie est primitive et
que la circulation devient difficile à travers un parenchyme sclérosé, le cœur à son tour devient insuffisant et
l'asystolie s'installe, phénomène secondaire, équivalent
dans son genre à l'insuffisance hépatique secondaire
d'origine cardiaque. Ce phénomène d'un mécanisme
si logique serait-il aussi une défense ?

La bile est une voie d'émonction, mais c'est aussi
une sécrétion. Elle entraîne hors de l'économie une
quantité de déchets, et en même temps, elle est utilisée
dans l'intestin, où elle apporte à la sécrétion pancréatique un appoint indispensable à la digestion des graisses.
Le ferment lipolytique du pancréas reste inactif sans la
collaboration de la bile, de même que celle-ci isolée ne
produit rien. Dans l'insuffisance du foie où l'abondance
et les qualités du liquide biliaire sont modifiées, les

graisses ne sont plus supportées. Il est à remarquer que les propriétés microbicides de la bile n'existent pas pour le staphylococcus aureus et pour le bacillus coli, cependant son absence rend le contenu intestinal infect en favorisant les fermentations putrides, surtout lorsqu'on fait usage de graisses, qui ne sont plus digérées.

Elle contribue à l'élimination de l'eau, des pigments et de diverses substances toxiques transformées. Il se fait une sorte de circulation entéro-hépatique, dans laquelle la bile sécrétée dans le foie se rend, avec une composition assez variable dans l'intestin, et après avoir travaillé aux mutations digestives, est en partie reprise par l'absorption et revient à son point de départ par la voie veineuse. Ce cycle n'est fermé qu'en apparence; nous nous en rendons compte en suivant par exemple le soufre qui, parvenu au foie à l'état de sulfate prend part à la formation de la taurine. Celle-ci se combine à l'acide cholique sous forme de taurocholate de soude qui entre dans la constitution de la bile et vient se décomposer dans l'intestin, en taurine d'une part, et sulfate qui sont repris en partie par l'absorption pour recommencer le même cycle. Il se fait cependant une déperdition de ces composés par l'intestin et par l'urine, de sorte qu'au bout d'un certain temps, à la suite d'un certain nombre de circuits semblables, le soufre est complètement renouvelé. Il en est de même pour toutes les parties constituantes de la bile, eau, pigments, sels...

L'extirpation du foie ne provoque dans le sang l'apparition d'aucune trace de bile, par conséquent, rien de ce qui existe dans la bile ne préexiste dans le sang, sauf peut-être la cholestérine qu'on y trouve en proportions notables, provenant pour une grande part de la désassimilation du système nerveux.

Le foie fabrique ses sels, ses pigments, ses matières grasses et autres, aux dépens des matériaux qu'il reçoit du sang porte ou du sang hépatique. Il élimine par la bile très peu d'azote qui entre seulement dans la composition des tauro et glycocholates. Il élimine une certaine quantité d'eau résultant des oxydations intra-hépatiques, au point que la pression à l'intérieur des canaux biliaires est supérieure à celle des canaux sanguins. Mais il faut considérer qu'une partie de cette eau est reprise par l'absorption. Il élimine surtout des pigments, la bilirubine et ses dérivés. Ces pigments toxiques sont fournis surtout par les hématies décomposées dans le foie. Ils ne disparaissent pas complètement dans l'intestin, mais repris en partie par l'absorption, vont former l'urobiline de l'urine. C'est un élément de déchet à formation exothermique, élément toujours toxique dont le foie débarrasse l'économie.

Le foie se débarrasse par la bile de l'acide carbonique résultant des nombreuses oxydations opérées dans ses cellules; par la même voie, il élimine une certaine proportion de graisses, quand celles-ci ont été abondantes dans l'alimentation. Les métalloïdes toxiques qu'il a conservés, comme phosphore, arsenic, les sels métalliques, les métaux comme antimoine, cuivre, mercure, plomb, zinc, disparaissent au bout d'un temps variable, emportés avec la bile. De la même façon, mais après un passage rapide, il laisse échapper l'essence de térébenthine et la terpine, l'acide salicylique et les salicylates, les iodures, les bromures, le chlorate de potasse, l'acide phénique, les cyanures, la caféine, divers colorants. Mais la bile n'entraîne pas le calomel, l'antipyrine, la quinine, la strychnine, l'acide benzoïque.

Enfin, le foie possède une sécrétion à action coagulante et une autre douée d'un pouvoir anticoagulant. Celle-ci passerait seule dans la circulation, où sa présence aurait pour résultat de maintenir la fluidité du sang. Les caractères et les propriétés de ces sécrétions ne sont pas encore bien établis. Voici d'ailleurs les résultats des recherches les plus récentes sur ce sujet : les ferments de coagulation semblent être en rapport avec la présence du fibrinogène, si toutefois, ils ne sont pas constitués par ce fibrinogène même. Si en effet on supprime le foie, le sang perd sa coagulabilité, et en même temps, on constate la diminution ou la disparition du fibrinogène dans le plasma. Le foie forme donc et sécrète le fibrinogène. On a remarqué en effet que les hémorrhagies sont graves chez les hépatiques chez lesquels le fibrinogène a disparu. De plus, en liant temporairement le pédicule hépatique chez le lapin, on produit du purpura (Doyon).

Le foie excrète encore une certaine quantité d'une pseudo-mucine qui rend la bile filante et n'est autre qu'une nucléo-albumine, et par conséquent, en outre des éléments qui entrent dans la composition des albuminoïdes, renferme aussi du phosphore. La composition de la bile, sécrétion externe du foie, varie dans des limites peu étendues, celle du sang sus-hépatique qui renferme le sucre biliaire, varie encore un peu moins. Nous devons donc en conclure que le foie qui reçoit des matériaux assez dissemblables, régularise ces matériaux en qualité. C'est, a dit M. Richet, le grand chimiste de l'économie, il décompose ce qu'il ne peut envoyer au sang en nature et le lui livre par petites quantités à la fois, après en avoir atténué les propriétés nocives. Évidemment il ne peut faire de transmutation, et il ne peut garder indéfiniment ce qu'il reçoit.

Il contribue à maintenir normale la crase du sang en mettant en jeu tel ou tel de ses attributs, suivant les besoins du moment. Le propre de ses fonctions est de s'exercer avec prévoyance, avec intelligence (Charrin).

Si maintenant nous rapprochons la fonction glyco-génique de la fonction martiale, si nous considérons que le foie, après avoir livré à l'organisme le combus-tible, contribue également à la fabrication de l'instru-ment qui va se charger de lui porter le comburant, c'est-à-dire de l'hématie armée de son hémoglobine, il nous est permis de comprendre la fonction de conser-vation et de transformation de l'énergie, fonction thermogénétique du foie, qui défend l'organisme contre les influences extérieures.

En effet, toutes les réductions, oxydations, hydra-tations qui se produisent dans le foie, donnent nais-sance à de la chaleur, car les oxydations dominent. De plus, le foie par le fer qu'il livre à la circulation et qui est combiné au globule sanguin sous la forme d'hémoglobine ferrugineuse, un vecteur d'oxygène, devient un régulateur de la thermogenèse comme de la circulation même. Aussi, l'abaissement du niveau thermique se remarque dans les dégénérescences, dans un simple ictère. Les conséquences du refroidis-sement sont l'abaissement du taux de la résistance organique. M. Charrin a démontré que l'hypothermie permet de surmonter l'immunité, car les phagocytes se réunissent en moins grande quantité dans la zone attaquée et l'état antitoxique ou bactéricide diminue. En même temps, les échanges se ralentissent, les acides s'accumulent, le froid, le froid humide, en dehors des processus microbiens, fait naître des dyscrasies chroniques (Charrin). D'autre part, une température trop élevée est cause d'une altération des éléments anatomiques qui deviennent granuleux : de l'albuminurie apparaît.

L'extrême importance des fonctions hépatiques ressort avec évidence de cet exposé sommaire; elle est assurément de tout premier ordre, car sans le foie, les transformations des matériaux de la nutrition, arrêtées au moment de l'absorption, ne pourraient se continuer que d'une façon tout à fait imparfaite par l'action seule des leucocytes. L'économie s'encombrerait de composés nuisibles par leur toxicité ou insuffisamment dégrossis, ne possédant pas les affinités nécessaires pour l'assimilation. L'individu ne pourrait pas vivre.

Les fonctions du foie figurent en conséquence avec honneur à la tête du tableau de ce qu'on a appelé les fonctions de défense, au même rang que celles du cœur, du cerveau, des os, des artères, des reins, de tous les organes, car tous défendent l'organisme contre un inconvénient ou un accident possibles. Il faut donc pour être complet parler de la fonction de défense du foie. Elle consiste, ainsi que l'a écrit M. Charrin, dans la prévoyance et l'intelligence avec lesquelles il remplit ses fonctions. Par exemple, après avoir accumulé le glycogène dans ses cellules, il semble le garder jalousement, et surveillant ce qui se passe dans le sang, il ne lui en confie que des quantités limitées et rigoureusement proportionnées à ses besoins. Cette remarque est-elle vraiment exacte?

Il est certain que le foie retient le glycogène, qu'il le garde longtemps, mais immédiatement après les repas, quand la circulation porte lui fournit une plus grande quantité de sucre, il n'est pas douteux qu'à ce moment, il en laisse passer davantage (Cl. Bernard). D'autre part, cette affinité du tissu hépatique pour le glycogène doit-elle être regardée comme une action de prévoyance? Il existe bien des affinités dans le monde, dans lesquelles nous ne songeons pas à voir une manifestation intelligente, parce qu'elles nous touchent de moins près et qui cependant leur sont bien comparables. Telles sont la fixation et la décomposition de l'acide carbonique par les plantes. Nous connaissons bien maintenant cet acte, qui, par le dédoublement d'un gaz inutile ou nuisible, nous procure d'une part l'oxygène respiratoire, et d'autre part, au moyen de la plante, le carbone sous toutes ses formes utilisables. Il n'y a pas de raison pour que la cellule hépatique mette plus d'intelligence à la fixation du sucre que la chlorophylle à celle du carbone. Le sang reprend ensuite le sucre en vertu de la constance de sa composition conditionnée, il semble, aussi bien par tous les tissus que par le foie. Le sang ayant perdu du sucre déposé ou brûlé çà et là, se comporte vis-à-vis de cette substance, lorsqu'il en rencontre, comme l'eau vis-à-vis d'une solution sucrée dont elle se trouve séparée par une membrane dialysante. Le sang comme l'eau se recharge de sucre. Il paraît bien en être de même pour le fer que le tissu hépatique se contente de fixer, jusqu'à ce qu'une hématie qui en manque vienne le lui prendre.

D'un autre côté, il y a peut-être dans la proposition de M. Charrin concernant l'intelligence et la prévoyance des fonctions du foie quelque chose de contradictoire, par exemple avec le fait découvert par M. Richet de la proportionnalité du poids à la surface de radiation calorique.

Si l'instrument est établi dans des conditions aussi précises, son travail n'a pas besoin d'être intelligent, il n'a qu'à s'exercer d'une façon automatique. La fonction, pour être intelligente, devrait viser un but qui serait la constance de la composition sanguine. A la vérité, ce résultat est obtenu, mais rien ne prouve qu'il ait été cherché. C'est un résultat et non un but. L'automatisme de certaines fonctions organiques, purement chimiques, quoique réputées intelligentes, est souvent difficile à pénétrer, et ce n'est qu'après bien des études qu'on arrive à le démontrer, car la chimie de la matière vivante, la chimie des colloïdes et des ferments n'est pas toujours facile à approfondir, ni à interpréter, surtout lorsqu'on examine ses actions avec des idées préconçues.

On a considéré que dans la fermentation alcoolique, la levure de bière détruisait *à son usage* le sucre de la solution dans laquelle on la place. En effet, cette opération, comparée à la glycogenèse, paraît bien réglée par une intelligence et une prévoyance qui l'approprient à un but qui est la nutrition, l'accroissement et la prolifération d'un être. Nous mettons artificiellement à profit l'action vitale de cet être pour la fabrication des liquides alcooliques, et nous le dépouillons du fruit d'un travail qu'il paraissait n'exécuter que dans le seul but d'entretenir son existence. Cependant, voici que cette fermentation alcoolique, on est arrivé à la produire en tout semblable, par la seule action de la diastase (alcoolase) extraite de la levure, hors de la

présence des ferments figurés. Le même travail s'accomplit sans donner lieu à l'augmentation du volume
et de la quantité des êtres vivants qui auparavant
l'exécutaient pour eux seuls, à tel point qu'il semblait
que la fermentation alcoolique était indissolublement
liée à la nutrition du protoplasma de la levure. De
l'alcool se produit, mais l'action chimique de la diastase reste sans but.

La fonction antitoxique du foie est encore un acte
chimique, et quoique dans les cas où elle se manifeste, elle sauvegarde l'organisme de bien des accidents, elle ne s'exerce pas toujours lorsqu'elle pourrait
être utile, et paraît trop souvent se faire sans discer-
nement. Beaucoup de poisons ne sont pas retenus :
l'alcool, l'acétone, la digitaline, la strychnine passent
ou ne sont arrêtés que dans des conditions spéciales,
c'est-à-dire quand ils se présentent en quantité minime
et en solution étendue, alors que plus abondants, en
solution concentrée, et par suite plus nocifs, une cellule hépatique douée d'un réel pouvoir de défense
devrait leur barrer la route avec une énergie infaillible.

L'action sur les microbes est de même nature, diastasique ou chimique et non raisonnée, car l'infection
qui traverse le foie se trouve quelquefois exaltée par
ce passage même. Si le foie arrête et détruit la bacté-
ridie charbonneuse, il est un excellent milieu de culture pour le streptocoque, et les animaux inoculés par
la veine porte succombent plus rapidement que ceux
qui le sont par la voie artérielle ou par les veines péri-
phériques. (Roger, Chauffard). Le bacille de Lœffler, le
pneumobacille voient leur virulence renforcée par leur
passage dans le foie.

Il est légitime de conclure que l'action diastasique

est comparable à l'action chimique et s'exerce quand les réactifs se rencontrent dans des conditions favorables, indépendamment de toute espèce de finalité. Les réactions vitales intra-hépatiques empruntent, comme les réactions microbiennes, l'aide des diastases et la glycogenèse aussi bien que l'adipogenèse s'opèrent par des ferments, lorsque les conditions sont favorables. Elles font partie des transformations d'énergie indispensables à la vie de l'organisme, mais si l'organisme en tire l'énergie nécessaire à son existence, elles ne sont pas exécutées spécialement pour cette fin.

C'est perdre son temps que de s'attarder à mettre en relief ce prétendu rôle de défense, accordant aux réactions de la cellule hépatique une portée et une valeur qu'elles ne possèdent pas. Il faut chercher dans un autre ordre d'idées que celle de la défense organique la raison d'être des divers modes de l'activité du foie, si on veut se livrer à une étude féconde en résultats, car dire d'un processus qu'il est suscité par la nécessité d'une défense est manifestement insuffisant et ne satisfait pas notre besoin de savoir. Malheureusement il est souvent difficile d'approfondir les faits, on doit se contenter de les constater et c'est alors qu'on cherche à masquer son impuissance en mettant en avant la défense organique.

En somme, tout en reconnaissant l'indispensabilité des fonctions hépatiques et de la coordination qui les relie à l'ensemble des fonctions de l'économie, il faut admettre qu'elles ne sont autre chose que la mise en œuvre, sous des influences banales, des propriétés générales de la matière vivante. Elles sont loin d'atteindre le résultat auquel nous serions désireux de les voir arriver dans certaines circonstances déterminées;

souvent même elles sont peu appropriées au but que
nous nous imaginons leur voir poursuivre. Nous nous
garderons donc de dire que le foie possède une action
de défense. Il ne peut pas, à proprement parler, y avoir
de défense là où il n'y a pas véritablement d'attaque[1].

[1] *Revue des maladies de la nutrition*, 1905, p. 117.

# CHAPITRE VII

## LES SUCRES DE L'ORGANISME
## ET LA GLYCOGENÈSE

Il est remarquable que malgré les mutations de matière dont l'organisme est le siège, et l'instabilité des éléments qui constituent le corps de l'animal, celui-ci conserve néanmoins une composition à peu près constante, et que les différences que la chimie peut trouver en examinant, par exemple, le sang dans des circonstances diverses, restent toujours peu appréciables. Cependant, le sang est animé d'un mouvement continuel dans sa masse et dans sa composition. Il reçoit d'un côté, par l'intermédiaire des organes de la digestion et de ses annexes, par la respiration, les matériaux du renouvellement protoplasmique, et les combustibles énergétiques qu'il livre à la cellule ; il emporte d'un autre côté les déchets de la nutrition, étant ainsi le siège de changements incessants. De même, chaque organe, chaque tissu, chaque élément vivant, au milieu de l'instabilité de ses constituants qui ne connaissent individuellement aucune fixité, conservent une composition relativement fixe. La cause de ce phénomène est un apport continu de matière qui s'effectue par l'intermédiaire de la circulation. Mais il est évident que ces matériaux doivent posséder eux-mêmes une constance

de composition indispensable pour le rôle qu'ils remplissent.

Cependant, si nous cherchons du côté des aliments
qui sont la seule origine et la seule voie des apports
dans l'économie, il semble tout d'abord que nous nous
trouvons en présence de substances de structure très
disparate, dans lesquelles la chimie elle-même arrive
difficilement à déceler des caractères communs, capables d'expliquer leurs propriétés. Les hydrates de carbone, les albuminoïdes et les graisses ne paraissent
pas répondre à cette unité de constitution exigée pour
l'entretien de l'invariabilité de la substance vivante.
Des recherches laborieuses et surtout très prolongées
ont été nécessaires pour établir que les matériaux de
nutrition qui dérivent des aliments primordiaux, sont
en réalité peu nombreux.

Longtemps on avait cru que les aliments qui étaient
destinés à la réparation des tissus et des forces,
allaient occuper dans le corps la place que leur composition primitive leur assignait. Les végétaux faisaient
au profit des animaux la réunion des éléments, et la
combinaison de la matière. La chimie biologique était
ignorée ou méconnue, et on déniait à l'organisme animal le pouvoir de la synthèse, ne lui laissant que celui
d'analyse. Ces facultés étaient en désaccord manifeste
avec la constance observée dans la substance vivante
et même avec le peu qu'on connaissait de la physiologie.

Du moment qu'il devenait évident que la diversité
des apports destinés à entretenir la vie ne pouvait s'accorder avec l'unité de composition nécessaire à cette
même vie, les investigations ne devaient plus se borner
à constater l'état initial et l'état final de la matière,

c'est-à-dire l'aliment et la matière vivante, en affirmant
que celle-ci était due à la modification de celle-là, il
fallait suivre pas à pas ces modifications d'apparence
si extraordinaire, qui changeaient si complètement la
nature de l'aliment. Il fallait montrer les états différents
par lesquels passaient les matériaux élémentaires pour
aller de la substance morte animale ou végétale, au
tissu vivant de l'organisme. Il fallait encore faire voir
sous quelles influences se produisaient ces étapes successives dans le tube digestif d'abord et dans son
annexe, le foie, avant d'arriver au sang et par lui à la
cellule quand l'unification est produite.

Toutes ces transformations de matière se sont trou-
vées être du ressort de la chimie. Dans le tube digestif
et dans le foie, par lequel tous les matériaux alimentaires doivent passer, le contact des ferments digestifs
a commencé les réactions à la suite desquelles nous
voyons que les veines sus-hépatiques ne livrent à la
circulation qu'une substance toujours la même ; et,
d'ailleurs, il est bien certain que les destructions organiques qui sont l'unique origine de l'énergie totale employée par les phénomènes de la vie, ne s'exercent
qu'aux dépens de cette même substance, la glycose.
La glycose est l'aboutissant de tout ce travail qui,
commençant par la mastication, se termine par la glycogenèse, et par la glycogenèse, la dernière métamorphose, le phénomène ultime qui précède la destruction,
la matière est amenée à l'état qui va lui permettre de
pénétrer dans l'intérieur de la cellule vivante, où elle
se déposera, jusqu'au moment où le tourbillon incessant des désintégrations, simplifiant de plus en plus sa
molécule, lui enlèvera l'énergie dont elle était dépositaire.

La glycogenèse consiste dans l'extraction par les moyens dont l'organisme dispose, de la molécule carbonée apportée par les aliments, et la constitution, à l'aide de cette molécule, de la substance éminemment énergétique qui est la glycose. L'albumine elle-même est productrice de glycose. C'est sous ce rapport que nous la considérerons ici, remettant à étudier par la suite ses autres fonctions.

La glycose ainsi constituée aux dépens de la molécule carbonée des quelques substances qui tirent de ce dédoublement leurs propriétés alimentaires, ne reste pas emmagasinée sous forme d'un sucre simple. Elle prend dans certaines circonstances, par perte d'eau et synthèse de sa molécule, le type d'une anhydrose, le glycogène.

Nous devons, avant d'aller plus loin, expliquer ce qu'il faut entendre par le terme de constitution des réserves. Il ne faudrait pas croire que le sucre, sous forme de glycose ou de glycogène, se dépose, à l'exemple de la graisse, dans un endroit donné, jusqu'au moment ou le tourbillon incessant des échanges s'en empare pour le détruire. La molécule de sucre est assimilée et fait partie de la substance vivante. Au contact de la molécule azotée, elle se combine avec l'azote et entre dans la constitution des albuminoïdes dont elle se sépare pour contracter d'autres combinaisons, jusqu'au moment de la désintégration[1]. Cl. Bernard a montré que dans le foie, la sécrétion du sucre ne vient pas directement des aliments. Elle est le résultat de l'évolution organique du foie lui-même dont la substance offre l'exemple d'un renouvellement, d'une des-

[1] Voy. le chapitre de la nutrition cellulaire, p. 246.

truction et d'une formation incessantes de matière. Il y a dans les organes glandulaires une évolution sur place du tissu propre de ces organes, évolution qui aboutit à former un liquide propre à ces organes et caractéristique de la fonction à laquelle il est destiné[1]. Il en est de même par tout l'organisme, sauf dans le sang. Le sucre n'existe qu'à l'état de combinaison avec la molécule vivante dont il est partie intégrante.

Il est impossible de parler de la glycogenèse sans parler en même temps de Claude Bernard qui l'a découverte. On avait bien soupçonné avant lui la présence du sucre dans l'organisme ; des médecins avaient goûté des urines diabétiques ; d'autres, instruits par les premiers, avaient avec plus ou moins de succès, cherché à isoler le sucre de l'urine ou du sang. Bouchardat et Magendie l'avaient trouvé dans le sang à l'état physiologique, mais seulement pendant la digestion. Cl. Bernard a démontré que sa présence y était constante, indépendante de la nature de l'alimentation et même de toute alimentation, puisqu'il en existe encore chez l'animal, après une abstinence de quarante-huit heures. Des chiens nourris de végétaux amylacés en forment aussi bien que ceux qui mangent des têtes de mouton, ou qui sont inanitiés. C'était la démonstration du pouvoir synthétique de l'organisme qui n'assimilait pas directement les substances ingérées. La présence constante du sucre prouve en effet qu'il doit être formé aux dépens des éléments constitutifs des matériaux alimentaires, préalablement décomposés par la digestion, puisqu'on le retrouve aussi bien lorsqu'il n'a pas été ingéré d'aliments sucrés.

[1] Cl. Bernard. *Leçons sur les substances toxiques et médicamenteuses*, p. 435.

Le sucre est un composé du carbone qui se trouve d'une façon plus ou moins apparente dans toutes les substances servant à la nourriture. Lorsqu'il existe vraiment, sous quelque forme qu'il se cache, les ferments de l'économie se chargent de le faire apparaître. Il se manifeste nettement dans les hydrates de carbone, composés dérivés par oxydation, d'alcools polyatomiques, et dont la caractéristique chimique est de présenter une constitution telle qu'un degré plus avancé d'oxydation, se portant sur le carbone de la molécule, les dédouble en eau préexistante et en acide carbonique. Le type des hydrates de carbone est représenté par la classe des glycoses, sucres en $C^6$, qui comprennent la dextrose, la lévulose ou fructose et la galactose. Ils se distinguent par trois propriétés spéciales qui sont : 1° d'être réducteurs, c'est-à-dire de décomposer par précipitation du métal, la solution de sulfate de cuivre, en présence de la soude caustique, 2° de subir la fermentation alcoolique sous l'influence de la levure de bière, et 3° de dévier la lumière polarisée à droite (dextrose), ou à gauche (lévulose).

Les sucres réducteurs solubles et directement absorbables par les veines du réseau intestinal, peuvent être introduits en nature dans l'intestin, ou, plus ordinairement, proviennent de la réduction des formes suivantes qui constituent les aliments habituels. Le foie possède la propriété de les retenir plus ou moins longtemps, en leur faisant subir une réaction typique qui les transforme en glycogène, puis, quelles qu'aient été leur apparence première et leur origine, uniformément en glycose.

Les autres groupes d'hydrates de carbone intéressants au point de vue de la nutrition, sont constitués par la soudure d'un certain nombre de molécules de glycose, avec perte d'eau. En premier lieu, nous rencontrons les saccharoses, bihexoses ou biglucoses, sucres en $C^{12}$, résultant de la condensation de deux molécules de glycose, avec disparition d'une molécule d'eau, et dont l'hydrolyse peut régénérer la glycose de constitution. Elles ne présentent pas les réactions des glycoses dans toute leur netteté. Ainsi la saccharose ne réduit pas la liqueur cupro-potassique de Fehling et ne fermente pas. La lactose ne réduit le Fehling que dans la proportion de sept dixièmes, et ne fermente pas avec la levure de bière, mais avec d'autres diastases telles que la graine de Kéfir. La maltose réduit le Fehling et ne fermente que très lentement. Ces trois substances, saccharose, lactose et maltose sont les seules qui doivent nous occuper dans la classe des bihexoses.

La saccharose, sucre de canne ou de betterave, est en général attaquée dans l'intestin par un ferment, invertine ou sucrase, qui lui fait perdre son individualité en la transformant en dextrose et lévulose. La salive n'aurait pas cette action. Cependant, si le résultat obtenu dans l'intestin est précis, les agents ont été matière à discussion. Si la salive filtrée et privée de microbes n'intervertit pas, la macération d'intestin, traitée de la même façon, ne s'est souvent pas montrée plus active, et une interprétation plus attentive du phénomène a conduit à invoquer l'activité microbienne. Celle-ci est réelle, mais l'origine intestinale de la sucrase paraît bien réelle aussi, car elle a été rencontrée dans l'intestin grêle d'enfants mort-nés, n'ayant encore rien ingéré, et complètement privés de micro-organismes. L'action des acides est suffisante dans les

expériences de laboratoire pour produire le dédoublement. Les acides chlorhydrique, lactique, carbonique,
agissent dans ce sens, et l'acidité du suc gastrique, si
faible qu'elle soit, contribue également à la transformation.

La lactose subit des réactions comparables à celles
de la saccharose et donne de la dextrose et de la galactose absorbables, sous l'influence d'un ferment qui lui
est spécial, la lactase. Il est remarquable que ce ferment n'existe en abondance que dans l'intestin des
animaux jeunes, et qu'on ne le retrouve plus chez
l'adulte, au point qu'on a pu prétendre que chez ce
dernier, la transformation ne s'opérait que dans la cellule épithéliale de la muqueuse pendant l'absorption.
Il ne faut pas oublier que les diastases ne sont sécrétées que suivant les besoins, au contact même de la
substance qui en est justiciable, et que les adultes
font généralement un usage de lait beaucoup plus restreint que les enfants en bas âge.

La maltose n'existe guère en nature dans les matériaux alimentaires ; c'est un produit de transformation,
une étape à laquelle s'arrêtent un instant les polysaccharides, avant d'aboutir au terme glycose. Elle ne
paraît pas réductible dans l'intestin, si ce n'est par
l'action des microorganismes, car la maltase qui la
transforme ne se rencontre que dans le sang et l'urine. Il
est certain que mélangée au sang de la veine porte,
avant et pendant le passage dans le foie, elle se
dédouble, car le sang des veines sus-hépatiques n'en
renferme pas.

La connaissance des produits de transformation de
ces sucres est utile, car, d'après certains auteurs, on
ne doit pas autoriser les diabétiques à faire usage de

glycose ou dextrose qu'ils ne peuvent oxyder, tandis qu'ils restent aptes à l'utilisation de la lévulose. Kültz a montré que l'absorption de 100 grammes de lévulose ne provoque pas l'apparition de sucre dans l'urine d'un malade atteint de diabète léger, et que la proportion de sucre n'en est pas augmentée dans la forme grave. Tout le sucre contenu dans l'urine est dextrogyre (Bunge).

La dernière classe d'hydrates de carbone utilisables est celle des polysaccharides ou amyloses, qui sont les anhydrides des glycoses, constituées par des glycoses de condensation croissante. Elles ne sont plus solubles comme les hexoses ou les bihexoses, elles sont seulement miscibles à l'eau avec laquelle elles forment des solutions louches et renfermant des grains en suspension. En effet, elles présentent toutes les propriétés des colloïdes. Elles ne peuvent être absorbées qu'à la condition de se solubiliser en s'hydratant. Cette classe comprend des substances d'une importance considérable pour la nutrition, et en premier lieu l'amidon et la fécule, origine principale des sucres de l'économie. Un ferment qui existe dans la salive, mais surtout dans le suc pancréatique, l'amylase, transforme l'amidon en maltose puis en glycose. L'amylase est secondée dans ce travail par les diastases sécrétoires des microorganismes dont nous allons plus loin pouvoir apprécier l'œuvre considérable. Mais le suc gastrique a aussi sa part dans ces réactions, et lorsqu'il s'agit, par exemple, d'inuline, il faut admettre que celle-ci est complètement transformée par la solution acide, car jusqu'à présent on n'a rencontré aucun ferment qui puisse l'attaquer et la faire disparaître aussi complètement. Peut-être en est-il de même pour les gommes.

La dextrine est un polysaccharide isomère et dérivé de l'amidon avec complication moindre de la molécule. Elle n'existe pas dans les produits naturels employés pour l'alimentation. Elle est produite par la torréfaction de l'amidon et par conséquent se rencontre dans le pain. Elle ne constitue pas un corps nettement défini, mais paraît se composer de différentes substances à molécules très peu dissemblables et de propriétés similaires ; telles sont, à côté de l'amidon torréfié, la léiocome et la gommeline. Toutes sont plus ou moins solubles, et le deviennent de plus en plus par une hydratation progressive qui les rapproche du terme glycose, dans lequel elles se confondent. La dextrine est, avec la maltose, le premier produit de l'hydratation de l'amidon, en présence de l'amylase et de l'eau.

A côté de l'amidon, il faut placer le glycogène qui est son analogue chez les animaux, et subit les mêmes transformations sous l'influence des acides dilués ou des ferments digestifs. C'est l'anhydride de la glycose. A eux deux, ils constituent les seules formes du sucre physiologique.

Le dédoublement de la cellulose, au moins dans l'intestin de l'homme, paraît compliqué. D'une façon générale, elle est peu attaquée et seulement par les bactéries. Aucun ferment ne correspond à cette transformation dont l'agent principal est l'Amylobacter. Cependant, il est utile de signaler la présence dans certaines fécules, d'une diastase spéciale, la cytase des céréales, ou la séminase des graines de légumineuses qui, introduite en même temps qu'elle dans l'intestin, y travaille à la désagrégation des enveloppes cellulosiques des graines, de même que dans la plante en germination. Mais le facteur le plus puissant de la décomposition de la cellulose est l'Amylobacter, ainsi qu'on peut s'en rendre compte en ensemençant un mélange alimentaire de matériaux cellulosiques avec le contenu d'une panse de ruminant. La digestion s'opère avec dégagement de formène et d'acide carbonique, les mêmes gaz qu'on retrouve dans le tube digestif du bœuf. Il était bon de montrer ainsi l'action microbienne; mais en s'en tenant à ces termes extrêmes de désagrégation, on sortait de la classe des hydrates de carbone, et on ne retrouvait plus la substance alimentaire. En suivant attentivement les phases de cette réaction, on a pu reconnaître que la décomposition d'une grande partie des celluloses s'arrêtait à un stade intermédiaire, dans lequel se manifeste un principe soluble, une substance amyloïde comparable à l'amidon et, comme lui capable de régénérer un sucre, après hydrolyse. C'est une transition entre les amidons et les celluloses. A un autre ferment d'hydratation incombe alors le rôle d'acheminer peu à peu les celluloses solubilisées vers le terme glycose. La fermentation ne se complète pas, et le sucre est soustrait à la destruction par l'absorption qui s'en empare, une fois sa dissolution achevée (Alquier et Drouineau)[1].

Les gommes, mucilages, matières pectiques, qui font partie des polysaccharides ne paraissent pas susceptibles de donner des glycoses par hydratation. La gomme arabique est digérée en partie par l'estomac du chien et par le suc pancréatique, et transformée en une espèce de sucre en $C^5$, l'arabinose. Le tube digestif de l'homme ne paraît pas pouvoir tirer parti des

[1] *Glycogénie et alimentation rationnelle au sucre,* 1905.

pentoses. Une autre de ces gommes ou pentosanes, la xylane se rencontre dans le bois, mais aussi dans la paille. Il est à présumer que les ferments digestifs des ruminants et d'autres animaux comme le cheval savent les transformer. Le fait a été établi chez les lapins. Les matières mucilagineuses de la racine des malvacées, des graines de lin et de coings, du salep, sont attaquées plus ou moins dans l'intestin du chien et paraissent absorbées en partie. Ce qui persiste dans les matières fécales a subi des modifications sans qu'on ait pu découvrir le ferment qui agit. Il est probable qu'il faut faire la part des bactéries intestinales dans cette digestion, et qu'il n'y a pas à compter sur ces substances pour la nutrition. Les matières pectiques sont abondantes dans les fruits, dans les racines, dans les carottes. Elles résultent, au moment de la maturation du fruit de la transformation d'une matière insoluble, la pectose sous l'influence de la pectase. Elles constituent alors des colloïdes insolubles, formant avec l'eau une masse gélatiniforme, laquelle, avec addition de sucre, après ébullition et réduction de volume, constitue la gelée comestible des fruits. Celle-ci semble en partie absorbée dans l'intestin.

Les graisses sont comme les sucres, des dérivés des alcools polyatomiques, en ce sens qu'elles sont le résultat de la fonction éther de la glycérine. Elles doivent être rangées dans la classe des hydrocarbonés, mais pas dans celle des hydrates de carbone, car les proportions d'hydrogène et d'oxygène qu'elles renferment ne sont pas exactement celles qu'on rencontre dans l'eau. Leur transformation en glycose qui est probable, sans avoir jamais été nettement prouvée, exigerait l'apport d'une grande quantité d'oxygène. Il n'en est pas de même des albuminoïdes. Leur dédoublement bien net en un excretum azoté, l'urée et une substance sucrée a fait penser qu'ils sont constitués par un noyau ammoniacal combiné avec diverses matières sucrées. Nous reviendrons sur ce sujet.

Les autres substances du type ternaire, glycérine, acide acétique, acide lactique, alcool, ne sont pas des hydrates de carbone, ne contribuent pas à la formation de la glycose, et par conséquent, des réserves, et quoique subissant la combustion intraorganique, sont impropres à la nutrition. On doit considérer que leur union avec l'oxygène leur donne simplement le moyen d'évacuer l'économie sans lui être trop nuisibles. Grâce à cette propriété, elles ne sont pas tout à fait des poisons, mais il ne faut rien leur demander de plus, et il ne faut pas en faire des aliments, parce qu'il peut arriver que, par leur présence, l'activité respiratoire et l'élimination de l'acide carbonique soient augmentées. Il en sera de même des alcools polyatomiques, dulcite, mannite, sorbite, qui se trouvent dans les betteraves, les carottes et la plupart des fruits. Quoique, dans les réactions de laboratoire, ils se montrent les générateurs des hydrates de carbone, dans l'économie, ils ne paraissent pas rencontrer de diastases capables de les métamorphoser en substances nutritives, et ils sont éliminés, après des modifications probablement analogues à celles que subit la glycérine.

La destinée naturelle de toutes les substances absorbées dans l'intestin est d'être amenées au foie, organe interposé entre l'extérieur représenté par le tube digestif, et l'intérieur, représenté par le sang et la cellule. Dans le foie, les matériaux de la nutrition achèvent leur élaboration, si c'est nécessaire, et s'emmagasinent pour être livrés progressivement à la circulation. Nous n'avons à nous occuper ici que des sucres.

Lorsqu'on injecte dans la circulation un hydrate de carbone soluble, il arrive, ou bien qu'il disparaisse complètement et qu'on n'en retrouve plus de traces dans aucun liquide de l'économie, ou bien que plus ou moins rapidement, il soit éliminé par les urines. C'est que dans le premier cas, nous avons affaire à un aliment qui a revêtu la forme sous laquelle il est utilisable pour les fonctions de la vie, assimilation et dégagement d'énergie, tandis que dans le second cas, il ne possède pas la composition qui le met en état de chimiotaxie positive avec les éléments vivants. Mais ceci ne veut pas dire qu'il n'est pas utilisable. La saccharose, introduite dans la veine cave se retrouve dans les urines ; introduite par la veine porte, elle ne se retrouve plus.

En effet, lorsqu'un sucre pénètre en nature ou est produit dans l'intestin par la digestion d'un aliment, si la quantité n'excède pas le pouvoir inversif des ferments digestifs, il est converti en glycose avant l'absorption, et ce n'est que de la glycose qui se retrouve dans le sang de la veine porte ; mais si les proportions sont trop considérables, la transformation est incomplète, et la veine transporte de la saccharose, de la maltose, de la lactose, de la dextrine, suivant la nature du sucre absorbé. Le foie entre alors en jeu, et son action suppléant ou complétant la fonction qui normalement incombait à l'intestin, modifie les matériaux qui lui sont apportés. En présence des enzymes sécrétées par la cellule hépatique, les bihexoses, les amyloses, s'hydratent, se dédoublent et commencent par donner de la glycose.

Par une opération inverse de celle qui, à l'aide des amyloses, donne naissance aux sucres réducteurs, ceux-ci, amassés dans le foie dans des proportions qui dépassent la capacité dissolvante du sang, sont arrêtées et mises en réserve dans la cellule hépatique, sous la forme d'une anhydrose, le glycogène. Celui-ci résultant de la déshydratation des glycoses, ne paraît pas être une substance unique, et de même que le grain d'amidon, sous son apparence d'homogénéité, renferme plusieurs hydrates de carbone différents, de même, le glycogène paraît composé de plusieurs amyloses, très probablement en rapport avec la diversité d'origine des sucres, ou plus simplement avec les procédés de préparation, variant seulement par l'eau de constitution, et par conséquent, de composition très rapprochée. Il est bon d'ailleurs d'ajouter que, selon toute probabilité, le foie recevant des saccharoses solubles, peut les transformer directement en glycogène sans les réduire au préalable en glycoses. Cependant le glycogène est toujours l'anhydride de la glycose, il est toujours dextrogyre, et donne toujours le même produit de transformation par les réactifs appropriés, c'est-à-dire uniquement la glycose.

La condensation moléculaire qui est l'origine du glycogène, n'est plus due aux ferments de sécrétion, mais aux enzymes intracellulaires, diastases de synthèse, qu'on n'a pas pu séparer du protoplasma, soit en raison de leur intime union avec lui, soit en raison de leur

---

¹ Voy. chapitre ix, les procédés chimiques de la nutrition cellulaire.

insolubilité. Il y a donc des ferments qui disloquent et d'autres qui condensent.

Le glycogène insoluble du foie, hydraté de nouveau, sortira plus tard sous forme de glycose soluble, suivant les besoins du sang, dont la composition, indépendante des variations de l'alimentation, du jeûne, du froid ou du chaud, du travail, conserve toujours une teneur très sensiblement égale en glycose.

On a posé la question de savoir si le glycogène était bien produit par les hydrates de carbone, et si ceux-ci ne jouaient pas simplement vis-à-vis du glycogène, le rôle d'agents d'épargne. En effet, ce n'est pas parce qu'il se rencontre dans le foie plus de glycogène, après un repas composé d'hydrocarbonés, qu'on doit en conclure logiquement que ceux-ci sont la matière première de cette anhydrose. Ils peuvent, par un mécanisme à étudier, soit avoir favorisé la production du glycogène aux dépens d'une autre substance, soit avoir arrêté la destruction de celui qui préexistait.

Il n'est pas douteux cependant, après tout ce qui vient d'être exposé sur la chimie des hydrates de carbone, que ce ne soit bien dans ceux-ci, au moins pour une forte proportion, qu'il faille chercher la source du sucre contenu dans le foie, sous forme de glycose ou sous forme de glycogène. Bien des expériences ont été entreprises pour le démontrer. Elles consistent, d'une façon générale, à laisser un animal, une oie ou un chien, consommer et épuiser toutes ses réserves par un jeûne plus ou moins prolongé. Le temps nécessaire pour obtenir ce résultat est déterminé, soit par des expériences antérieures, soit par des examens d'urine, qui indiquent le moment où l'animal commence à vivre sur ses albuminoïdes de constitution. On le nourrit alors avec un hydrate de carbone, dans lequel on a dosé les quantités d'albumine capables de se transformer en glycogène, et en le sacrifiant au bout de peu de temps, on trouve une réserve de glycogène excédant la quantité qui aurait pu être produite par cette albumine. On doit donc en attribuer la formation à l'hydrate de carbone qui a servi de nourriture.

On a établi de plus, que le glycogène se forme dans le foie, et non ailleurs, en analysant un fragment du foie d'un animal inanitié, et comparant sa teneur en glycogène à celle du reste de l'organe dans lequel on a fait passer une injection de solution glycosique. Enfin, le sang qui sort du foie ne présente que des traces excessivement minimes de glycogène, mais en revanche il contient de la glycose, et dans ces conditions, on se trouve forcé d'admettre que dans le foie comme dans le muscle, le glycogène, forme condensée de l'aliment unique, qui ne se rencontre pas dans le sang arrivant à l'organe ou s'en éloignant, est bien le résultat d'une élaboration propre à cet organe.

Les muscles sont également un magasin de glycogène, et il est évident que c'est par leurs propres moyens qu'ils pratiquent dans leurs cellules la synthèse de la glycose. Le sang, seul aliment des muscles, ne charrie que de la glycose et pas de glycogène. Là encore se produira, à l'occasion, un dédoublement, qui régénérera la substance primitive, sous l'influence de circonstances spéciales et bien déterminées.

Dans une dernière phase de son activité, le foie abandonne progressivement au sang la matière sucrée ainsi emmagasinée, mais comme celle-ci, sous sa forme colloïde de glycogène, est difficilement soluble, elle se dédouble et redevient la glycose que la circulation sanguine peut emporter. Là ne s'arrêtent pas ses mutations, et nous venons de voir que la glycose va reprendre dans les tissus, et surtout dans les muscles, la forme de glycogène qu'elle perdra encore une fois, au moment de l'oxydation finale.

L'arrêt dans le foie ne dure qu'autant que le sang est lui-même chargé de sucre, et c'est seulement lorsqu'il vient à en manquer ou que la proportion qu'il en renferme s'abaisse, que le glycogène quitte ce refuge temporaire. Quand après les repas, le sucre devient un peu plus abondant, sa présence est plus facile à constater dans les veines sus-hépatiques, dans lesquelles il en passe davantage, sans cependant que cette proportion ressemble à un envahissement. Il n'est pas pour cela consommé en plus grande quantité : on admet qu'il n'y a pas consommation de luxe. Après que les cellules de l'économie, et en particulier celles des muscles, se sont garnies de la réserve glycogénique sollicitée par leur fonctionnement plus que par la consommation alimentaire, le reste sert à la constitution de la réserve graisseuse. On ne rencontre jamais dans l'organisme d'autres sucres que la glycose ou le glycogène, formes réversibles du sucre ; glycose en dissolution dans les plasmas, et glycogène en réserve dans les cellules.

A distance des repas, lorsque les diastases cellulaires ont eu le temps d'agir, tous les autres sucres ont disparu ; le glycogène et la glycose seuls persistent et de plus, malgré quelques oscillations peu importantes, dans la quantité contenue dans le sang, cette quantité reste à peu près sensiblement constante, grâce au mécanisme hépatique qui maintient l'équilibre entre sa production et sa consommation. Elle se maintient longtemps pendant l'inanition, diminuant peu, et sa disparition à peu près complète marque le moment de la mort.

Les chiffres qu'on a donnés des quantités de sucre dans les différents liquides ou organes, doivent être considérés comme des moyennes. M. Bouchard a montré que ces quantités sont variables suivant les individus et surtout suivant les âges, nous pouvons ajouter suivant les régimes. Le sang renferme par litre 1 gramme à $1^{gr},50$ de sucre. En deçà ou au delà, il y a hypo ou hyperglycémie. Dans ce dernier cas, on conçoit qu'il puisse se produire de la glycosurie. La glycémie doit se maintenir à un niveau constant. Si le sucre est produit en quantité exagérée, si le ralentissement des fonctions de nutrition s'oppose à sa destruction normale, ou si le foie perd sa propriété de le retenir, il passe dans le sang, sans aucune régularité et dans des proportions qui excèdent soit les besoins, soit le pouvoir glycolytique de l'organisme, et se trouve éliminé en nature par les urines, ce qui constitue vraisemblablement une des formes du diabète sucré. Cependant ce cas n'est pas simple, et dans cette circonstance, il importe de rechercher avec soin les causes et les formes de l'insuffisance du foie, car le type véritable du diabète consiste plutôt dans la non-utilisation et l'accumulation du sucre formé en quantité normale, mais devenu réfractaire à l'oxydation libératrice. Une transformation insuffisante, qu'on peut observer à la suite de l'usage de poisons du sang, comme le chloral, le chloroforme, le phénol, l'antipyrine, la morphine ou divers autres produits, donne naissance à l'acide glycuronique dont la présence dans l'urine serait ainsi l'indice d'une perversion de la glycolyse, pouvant par sa persistance, et surtout en vertu de causes moins passagères, aboutir au diabète vrai.

Les travaux de Mayer[1] sur l'acide glycuronique ont prouvé que cet acide est dans l'organisme un des premiers stades de l'oxydation de la glycose, auquel succéderait la formation d'acide oxalique. Les animaux déglycogénés, soumis à l'action du phénol n'en produisent pas, mais si on rend du sucre à l'animal, il rend de l'acide phénylglycuronique.

Il peut arriver que le foie, dont la capacité en glycogène ne dépasse pas 12 p. 100, se trouve sursaturé d'hydrate de carbone, ou insuffisant par suite d'altération de structure, incapable de produire la diastase nécessaire à la glycogenèse, ne pratique plus l'arrêt, ni la transformation des sucres. Ceux-ci passent dans la circulation avec la complication primitive de leur molécule qui les rend inaptes à l'oxydation. C'est ainsi que certains glycosides circulent anormalement dans le sang où d'ailleurs ils ne restent pas. Ils peuvent être rejetés complètement par l'urine, ils peuvent aussi être attaqués par les enzymes sécrétées par les leucocytes, ou se trouver de nouveau soumis à l'action hépatique pendant le cycle circulatoire. Leur quantité est toujours minime, et ils disparaissent rapidement, éliminés ou détruits.

Non seulement la lactose, la maltose, la dextrine et le glycogène peuvent se rencontrer dans l'économie, mais on y a encore signalé la présence de l'amidon et de la cellulose. L'amidon, analogue dans le règne végétal au glycogène des animaux, se trouverait dans le foie, la rate, le placenta, les jeunes cellules épidermi-

1. In *Biologie médicale*. 1905, p. 409.

ques. La cellulose ne se trouve guère que chez les animaux inférieurs, dans la chitine, la tunicine, mais on l'a notée aussi dans la chondrine. Elle entre dans la composition de ces substances qui sont des corps quaternaires azotés. Diverses réactions démontrent pleinement qu'elle peut naître de sucres moins compliqués, ainsi qu'on peut le voir dans la production de la gomme des sucreries qui n'est qu'une cellulose.

Ces variations peu considérables dans la nature du sucre du sang, qui n'entraînent pas l'altération de la santé, sont essentiellement passagères, sans être exceptionnelles. Leur présence excite l'apparition de diastases saccharifiantes dans le foie, le sang, les leucocytes, partout où cette sécrétion est possible, de telle sorte que la transformation en sucres réducteurs est rapidement obtenue. Ce qui n'est pas hydraté est éliminé, et la glycose constitue toujours le terme ultime de la nutrition hydrocarbonée de l'économie.

Le foie est donc un magasin de sucre en même temps qu'une usine de transformation, peut-être même de production. Son rôle dans ces réactions, en tant qu'il s'agit des hydrocarbonés, est très net. Il possède la propriété d'arrêter la glycose au passage, et s'il n'en reçoit pas toute faite, d'en fabriquer avec les matériaux alimentaires, quoique insuffisamment élaborés, qui lui arrivent de l'intestin, et même avec les matériaux de désassimilation, puis cette glycose, au contact des diastases de la cellule hépatique, se condense ensuite en glycogène de réserve.

Nous ignorons le conditionnement étroit de la production de la glycose, nous voyons bien son utilité, mais nous ne pouvons attribuer sa formation à la nécessité de son oxydation, phénomène futur qui ne peut conditionner un phénomène antérieur. Nous ne pouvons rattacher l'une à l'autre sa formation et sa destruction par le lien impossible de la finalité. Nous savons seulement que le dépôt de glycogène et le passage de la glycose dans la circulation ont des connexions très étroites avec l'intensité de la consommation et varient avec elle.

L'activité glycolytique varie dans des limites assez larges suivant différentes circonstances, âge et température extérieure surtout. On peut approximativement fixer la destruction entre 5 gr. 50, et 9 grammes de glycose par kilogramme du poids du corps. Un fonctionnement plus actif des glandes ou des muscles sollicite une consommation plus considérable, mais dans ces derniers, il se produit en même temps, à la suite et comme corollaire de la destruction, une accumulation plus considérable du combustible prêt à se disloquer pour céder son énergie. Aussi, les muscles habituellement exercés, paraissent très volumineux, grâce au matériel énergétique qu'ils ont accumulé et non par hypertrophie réelle du tissu musculaire. La quantité de fibres musculaires est la même et ne s'accroît pas, quel que soit l'exercice auquel on les soumet. Leur volume devient plus considérable par le dépôt dans la cellule, de la réserve glycogénique, bien plus que par fixation d'azote. De même, le foie renfermant plus de glycogène à la suite des repas, devient plus volumineux par la distension des cellules, sans que le nombre de celles-ci soit augmenté.

Les procédés de la nutrition ne sont pas autres chez les carnivores que chez les herbivores, et la présence du sucre dans le sang est indépendante de la nature des aliments et de l'alimentation elle-même. Il est par con-

séquent nécessaire d'admettre que les albumines de la
viande sont capables comme les hydrocarbonés des
végétaux de subir des modifications de constitution
telles qu'ils en arrivent à fournir de la glycose. Néanmoins la question ne se présente pas aussi simplement
et prête à de multiples controverses. Il est bien évident
que la glycogenèse extrait des aliments l'atome de carbone qu'ils renferment et qui est l'élément fondamental
du sucre. Mais nous ne savons pas encore si la puissance des ferments de décomposition est telle qu'ils
disloquent à ce point la matière et la réduisent en
atomes, pour reprendre ensuite ces éléments par une
synthèse non moins puissante, et en reconstituer des
corps absolument dissemblables. L'oxydation respiratoire seule jusqu'à présent nous montre l'union d'un
atome de carbone C, séparé dans la glycose de la
molécule $H^2O$, avec deux atomes d'oxygène. Toutes
les autres opérations de la chimie physiologique
paraissent procéder de préférence par transposition de
molécules et en général, on peut retrouver dans la
matière première la molécule primordiale d'où dérive-
ront les matériaux de la nutrition.

Les fécules, amidons, sucres, saccharides ou polysaccharides, sont sans contestation possible, les ancêtres de la glycose du sang qui emporte avec elle les
molécules reconnaissables de ses générateurs. La réaction est du ressort des laboratoires de chimie. Avec l'albuminoïde pur, la réaction expérimentale fait défaut.
Mais lorsque l'albumine a été soigneusement débarrassée par la cuisson et par l'expression de toute trace
d'hydrates de carbone, lorsque, pour plus de sûreté on l'a
laissée fermenter légèrement afin de détruire ce qu'elle
pouvait avoir conservé d'hydrocarbonés, si de cet ali-

ment on cherche à nourrir un animal, autre laboratoire qui possède seul les réactifs nécessaires à cette opération, on obtient du sucre. Afin de ne négliger aucune des précautions nécessaires à la démonstration, l'animal doit avoir jeûné suffisamment pour que tout le glycogène que son foie renfermait ait été consommé par les échanges vitaux, et ainsi on arrive au moment où la graisse ayant disparu, l'albumine corporelle commence à servir de matière aux oxydations, moment indiqué par les variations de l'azote urinaire.

Divers animaux témoins, traités de la même façon, sont sacrifiés pour l'examen du foie et présentent une diminution considérable de la teneur en glycose et glycogène. Alors on se trouve en droit de penser que si, pendant le cours d'une alimentation si soigneusement privée de toute trace d'hydrates de carbone, on arrive à constater la présence du sucre, celui-ci dérive des albuminoïdes, et on en peut d'autant moins douter que l'animal, complètement privé de nourriture, conserve encore longtemps la vie, alors qu'il est entendu que celle-ci ne peut être entretenue que par la consommation exclusive du sucre, et que, dans l'expérience il n'en peut plus être produit qu'avec les albuminoïdes de constitution. L'animal peut donc élaborer son sucre physiologique aux dépens de l'albumine, telle est la conclusion logique de l'expérimentation sur le vif, à défaut de l'expérience chimique.

Malheureusement, d'autres expérimentations sont venues jeter la confusion sur ce résultat. Un chien inanitié, nourri exclusivement avec de l'urée ou de l'ammoniaque, fait encore du glycogène, ou du moins son foie en contient plus que celui du chien inanitié et ne recevant aucune nourriture. Comment pourrait-on

prétendre que l'ammoniaque est l'origine d'un hydro-
carbone ? Il faut chercher une autre interprétation à ce
phénomène, et il ne paraît guère possible d'en trouver
d'autres que les suivantes : l'ammoniaque modère la
consommation du glycogène formé d'autre part et provenant d'une source qu'on n'indique pas. Et différents
auteurs[1] prétendent qu'il en est de même pour l'albumine. Ce serait un modérateur de la glycose, mais il
peut être aussi un excitant des tissus pour la production des sucres.

Il n'y aurait pas en effet dans l'albumine pure de molécule d'hydrate de carbone capable de donner naissance
au sucre, et les albumines qui en produisent ne seraient
que des glucoprotéides, dans lesquelles les glucosides
et les polyglucosides sont unies à la molécule azotée.
On comprend, dans ce cas, la formation de glycose.
Mais il est nécessaire de se rappeler aussi qu'il existe
dans le corps des animaux de nombreuses réserves
d'hydrate de carbone, origine des sucres physiologiques. Le foie ne possède pas une puissance de synthèse assez considérable pour joindre le carbone à la
molécule d'eau, les décompositions ni les recomposi-
tions ne sont pas aussi compliquées et ne s'exercent
pas sur des molécules aussi simplifiées.

Toutes ces objections sur la formation des sucres
aux dépens des albuminoïdes montrent bien les incer-
titudes qui règnent encore dans cette partie de la
physiologie. Cependant presque tous les auteurs s'ac-
cordent à admettre la réalité de la transformation. On
a remarqué en effet, que les sucres des animaux exclusivement nourris de viande, sont uniquement com-

---

[1] Pflüger, *Glycogène* in *Dict. de Physiologie* de Richet.

posés de glycose non accompagnée de dextrine et de
maltose, ainsi qu'il arrive chez ceux qui font usage
des hydrates de carbone. On a remarqué encore, chez
les diabétiques soumis au régime carné exclusif, à la
longue, lorsque le malade arrive à la période d'amaigrissement et continue à faire du sucre, que ce sucre
ne peut venir de la graisse qui a disparu, ni de la
petite quantité d'hydrocarbonés qui sont ingérés. La
disproportion est trop grande entre la matière première
hydrocarbonée et le produit sucré. L'albumine seule,
soit des aliments, soit de l'organisme, doit être incri-
minée.

La question de savoir si la graisse est également
productrice de sucre est très controversée. Si l'expérimentation paraît contraire à cette transformation, le
raisonnement basé sur certains faits lui est plutôt
favorable. Constatons d'abord que chez le nouveau-né,
les dépôts de graisse du foie sont rapidement remplacés par des dépôts de glycogène, sans qu'on puisse
saisir les détails du phénomène. Dans les végétaux, la
transformation des matières grasses en sucre existe
nettement. Au cours de la germination des graines
oléagineuses, on remarque une augmentation des
matières sucrées, en même temps qu'une augmentation de poids que ne présentent jamais les graines
amylacées et azotées. Ce résultat est dû à une oxydation incomplète par fixation d'oxygène sur la matière
grasse. M. Bouchard [1] a donné une explication semblable à un phénomène qu'il a observé dans quelques
circonstances. Des sujets ne recevant d'autres ingesta
que l'air atmosphérique ont pu augmenter de poids

---

[1] Bouchard. *Pathologie générale*, t. III, p. 972

dans un intervalle de temps où ils ne perdaient rien par les excreta, sauf la vapeur d'eau éliminée par la peau et le poumon. Cette même augmentation de poids existe encore chez les marmottes à l'état d'hibernation, dans l'intervalle des défécations. M. Bouchard attribue ce fait à l'oxydation incomplète des graisses, fixant de l'oxygène pour former du sucre. Il n'admet pas que les albuminoïdes puissent en fixer également. Cependant, la chose est possible. Les expériences de laboratoire n'ont jamais démontré que du sucre se formât ainsi. L'ozone peut être fixé, mais ne forme pas de sucre, seule la glycérine peut le faire, et on se trouverait ainsi conduit à admettre que la graisse, décomposée sous l'action des ferments lipolytiques du sang ou du protoplasma, subit un sort complexe. La glycérine se transformerait en sucre, tandis que les acides gras, combinés avec les bases du plasma, s'oxydent et passent à l'acide homologue, en perdant encore de l'acide carbonique.

L'étude du coefficient respiratoire, pendant que se produisent ces phénomènes si intéressants de fixation de l'oxygène, rend bien compte de l'augmentation de poids. Il était évident, puisque le poids du corps s'accroît, sans autre ingestion que celle des gaz atmosphériques, qu'il n'y avait pas à chercher ailleurs que dans ces gaz la cause de l'augmentation. En effet, le rapport de l'acide carbonique expiré à l'oxygène inspiré est très abaissé; il sort moins d'oxygène qu'il n'en pénètre.

Cependant, l'expérience a démontré que les corps gras livraient leur potentiel et disparaissaient directement par combustion en acide carbonique et en eau,

sans qu'on rencontre de sucre dans ces transformations. Dans ces conditions, la graisse peut être un
aliment d'épargne pour le glycogène. Mais l'expérience a montré aussi que l'ingestion d'une grande
quantité de graisse provoquait l'apparition d'une très
minime quantité de glycogène, et ce qu'on n'a pas
expliqué, c'est que cette augmentation porte exclusivement sur le glycogène musculaire.

D'après ces considérations sur le rôle du sucre
comme aliment, on pourrait être tenté d'instituer une
alimentation au sucre à l'exclusion de toute autre substance, dans l'idée de fournir sous un volume restreint
et sous une forme plus rapprochée de celle de l'aliment utilisable, la ration nécessaire de nourriture [1].
Cette pratique, autorisée par la théorie, semblerait
devoir offrir de multiples avantages. Malheureusement,
elle se trouve en complète opposition avec la réalité
des faits, et il faut qu'un être soit doué d'un estomac,
ou mieux d'un appareil digestif tout spécial, pour supporter la quantité de sucre qu'il deviendrait alors
indispensable d'ingérer. Bien peu s'en accommodent,
et on montre au Muséum, comme une rareté, dans la
galerie d'ornithologie, un oiseau qui, à force de n'ingérer que des fruits sucrés, est arrivé à constituer
une espèce caractérisée par la suppression des ventri-
cules digestifs précédant le gésier, qui lui-même se
trouve remplacé par une simple poche membraneuse,
peu différenciée du reste du tube digestif. L'alimentation sucrée ne donne de bons résultats qu'à la condition de ne pas être exclusive, et même pas abondante,
car il arrive alors que le sucre est mal digéré, et

---

[1] Voy. chapitre XIII.

Chimie alimentaire                                    13

devient la proie de fermentations anormales, incommodes, capables de lui faire subir, en accélérant ses métamorphoses dans le tube digestif, une oxydation prématurée, et la destruction par décomposition en eau et acide carbonique. Le sucre doit être mélangé à d'autres aliments pour être utilisé, mais la meilleure manière d'en faire apparaître dans les organes digestifs, est sans contredit, de leur offrir des matières amylacées, fécule ou amidon, dont les sécrétions diastasiques amèneront l'hydratation et la transformation en glycose absorbable. C'est une utopie et un danger que de vouloir supprimer le travail du tube gastro-intestinal. En outre, et ce point est des plus importants, le sucre ne fournit à l'organisme aucun des sels minéraux qui lui sont nécessaires.

Ainsi les aliments ternaires et quaternaires, les hydrates de carbone, les graisses et les albuminoïdes subissent le même sort, et au sortir du foie, tous sont uniformément transformés en glycose, condensable dans la cellule en glycogène colloïde, en attendant le moment de s'hydrater et de s'oxyder. L'organisme présente partout, dans toutes ses parties le glycogène et la glycose; c'est à la désagrégation de ces composés, à la libération des molécules qui les composent qu'est due l'énergie vitale, forme sous laquelle se manifeste, au moment de la destruction de son support, l'énergie emmagasinée dans l'aliment. L'énergie vitale dérive directement et sans intermédiaire de l'énergie chimique, et sans doute, elle n'est autre chose que cette énergie chimique elle-même, dans ses rapports avec la cellule. Elle se dissipe ensuite sous forme de travail et de chaleur qui sont des excreta au même titre que le carbone entraîné par l'oxygène respiratoire. L'énergie vitale est donc liée à l'évolution du carbone dans l'économie, elle pénètre avec lui sous forme d'aliment, le suit dans ses transformations en glycogène et en glycose et finalement s'évapore comme lui dans le milieu ambiant.

# CHAPITRE VIII

## LES ALBUMINES ALIMENTAIRES

La nécessité des hydrocarbonés dans l'alimentation ressort très nettement de l'étude de leurs transformations chimiques. On les voit en se décomposant, céder l'énergie dont la molécule s'était chargée pendant sa formation ; on sait que l'énergie vitale résulte de cette libération, car quelle que soit son origine, toute énergie chimique est propre, dans des conditions spéciales et bien déterminées à entretenir la vie. Les hydrocarbonés s'adaptent merveilleusement aux nécessités des processus vitaux, et nul aliment, plus que les hydrates de carbone, ne se prête mieux à la désintégration productrice d'énergie. L'étude de la glycogenèse et de l'assimilation a mis en lumière toutes ces opérations à la fois complexes et simples qui, commencées par de la glycose, se terminent avec addition d'oxygène, par de l'acide carbonique et de l'eau.

Quoique la nécessité de l'albumine soit incontestable, son rôle est moins net et apparaît comme plus difficile à définir. Les matières albuminoïdes passent pour constituer la trame même du protoplasma vivant. Nous verrons, en parlant de l'assimilation et de la théorie d'Ehrlich, quelle opinion il est possible de se faire à ce sujet, et quelle est dans cette circonstance la valeur qu'on est en droit d'accorder à l'albumine. Elles sont capables de s'unir à l'acide phosphorique pour former les nucléines, et leur désagrégation donnant naissance à 500 calories pour 100 grammes d'albumine, elles ont pu être regardées comme une source énergétique. En dehors de leur rôle structural[1], elles prennent part, en raison du volume de leur molécule aux fonctions du plasma qui les tient en solution, en contribuant à l'élévation de la tension osmotique du sang. La solution d'albumine coexiste avec celle des matières ternaires et minérales, formant ainsi une solution saline organique dont les propriétés osmotiques jouent un rôle important.

On sait que dans les conditions physiologiques, sous l'influence régulatrice du système nerveux, le sang tend à conserver une concentration moléculaire à peu près invariable. La vie ne se maintient qu'à la condition que les cellules soient plongées dans un milieu dont la constitution reste fixe et toujours semblable à elle-même, et alors le protoplasma en présence d'un liquide nutritif convenable, exerce forcément toutes les fonctions qui lui incombent.

Or, la complication de la molécule d'albumine qui la rend impropre à la dialyse et l'oblige à rester en dissolution dans le sang tant qu'une réaction chimique ne l'a pas simplifiée, la rend aussi, plus qu'aucune substance, propre à remplir ce rôle d'agent de fixité moléculaire du plasma. Il s'établit un rapport direct entre la quantité de molécules en circulation et les oscillations de volume de l'eau dans la masse sanguine, d'où résultent la constance et l'invariabilité de la tension et en même temps de la composition du sérum. Ces con-

1. Herrera, *Rev. scientif.* 1903, I, p. 46.

ditions sont indispensables à l'existence même du sang en tant que tissu spécifique et différencié. Sans elles, la diffusion des liquides, des sels et des substances ternaires serait extrême, et l'imbibition des tissus serait telle qu'il y aurait autant de sang en dehors des vaisseaux que dans leur intérieur. En somme, l'albumine se présente sous la forme d'un corps nutritif modérateur de l'imbibition (Herrera). Elle tient sous sa dépendance la tension osmotique et les échanges moléculaires, et cette fonction de tout premier ordre doit lui assigner dans la nutrition une place au moins aussi importante que celle des hydrocarbonés dont l'action est bien différente. Il est évident qu'elle règle encore la fonction électrolytique de la solution saline; en un mot, elle est le dispensateur des forces diverses contenues dans le sang.

Ce rôle compensateur de l'albumine a été attribué uniquement au chlorure de sodium par beaucoup d'auteurs. Des expériences faites par MM. Hallion et Carrion ont montré que des injections salées ne modifiaient pas d'une façon durable la tension osmotique du sang. Des analyses chimiques du sérum ont prouvé que la teneur en chlorure de sodium varie suivant le volume de la masse sanguine, assurant ainsi aux hématies un liquide ambiant aussi isotonique que possible. Il n'y a pas de raison, en effet, pour que le chlorure de sodium ne contribue pas à l'équilibre osmotique, et sans doute plus que tous les sels du sérum, à cause de son abondance dans l'alimentation, mais il faut considérer qu'il aide au maintien de la tension, sans en être le seul agent, et sa nécessité impérieuse et absolue est loin d'être aussi bien établie que celle de l'albumine.

Par ce mécanisme régulateur, nous avons l'explication de la corrélation de l'excrétion d'urée et du besoin d'albumine avec la sécrétion gastrique. Des expériences dues à Riasantzeff et à Chigine montrent que l'excitation produite par la satisfaction de la faim, amène une excrétion d'urée, excrétion rapide, précédant l'absorption alimentaire par la muqueuse de l'estomac, et existant même lorsqu'il s'agit d'un repas fictif dans lequel l'aliment dégluti tombe au dehors par une fistule œsophagienne. Cette excrétion est proportionnelle à l'activité sécrétoire imposée à l'estomac par la satisfaction de l'appétit, et les déchets azotés sont d'autant plus abondants que ce travail, réel ou fictif, est considérable.

Produite brusquement, sous l'influence de l'excitation par l'alimentation suivie ou non de l'introduction de l'aliment dans l'estomac, la sécrétion gastrique amène par soustraction de liquide l'hypertonie du plasma. Le sang, quand le rein est sain, se débarrasse par l'excrétion rénale, sous forme d'urée, d'une partie des albuminoïdes en excès qui augmentent la tension osmotique, et cette élimination sera d'autant plus considérable, que la quantité de la sécrétion gastrique est elle-même plus considérable. Il s'établit ainsi une synergie fonctionnelle, un enchaînement d'actions par lesquelles nous voyons le travail des glandes de l'estomac susciter d'un côté le réflexe, grâce auquel le plasma sanguin élimine l'albumine usée, tandis qu'en même temps, il prépare la digestion de celle qui doit lui succéder ; et cette circulation est nécessaire, car l'albumine qui a rempli son office, après avoir réglé l'emploi du soufre ou du phosphore ou des divers sels du plasma dans l'économie, privée des matériaux qui lui donnent une partie de sa valeur, transformée elle-même, a besoin d'être remplacée par une autre qui apporte de nouveaux matériaux énergétiques.

C'est ainsi qu'on peut concevoir le besoin d'albumine, d'après les données et les expériences de la physiologie, et c'est ce qui explique par exemple, que le jeûneur Cetti, au dixième jour de jeûne, n'empruntait plus à ses tissus qu'un gramme ou deux d'albumine par kilogramme de poids vif et par jour. L'économie avait ramené ses dépenses d'azote à un minimum aussi réduit que possible, parce que l'albumine lui était indispensable, et qu'il y avait pour elle plus de profit à restreindre les combustions qu'à diminuer la teneur du sang en albumine (Lambling).

Le besoin d'albumine est aussi impérieux que le besoin de calories, et tous deux président à la circulation et à l'utilisation des matériaux de la nutrition, dont l'aboutissant est l'assimilation, c'est-à-dire la vie. C'est un appétit légitime dont la satisfaction fait face à la destruction quotidienne d'une centaine de grammes d'albumine, mais qui, en raison même de l'introduction de la molécule albuminoïde dans le sang, doit être modéré. Un régime trop chargé en albumine, par suite de prédisposition héréditaire, d'altérations de nature alcoolique ou d'excès dans la durée ou la quantité de l'alimentation carnée, produit sur le foie et sur les reins qui deviennent incapables d'assurer les transformations alimentaires et surtout l'excrétion préservatrice de l'intoxication, une action désastreuse d'où résulte l'arthritisme.

On se trouve ainsi autorisé à dire qu'une des causes de l'arthritisme résulte vraisemblablement de l'accumulation dans le sang de produits albuminoïdes anormaux en qualité ou en quantité. Les propriétés osmotiques du sang subissent ainsi des modifications qu'il serait intéressant de rechercher par une cryoscopie méthodique et des analyses chimiques. Il y aurait lieu de joindre à ces investigations l'étude de l'hypertension artérielle, phénomène clinique commun dans l'arthritisme.

On trouvera alors, au point de vue de la genèse par la suralimentation albuminoïde, sans autre facteur, que cette hypertension est en rapport avec l'augmentation de poids de la molécule du plasma sanguin, et que l'arthritisme, quand il n'a pas dépassé cette altération fonctionnelle, période présclérosique de M. Huchard, peut se guérir par le régime simple, surtout aidé de l'autoconduction suivant la doctrine et la pratique de Moutier[1]. La prolongation de l'hypertension conduit à des lésions irrémédiables du foie et des reins, lesquelles, secondaires dans ce cas, sont au contraire primitives, quand elles dérivent de l'alcoolisme, ce qui constitue la seule différence entre ces deux formes d'arthritisme, dont la seconde est infiniment plus fréquente que la première.

L'albumine se rencontre dans les aliments végétaux et animaux, les corps inorganiques n'en fournissant qu'à la plante dont les propriétés synthétiques sont différentes de celles des animaux. Ceux-ci ont besoin d'albumine toute faite qu'ils décomposent et recomposent suivant leur chimie particulière, refaisant à partir d'un noyau azoté une molécule albuminoïde à l'aide d'éléments divers, acide sulfurique, acide phosphorique, hydrates de carbone. La question se pose maintenant de savoir lequel du végétal ou de la chair musculaire des animaux doit être préféré, ou bien s'il

---

[1] *Acad. des sciences*, 13 et 27 fév. 1905. — *Congrès français de médecine de Liège*, 1905.

est nécessaire d'associer ces deux produits. On reproche aux végétaux une teneur peu élevée en albumine et leur digestibilité moins parfaite ; aux tissus animaux on attribue des méfaits plus graves qui sont la production exagérée de déchets azotés encombrant les tissus. et capables de causer des désordres considérables comme l'arthritisme et l'artériosclérose, et de plus, l'apport de toxines agissant comme poisons cellulaires.

Il n'est peut-être pas exact de dire que les végétaux sont moins riches que les tissus animaux en albuminoïdes. On peut dans les légumes et les céréales trouver une quantité de matériaux azotés très suffisante pour obtenir l'équilibre azoté. Cependant, les auteurs ont signalé entre ces deux sortes d'albumine des différences appréciables, qu'on peut résumer au point de vue de la quantité, en disant que presque jamais les chiffres des tables donnant la teneur en albumine des aliments n'est exacte. Pour les obtenir, on dose l'azote et on en déduit l'albumine. Mais d'autres substances que les albuminoïdes renferment de l'azote. Dans certains végétaux notamment, un tiers de l'azote se présente sous forme d'acide azotique, d'ammoniaque, de créatine, d'asparagine, d'acides amidés, tandis que la viande ne renferme que deux pour mille d'azote xanthique. On arrive ainsi à attribuer à certains végétaux une valeur alimentaire supérieure à leur valeur réelle (Morat et Doyon).

De plus, dans le végétal, l'albumine ne se présente pas comme dans la viande à l'état de pureté ou dans des combinaisons de décomposition facile. Elle se trouve associée à des composés plus stables, moins attaquables par les sucs digestifs, et à de la cellulose qui est inerte. Elle offre plus de résistance aux agents

de la digestion dont la puissance ne réussit pas toujours à s'en emparer. Nous nous trouvons par conséquent en face d'un élément avec lequel nous n'avons
pas à compter quand il s'agit de la viande, c'est la
digestibilité, c'est-à-dire le rapport entre le poids de
la matière ingérée et celui de la matière excrémentitielle. Ce coefficient pour la viande est presque égal à
l'unité. Le travail digestif est le plus réduit, le rendement alimentaire est le plus élevé. Avec les aliments
azotés d'origine végétale, les céréales, les légumineuses et surtout les féculents, on obtient des résidus
dont le rôle, s'ils sont peu abondants, sera de favoriser
les contractions de l'intestin et au contraire, de l'en-
combrer, par un volume plus considérable.

Pour citer un exemple dont je trouve les éléments
dans les analyses si précieuses de Balland, et dans un
article de l'Encyclopédie d'hygiène de Rochard, dû au
professeur Pouchet, je rappellerai le foin, le seigle, le
sarrasin dont la teneur en matières azotées se rapproche de celle du blé. Le son et la luzerne en renfer-
meraient même davantage. Cependant l'expérience
nous démontre que nous ne pouvons faire état de ces
substances pour notre alimentation. Elles contiennent
une trop forte masse de cellulose, et outre que cette
masse indigeste est nuisible par son volume, il faut
encore ajouter que sa présence joue vis-à-vis du suc
gastrique un rôle d'inhibition. Un aliment albuminoïde
doit se présenter à l'état de pureté, c'est-à-dire débar-
rassé de ses enveloppes moins attaquables, pour être
facilement digestible, pour provoquer de la sécrétion
gastrique utile. Notons encore que l'amidon contenu
en grandes proportions dans les végétaux favorise
dans l'intestin la pullulation du bacillus amylobacter,

agent d'une fermentation acide, dont les produits ne sont pas sans action sur l'économie. En somme, les équivalents nutritifs doivent demeurer soumis à la règle de la digestibilité (Pouchet), et de cette conclusion physiologique nous pourrons déduire cette conséquence pratique, justifiée d'ailleurs par l'expérience, qu'il est pécuniairement plus avantageux de se nourrir de pain blanc que de pain noir, malgré la différence de prix (Lambling).

Les déchets azotés de l'alimentation sont nombreux, même lorsqu'on ne fait pas usage de viande ; mais il faut bien reconnaître que dans ce dernier cas ils sont moins nuisibles. Le principal est l'urée, dont le volume est en rapport avec la désassimilation azotée dans le cas d'équilibre azoté, et augmente proportionnellement à la quantité des albuminoïdes de l'alimentation, sans fixation d'albumine en excès. L'urée, substance diurétique n'est pas toxique, car il en faut pour tuer un homme la quantité qu'il fabrique en seize jours. Quand la viande est prise d'une façon exagérée, chez un sujet sain, dont tous les organes sont en possession de leur pleine et entière puissance de transformation, pendant longtemps il ne se présente pas d'accidents, il se fait une accommodation de l'organisme aux circonstances et l'urée est produite et éliminée en plus grande abondance. Mais il arrive un moment, par suite de défectuosité congénitale, ou par les progrès de l'âge et l'affaiblissement fonctionnel qui en résulte, où les transformations se font mal, et alors on peut rencontrer, accompagnant l'urée, soit des acides organiques comme l'acide sarcolactique, soit des sels amidés ou ammoniacaux, produits d'une élaboration imparfaite. On trouve encore de véritables toxines, leucomaïnes

ou ptomaïnes qui ont toute la valeur de poisons cellulaires et, ayant pris naissance dans le tube digestif, par
exemple, arrivent à intoxiquer l'organisme entier et
surtout les vaisseaux et les glandes, en produisant
l'artério-sclérose ou d'autres dégénérescences.

Le foie qui est un centre actif de phagocytose pour
les microbes comme pour les toxines, s'oppose pendant longtemps à cet envahissement. La cellule hépatique est omnivore et agissant à l'aide de ses acides
amidés, taurocholate, glycocholate de soude, et de la
cholestérine, parvient à neutraliser les effets nocifs des
toxines, jusqu'au jour où atteinte elle-même, elle suc-
combe à la tâche. Nous pensons que si le foie devient
insuffisant chez les sujets jeunes et dans toute la force
de l'âge, il ne doit pas à l'usage seul de la viande cet
arrêt de ses fonctions.

A cet égard, je me rattache volontiers à la théorie
de l'hépatisme de Glénard et j'admets que le foie doit
d'abord être touché par l'alcool avant de devenir insuffisant.

Les inconvénients de la consommation de l'alcool,
comparés à ceux de la consommation de la viande,
plaident en faveur de cette opinion. L'alcool incapable
de se transformer en glycogène, n'est pas utilisable par
les organes comme réserve d'énergie, à la façon du
sucre ou de la graisse. En effet, il provoque la rupture
de l'équilibre azoté, lorsque dans une ration d'entretien exactement suffisante, on en vient à remplacer une
quantité d'hydrates de carbone par une quantité isodyname d'alcool (Miura 1892).

Introduit dans ce carburateur qui est la cellule, son
contact détermine une excitation artificielle plus ou
moins énergique, de durée variable, généralement

suivie de dépression, qui remplace imparfaitement l'excitation produite normalement par l'ingestion des aliments. Cette action peut être, dans une certaine mesure, compatible avec un bon état des organes. Mais quand la proportion devient trop forte, et surtout par la répétition quotidienne, il arrive à endommager le carburateur, à modifier la constitution cellulaire dans le sens de la sclérose ou de la cirrhose. Il rend la cellule impropre aux échanges qui sont la caractéristique de la vie et la fige dans sa composition : il la tue. Pendant longtemps encore l'activité compensatrice de celles qui ont échappé à la désorganisation suffit à l'assimilation et se trouve même exaltée, mais enfin plus ou moins vite arrive la fatigue. Les transformations alimentaires se ralentissent ou se dévient.

On observe suivant les cas, que le sucre trop abondant s'oxyde mal, que la graisse devient prédominante par la diminution des combustions, que des pigments biliaires, de l'acide urique ou d'autres déchets azotés, significatifs de la déchéance organique, apparaissent en excès dans le sang ou dans les tissus et sont imparfaitement éliminés par le rein dégénéré. Il y a probabilité pour que le grand sympathique, plus ou moins atteint lui-même dans ses fonctions, dirige ces diverses modalités pathologiques.

Avec nos habitudes actuelles, cet état est assez rapidement atteint ; nous héritons de nos pères, ou bien de l'arthritisme lui-même, ou au moins d'une disposition à un moindre fonctionnement. Des principes erronés furent longtemps d'un usage courant, même en médecine, et sont encore usités trop souvent, à savoir que l'alcool fortifie, qu'il réchauffe, que c'est un aliment d'épargne, que le vin est le lait des vieillards, que l'alcool éthylique de provenance naturelle est une boisson de tout repos.

Que ces maximes fussent l'expression d'une conviction plus ou moins raisonnée ou un masque hypocrite derrière lequel se cachait l'appétence des boissons alcooliques, en tout cas, elles servirent de prétexte à nos ancêtres pour offrir à leurs tissus un bain continu d'alcool qui a modifié leur constitution et transformé le sens et l'énergie de l'activité cellulaire. Faisant suite à une génération légèrement alcoolisée, nous sommes de la sorte devenus détenteurs d'une tare à laquelle, continuant les mêmes errements, nous ajoutons encore au profit des générations suivantes.

Cette tare anatomique et physiologique, cette disposition des tissus à un mauvais fonctionnement, c'est l'arthritisme, dont la consommation exagérée de l'alcool est le facteur, et non la consommation de la viande. Cette dernière n'agit que secondairement. Elle ne devient un poison que lorsque le foie a perdu de son activité phagocytaire, lorsque les organes malades, en proie à la sclérose ou à la graisse, ne peuvent plus l'utiliser conformément à la loi physiologique. Sa nocuité dans ces circonstances est la cause de la proscription de l'aliment carné et de son remplacement par l'aliment végétal.

D'autres considérations sont de nature à plaider en faveur de la nécessité de l'albumine de la viande.

MM. Lapicque et Richet sont d'avis qu'il y a peu de chances pour qu'un petit nombre d'aliments naturels contienne toutes les substances nécessaires à l'entretien de la vie. Diverses expériences viennent à l'appui de cette opinion. Munck et Rosenheim, après avoir obtenu chez un chien l'équilibre azoté, continuent l'alimentation dans les mêmes conditions. Or, au bout de dix semaines, l'animal devient malade et finalement meurt. L'albumine n'a pas manqué, mais Lapicque et Richet disent que l'organisme doit recevoir une quantité de viande plus considérable que ne l'exige l'équilibre azoté, car la viande renferme aussi des nucléines, des matières extractives azotées et surtout des sels minéraux dont l'action est encore peu étudiée. La valeur de cette solution osmotique et électrolytique qui constitue le plasma sanguin vient seulement d'être démontrée par M. Albert Robin. Qui nous prouve que la part du végétal dans l'entretien de l'équilibre salin est égale à celle de l'aliment carné avec ses sels même moins abondants ?

En nourrissant un chien avec une seule matière albuminoïde ingérée en quantité suffisante, on obtient une mort rapide, tandis que le régime carné exclusif donnera une survie notablement plus considérable. Bien d'autres expériences, faites avec différentes albumines, montrent que toutes ne sont pas aptes à entretenir la vie et jusqu'à présent, dans l'analyse chimique, rien ne fait ressortir la raison de cette action. Les analogies chimiques, l'équivalence des termes azotés, aussi bien que l'isodynamie et l'isoénergie, sont certainement des données utiles dans l'étude des problèmes de la nutrition, elles peuvent aider à comprendre et à expliquer bien des phénomènes obscurs, mais, en somme, seules elles sont trop incomplètes pour nous permettre d'asseoir les bases d'un régime pratique, et il est de toute nécessité, tant que nous n'aurons pas approfondi davantage la nature des réactions élémentaires de la nutrition, de tenir compte des résultats des expériences physiologiques et de la connaissance que nous avons des habitudes alimentaires des peuples.

Enfin les excitations de la viande mises en lumière par le physiologiste russe Pawlow, très remarquables, font ressortir l'influence favorable de cet aliment. Nous nous arrêterons un instant sur ce sujet d'un grand intérêt.

L'idée ou la vue des aliments, dans les conditions d'une santé normale, quand le repas précédent est déjà éloigné, nous procure la sensation de la faim, dont nous avons conscience par le système nerveux. Cette première excitation, d'ordre psychique, qui constitue, dit Pawlow, le désir passionné des aliments, ce qu'on nomme dans la vie courante comme dans la pratique médicale, l'appétit, met en branle l'appareil neuro-glandulaire de l'estomac. Ce point de départ devient l'origine d'une série d'excitations nouvelles, tant locales que générales, reliées indissolublement les unes aux autres, et présentant un caractère physiologique incontestable. Leur manifestation paraît obligatoire et se produit constamment dans des circonstances déterminées.

L'appétit est l'excitation nécessaire à toute bonne digestion en général, et à celle de la viande en particulier. Non seulement il favorise les conditions normales de la digestion, mais aucun excitant ne peut lutter avec lui pour la production en qualité et en quantité du suc gastrique. La sécrétion qu'il provoque est fournie par les glandes gastriques profondes, de sorte que, lorsque l'aliment dont l'action s'exerce sur les glandes superficielles arrivera au contact de la muqueuse, l'appareil glandulaire donnera son plein et entier effet. Il faut donc avoir le souci de l'appétit qui rend l'aliment plus profitable, et employer tous ses soins à faire naître et à entretenir une excitation d'un ordre aussi important, en restant toutefois dans des limites raisonnables.

En effet, l'appétit n'indique pas avec précision le moment ni la grandeur des besoins de l'organisme ; généralement il les devance, et non seulement son apparition, mais son intensité sont soumises à des influences diverses. C'est ainsi que l'habitude d'une alimentation trop abondante entraîne un appétit plus violent, et qu'avec l'habitude et le goût d'un aliment exclusif, cet aliment seul, à l'exclusion de tout autre, provoque la sécrétion du suc gastrique.

La vue seule de la viande, chez le chien qui l'aime, fait apparaître d'abord l'appétit et le suc gastrique presque aussitôt après, et la sécrétion est plus ou moins abondante, suivant que cet appétit a été excité par un jeûne plus ou moins prolongé. La nature de l'aliment fait également varier la nature et la quantité des ferments et la teneur en acide. La viande occupe pour la quantité de la sécrétion une place intermédiaire entre le pain, aliment végétal, et le lait. Mais alors la force digestive est plus considérable et la durée de la sécrétion moindre. Pour résumer toutes les variations, on peut dire que la qualité et la quantité de la sécrétion s'adaptent à la nature de l'aliment ingéré, et cela, de telle façon que l'organisme en tire le meilleur parti possible.

L'odorat et le goût, comme la vue de l'aliment, causent une excitation d'où résulte une sécrétion gastrique d'ordre psychique propre à la digestion de cet aliment.

Cette intervention initiale cesse quand l'aliment est arrivé dans l'estomac. Elle a amorcé la digestion qui maintenant va se continuer sans elle. On constate alors une excitation d'un autre genre, dont l'élément actif semble être le contact avec la muqueuse digestive. Par quel moyen agit ce contact? Lorsqu'on introduit dans l'estomac, en évitant l'excitation psychique, du pain, de la bouillie d'amidon, même de l'albumine d'œuf, crue ou cuite, ces substances se montrent inertes vis-à-vis de la sécrétion gastrique, et pourront rester plusieurs heures sans autres modifications qu'une fermentation plus ou moins putride. Au contraire, le mélange de viande et d'amidon, le bouillon, l'extrait de viande, et à plus forte raison la viande pure, provoquent l'apparition d'un suc doué d'un pouvoir digestif réel, et la digestion ainsi commencée se continue automatiquement. Cet effet très remarquable est dû à l'action des sels de la viande, lesquels, si peu abondants qu'ils soient, possèdent le pouvoir d'exciter la sécrétion par action réflexe sur les centres nerveux, et non par action mécanique sur la muqueuse.

Cette propriété sera naturellement mise à profit en cas d'appétit languissant, dans les convalescences, quand l'excitation psychique du début fait défaut. La viande sera dans ce cas, seule capable de ramener l'appétit, et c'est elle qui l'entretiendra quand il aura reparu. Elle sera à la fois l'aliment et le médicament sauveur, car il ne faut pas perdre de vue que l'appétit est le premier et le plus important facteur d'une digestion bonne et profitable, aussi bien chez le convalescent que chez l'homme en santé, et que, si quelquefois on peut avoir à le modérer, jamais il n'y aura lieu de chercher à le supprimer.

Il s'écoule au moins cinq minutes entre le moment où a viande est introduite dans l'estomac et l'apparition du suc gastrique, même si au préalable les glandes en sont déjà gorgées. Pawlow pense que ce délai a pour résultat de favoriser l'action de l'amylase salivaire, qui ne s'exerce pas en milieu acide. Mais cette acidité elle-même, nécessaire à l'action de la pepsine, que la présence de la viande a provoquée, va se montrer d'une autre façon favorable à la digestion amylacée. Elle devient à son tour l'excitant des sécrétions pancréatique et intestinale qui achèveront les transformations commencées dans la partie supérieure du tube digestif.

L'étude de la sécrétion pancréatique nous fournit encore quelques aperçus intéressants au point de vue des excitations secondaires de la viande. Le suc gastrique est le principal facteur de la sécrétion pancréatique, que ce soit par l'intermédiaire de la sécrétine ou autrement, peu importe. Or, si on vient à changer la nourriture d'un chien habitué à la viande, et à ne plus lui donner que du pain et du lait, en vertu de l'adaptation stricte de la sécrétion, l'acidité gastrique diminue peu à peu. Elle ne se supprime pas complètement, mais elle atteint un minimum qui n'est pas capable de favoriser l'apparition de la trypsine. Si cette inertie se bornait à la suppression d'un ferment qui n'a plus d'utilité, puisqu'il n'y a plus de viande à digérer, il n'y aurait pas beaucoup de mal. Mais l'amylase pancréatique disparaît en même temps, ou du moins manifeste une tendance fâcheuse à la diminution, de telle sorte que la digestion intestinale des féculents ne se trouve plus assurée, et cela grâce à la suppression de la viande.

D'autre part, l'excitation causée par l'utilisation de l'albumine appelle la consommation de la viande dont l'albumine, plus facilement assimilable que celle des

végétaux, est extraite avec moins d'efforts de la part
des organes digestifs. Le désir de la viande est en
somme une adaptation des organes à un fonctionnement économique, car, ainsi que nous le montre Pawlow, la viande est utilisée par l'organisme avec une
plus grande économie de sécrétion que l'aliment végétal, et son azote employé en plus grande quantité.

Ainsi nous assistons à la formation d'un cycle fermé
et ininterrompu d'excitations spéciales à la viande,
dans lequel l'action qui résulte d'une excitation devient
à son tour l'excitant d'un acte nouveau, et si nous
avons commencé par l'étude de l'appétit, nous nous
trouvons maintenant, après toutes les excitations sécrétoires du tube digestif, en présence d'une autre, d'ordre
général, le besoin d'albumine, qui constitue le trait
d'union reliant le premier et le dernier anneau de cette
chaîne.

Cette solidarité des actions digestives nous apporte
un argument, ou mieux une indication formelle, en
faveur du régime mixte. Il faut conclure que l'aliment
carné, associé aux hydrates de carbone des plantes, est
indispensable à l'homme normal, et nous sommes loin
en vérité d'avoir aucune raison pour supprimer la
viande, ni même pour chercher à en restreindre l'usage
jusqu'à obtenir le minimum de l'excrétion de l'azote.
Bien plus, il existe des observations qui plaident en
faveur d'une action spécifique des rations d'albumine
largement établies, et la quantité d'albumine consommée dans les collectivités vigoureuses est en général
supérieure à la ration minima nécessaire pour obtenir
l'équilibre azoté dans les expériences physiologiques.
Là au contraire où la ration azotée est plus faible, on
est le plus souvent en présence de populations miséra-

bles et peu résistantes, sans toutefois que ce fait puisse être généralisé absolument (Lambling).

On ne supprimera donc pas l'usage de la viande chez les sujets sains, on se contentera de le maintenir dans des limites raisonnables de manière à ne pas provoquer un hyperfonctionnement à la longue nuisible, surtout lorsqu'il est accompagné du léger degré d'alcoolisme habituel dont tout le monde se défend et que tout le monde pratique.

Chez l'arthritique, forcément notre attention se portera en premier lieu sur l'alcool, le facteur de la désorganisation cellulaire. Devons-nous en défendre l'usage ou seulement l'abus ? Je pense qu'il ne faudra pas être intransigeant et qu'il sera sage de ne pas négliger les indications résultant d'une accoutumance atavique et personnelle. D'ailleurs il existe une quantité d'alcool compatible avec un fonctionnement normal, et une prohibition absolue peut n'être pas toujours utile. C'est à la science du médecin à apprécier cette quantité et le degré de concentration tolérable. Cependant, il est bon de savoir que si, dans de certaines conditions, l'alcool peut rester indifférent, jamais la privation d'un aliment aussi discutable et problématique, n'a causé le moindre dommage à personne.

L'usage modéré et restreint de l'alcool pouvant sous certaines réserves être admis, à plus forte raison trouverons-nous nécessaire de conserver celui de la viande. Celle-ci est douée de propriétés toutes spéciales, elle renferme des substances alibiles dont l'expérience et l'observation nous ont montré la haute valeur. L'alimentation végétale ne la remplace que d'une façon imparfaite. L'arthritique la digère bien, tandis qu'il supporte mal les végétaux, incapables de lui rendre les mêmes services. Par la suppression totale, nous lui enlèverons une ressource d'autant plus précieuse que sa nutrition est plus précaire.

Cependant toujours dans ce cas, il est indiqué de réduire au minimum la ration carnée, souvent même de la supprimer complètement, après toutefois avoir mis en balance les inconvénients de cette pratique avec le danger présenté par le fonctionnement vicieux des organes. Autant que possible, le régime végétarien ne devra être qu'un moyen thérapeutique temporaire, car il faut considérer que le médecin n'aura pas rempli toute sa tâche en supprimant un aliment devenu nuisible, et que cette seule prescription est insuffisante pour sa satisfaction et celle du malade ; il doit en outre employer tous ses efforts pour trouver, parmi toutes les médications que la science met à sa disposition, celle qui lui permettra de rétablir le fonctionnement normal des organes, en pensant que le malade auquel nous devenons forcés sous peine d'accidents graves, d'interdire définitivement la viande n'est plus en état d'assimiler suffisamment pour défendre son existence, et que sa survie, malgré la rigueur des régimes, sera extrêmement limitée.

# CHAPITRE IX

## LES PROCÉDÉS CHIMIQUES
## DE LA NUTRITION CELLULAIRE

L'assimilation est une fonction qui a pour résultat d'incorporer les aliments au protoplasma, après que la digestion leur a fait perdre leurs caractères propres, et que par des modifications successives, ils se sont progressivement identifiés à la matière vivante. Elle est indépendante de la digestion, en ce sens que les aliments peuvent être digérés, absorbés et ne fournir aucun principe utilisé dans l'organisme. Cl. Bernard a vu des chiens ébranlés par les vivisections, très voraces, digérant bien, faisant du chyme et du chyle, maigrir et périr d'inanition[1]. La digestion peut donc s'accomplir normalement, tandis que les autres termes sont supprimés ou troublés. De pareils exemples ne peuvent-ils se rencontrer dans certaines maladies nerveuses, et même dans certains états compatibles avec la santé, mais qui diffèrent de l'état physiologique commun par le besoin d'une quantité de nourriture extraordinaire? Au point de vue de la chimie alimentaire, l'assimilation est sous la dépendance de la digestion qui se charge des premières transformations nécessaires à la préparation du milieu.

Le cristal qui, plongé dans une solution de différents

[1] Cl. Bernard. *Leçons sur le diabète.* p. 435.

sels, s'accroît en ajoutant à sa substance les molécules de même nature contenues dans le milieu, n'assimile pas. Il ne possède aucune action sur les composés étrangers qui l'entourent, il ne peut ni les
modifier, ni les attirer à lui, il ne pratique pas une
assimilation de substance étrangère rendue semblable
à la sienne, mais seulement une addition de molécules
devenues semblables aux siennes par suite de circonstances indépendantes de son intervention. La cellule
possède le même pouvoir, mais elle possède aussi une
autre action caractéristique de la vie. Quand les substances renfermées dans le milieu n'offrent pas une
composition identique à la sienne, elle les décompose,
et s'emparant ensuite des éléments séparés, elle en
modifie l'architecture primitive et les reconstitue suivant sa structure personnelle. Alors seulement, après
s'être créé par ses propres moyens un milieu assimilable, l'être vivant se met à agir comme le minéral, et
pratique l'addition. Le pouvoir de transformation de la
matière distingue donc l'être vivant du minéral.

Mais cette puissance transformatrice ne s'exerce
pas indifféremment sur toutes les parties constituantes
du milieu. Il existe certains corps d'une composition
élémentaire plus ou moins rapprochée de celle de
l'organisme, mais surtout attaquables et transformables par les moyens dont il dispose, qui se prêtent
plus facilement à ces transformations. Ces corps re-
présentent spécialement les aliments, albuminoïdes,
hydrates de carbone et graisses qui, après une première phase d'élaboration digestive extérieure à l'organisme, pénètrent dans son intérieur pour y subir
des mutations de plus en plus profondes, et finalement
être assimilées.

En effet, quand les albuminoïdes et les hydrates de carbone se répandent dans la circulation après avoir quitté le foie, que les graisses y arrivent à leur tour par le canal thoracique, ces principes ne présentent pas encore la structure nécessaire à leur utilisation par la cellule. Diverses transformations chimiques sont encore indispensables pour leur passage à l'état de matière vivante, pour leur incorporation dans la substance même de l'organisme. Les procédés mis en œuvre à ce moment sont les hydratations et les dédoublements, les déshydratations et les synthèses, les réductions et les oxydations, déjà commencées avec la digestion, continuées dans le foie, et continuant de s'exercer encore sans interruption au sortir du foie, jusqu'à ce que la matière morte ait acquis les propriétés de la vie. C'est ainsi que sous l'influence des conditions extérieures, la première cellule a dû s'organiser, et que dans les matières mortes, par les modifications progressives de la structure, sont apparues les propriétés que nous appelons vitales, sans apport d'une matière, ni d'une énergie spéciales, mais par le fait même d'un autre mode d'agencement des molécules et de la distribution de l'énergie qui en fait partie intégrante.

Les hydratations et les synthèses appartiennent plus spécialement à la phase d'intégration de la matière, les réductions et les oxydations caractérisent plutôt la désassimilation, sans cependant que cette division soit strictement observée. Toutes ces opérations se réalisent par l'intermédiaire des enzymes intracellulaires dont la production est elle-même sous la dépendance du système nerveux, et conditionnée par la présence d'éléments étrangers à la cellule, capables d'assimilation. Ainsi donc, la première impulsion est donnée à tout ce mécanisme placé dans les conditions nécessaires de milieu par un apport de l'extérieur. Ce mouvement commence et se continue par les processus ordinaires de la chimie, et nous pouvons dire que la nutrition est la réaction de la matière vivante vis-à-vis des aliments, et l'assimilation, une fonction qui, changeant le caractère de cette matière, lui confère des propriétés différentes de celles de ses composants, à la manière de la synthèse qui s'opère dans l'eudiomètre et confère à la combinaison de l'hydrogène avec l'oxygène, qui est l'eau, des propriétés différentes de celles des composants.

M. Gautier[1] a montré que les oxydations, regardées depuis Lavoisier comme prépondérantes dans les phénomènes intimes de la vie, devaient être reléguées au second plan. D'une façon générale, le tube digestif est un laboratoire d'hydratations et de dédoublements, tandis que dans la muqueuse intestinale se produisent des déshydratations et des synthèses. La cellule hépatique, de même que toutes les cellules de l'économie est un milieu réducteur, et agit à la manière des anaérobies qui oxydent le carbone et l'hydrogène, sans l'intervention de l'oxygène extérieur, en employant celui qui est contenu dans leur propre substance.

La puissance réductrice des tissus animaux a été établie par diverses expériences. Ainsi des iodates ou des bromates, ingérés par les chiens, se retrouvent dans l'urine sous forme d'iodures ou de bromures. L'alizarine ou la céruléine, substances très colorées

---

[1] Gautier. *Leçons de chimie biologique.*

auxquelles l'hydrogène enlève leur coloration, ont été injectées dans le sang par Ehrlich [1], et retrouvées ensuite décolorées diversement, suivant le pouvoir hydrogénant des organes. De plus, la formation d'hydrogène libre est démontrée par le passage de la bilirubine à l'état d'urobiline, lequel nécessite l'intervention d'une certaine quantité d'hydrogène, libéré dans le dédoublement de l'albumine, ainsi que le fait voir encore la formule de M. Gautier.

Bokorny [2] a démontré que le principe réducteur de la cellule est fixé dans son protoplasma, qu'il est colloïde, non dialysable, et que son pouvoir disparaît sous l'influence des acides, même très étendus. On est en droit de tirer cette conséquence, que l'acidité du milieu intérieur doit entraver la nutrition. L'usage d'une alimentation trop chargée en albuminoïdes, donnant naissance à des acides qui ne rencontrent pas de bases de saturation, doit amener au bout d'un certain temps un arrêt dans la formation du principe réducteur ou du moins dans son action, en sorte que les mutations des albuminoïdes nécessaires à la désassimilation n'ont plus lieu.

Les cellules pratiquent aussi des synthèses, et des dédoublements par hydratation. L'oxydation enfin, a lieu aux dépens des matériaux usés, et les réduit à une composition de plus en plus élémentaire, de manière à faciliter leur sortie de la cellule et de l'économie. Le plasma sanguin, qui fait partie de ce tissu à substance intercellulaire liquide qui est le sang, entraîne par la circulation les déchets de la nutrition, après en avoir

[1] In Delage, l'*Hérédité*, 2º édit., p. 62.
[2] In Gautier, *la Chimie de la cellule vivante*.

apporté les éléments premiers, mais les opérations chimiques ne se passent pas dans le plasma et, si le sang abandonné à lui-même fournit de l'acide carbonique, c'est que lui aussi renferme des cellules actives.

Les cellules, dans les réactions d'hydratation agissent à la façon des anaérobies ; mais il peut arriver que de véritables anaérobies viennent dans le tube digestif changer la nature des décompositions albuminoïdes, et provoquent la formation de composés toxiques, leucomaïnes ou ptomaïnes. Il n'y a pas lieu de faire de distinction entre ces deux ordres de substances, parmi lesquelles, indifféremment se rencontrent des composés toxiques, agissant d'une façon aiguë ou chronique sur l'économie. Les empoisonnements aigus ne rentrent pas dans le cadre des maladies de la nutrition, mais les intoxications dérivant d'infections chroniques du tube digestif, intéressent au plus haut point la nutrition. C'est surtout sur le foie que les effets toxiques ont été étudiés. Il est probable que les leucomaïnes et les ptomaïnes, par une présence constante, doivent amener dans l'activité cellulaire des modifications capables d'engendrer des états diathésiques, ou tout au moins de les exagérer quand ils existent. Par l'hydratation des albuminoïdes, elles produisent de l'urée, de l'acide oxalique et de l'ammoniaque, qui disparaissent des tissus sous cette forme, non sans s'être montrés, au moins pour les deux derniers, plus ou moins nocifs vis-à-vis des ferments oxydants dont ils diminuent l'activité, et la présence de ces corps, ou souvent même des bases leucomaïniques elles-mêmes dans l'urine, sont l'indice d'un certain ralentissement des oxydations.

Les albuminoïdes du sang subissent donc, de la

part des réactifs cellulaires, la préparation qui leur permet l'assimilation. En dehors de certaines transformations moléculaires qu'il est impossible d'indiquer, il faut encore qu'ils deviennent solubles et diffusibles, afin de pouvoir traverser la paroi qui les sépare du protoplasme vivant et se mettre en contact avec lui. L'albumine, substance colloïde, ne traverse pas les membranes et doit alors être soumise à des simplifications nouvelles par lesquelles elle acquiert les propriétés des cristalloïdes. Ces opérations s'effectuent à l'aide de ferments dissolvants que la cellule répand autour d'elle et qui sont les agents de sa réaction. Les molécules trop grosses d'albumine, de gélatine et même d'amidon, quelques substances figurées, peuvent être ainsi dédoublées et solubilisées, comme on l'observe avec certaines bactéries déposées dans de la gélatine nutritive sous le microscope. On voit la liquéfaction de la matière nutritive se faire autour des microorganismes, et à l'aide d'une coloration appropriée, on peut suivre la pénétration dans le milieu cellulaire. Le chimisme de la molécule vivante, déjà manifesté par la production du ferment, se continue alors, comme nous le verrons plus loin.

On sait que l'albumine parvenue dans la circulation à la suite de l'absorption, revêt les caractères des albuminoïdes du sang, fibrine, globuline, sérine... Mais il est d'autant plus difficile de préciser les phases par lesquelles passe sa composition pour arriver à la formation des albuminoïdes spéciaux à chaque organe, nucléines, myosine, lacto ou ovo-albumine, chondrine, kératine... que les différences entre ces corps sont très minimes et difficiles elles-mêmes à exprimer nettement. On ne peut même dire si la plus grande ou la plus petite partie des albuminoïdes ingérés n'a pas été décomposée dans le foie, en donnant naissance à des hydrates de carbone, tandis que d'autres molécules, d'une autre provenance, venant remplacer dans le noyau azoté restant, celles qui disparaissent ainsi, reconstituent un autre albuminoïde. Quoi qu'il en soit, on ne voit pas apparaître dans ces opérations les ferments oxydants, mais plutôt les ferments d'hydratation, de déshydratation et de réduction.

La destruction de l'albumine par dédoublement de sa molécule, a été précisée par M. Gautier, au moyen d'une formule qui peut s'appliquer soit à la désintégration de celle qui traverse le foie au sortir de l'intestin, soit à celle qui résulte de la désassimilation des globules sanguins. Elle est rigoureusement exacte quant à ses termes, laissant cependant ignorer si d'autres termes intermédiaires ne viennent pas se placer sur le même rang que ceux que nous connaissons. Elle nous montre le dédoublement hydrolytique donnant naissance à de l'urée, du glycocolle ou de la taurine, tous corps qui résultent effectivement de la désintégration des albuminoïdes et de leurs dérivés dans le foie. Cette opération se passe sans l'intervention de l'oxygène, ni libre, ni à l'état d'oxyhémoglobine, dans un milieu qui, étant réducteur, ne saurait produire d'oxydation.

Il est nécessaire que ce milieu soit alcalin. Une acidité exagérée produite par le ralentissement de la nutrition ou toute autre cause peut devenir un obstacle au dédoublement ou à la réduction qui doit achever la division de la molécule. L'activité de la cellule ne s'exerce plus avec un matériel convenable dans son milieu accoutumé. Comme les conditions de la vie exigent que la molécule albuminoïde soit scindée afin de pouvoir être expulsée par le rein, lorsque les agents de ces modifications se trouvent gênés dans leur travail, la nutrition se trouble, et le maintien de la vie, sinon de la santé, réclame le changement des conditions ordinaires de l'alimentation. Cependant, la chimie cellulaire parvient à s'accommoder tant bien que mal à ce nouveau régime et un autre processus nutritif apparaît. Ainsi prennent naissance les diathèses qui sont des modalités spéciales de la nutrition.

Chaque cellule a sa manière d'agir. La cellule hépatique fait du tissu hépatique, la cellule nerveuse du tissu nerveux. L'assimilation se différencie comme les éléments fonctionnels qui en sont les agents, de telle sorte qu'une nourriture uniforme fournit aux besoins variés de toutes les parties. Dans la pratique cependant, un peu de diversité dans les matériaux de l'alimentation donne de bien meilleurs résultats. La spécialisation du travail se retrouve au moment de l'assimilation. Les cellules du foie, des muscles, du rein forment, par hydratation, de l'urée et des uréides, des bases xanthiques, en empruntant de l'oxygène aux composés qu'ils transforment. L'intervention de l'oxy-hémoglobine est réservée à la destruction des déchets de la nutrition et facilite l'excrétion cellulaire. D'autres cellules forment des graisses, de l'acide lactique, de la cholestérine. Ces transformations déterminent le sort des matériaux qui les subissent. La désagrégation de la matière peut être poussée plus loin ; elle cède, en revêtant ces formes ultimes, toute l'énergie qu'elle peut donner à l'organisme et il ne lui reste plus qu'à disparaître. La plus grande partie passe par les urines : urée, créatine, leucomaïnes ; d'autres par la bile :

glycocolle, taurine, cholestérine ; d'autres par les glandes : tyrosine... Enfin une partie est oxydée, transformée peut-être par des fermentations microbiennes en acide benzoïque, lequel, conjugué avec le glycocolle donne de l'acide hippurique. La forme la plus généralement empruntée par la molécule azotée pour son élimination est l'urée, et le rapport de l'azote de l'urée à l'azote total contenu dans l'urine est un moyen de contrôle pour l'état de la nutrition. Plus celle-ci est parfaite, plus l'azote uréique est abondant relativement à l'azote total.

En effet, l'excrétion azotée, considérée d'une façon absolue, ne saurait donner la mesure de l'activité de la nutrition cellulaire. La quantité d'azote excrétée est corrélative de celle qui est ingérée, sauf dans le cas d'alimentation insuffisante. L'organisme ne fait pas de réserve azotée, et quand l'équilibre entre l'apport et l'utilisation est dépassée, le surplus est rejeté. De plus, il est possible que l'activité cellulaire ne se traduise pas par un phénomène d'excrétion azotée. Rien n'empêche de supposer que la molécule vivante, formée d'un noyau d'albumine uni à des hydrates de carbone, se décomposant et se recomposant sans cesse, n'exécute d'opérations réellement destructives qu'aux dépens des hydrates de carbone qui entrent dans sa composition, tandis que le résidu azoté reconstitue, grâce à ses affinités, la molécule ainsi détruite. Dans ce cas, le composé azoté n'est pas la partie stable qui est signalée comme ne subissant aucun changement. Elle nous apparaît, au contraire, comme douée d'une excessive activité, dont les manifestations ne sont pas particulièrement frappantes, parce qu'elles ne consistent que dans le mouvement continu et ininterrompu de la nutrition cellulaire. Il faut donc admettre que les auteurs qui font de la décomposition de la molécule d'albumine la source du travail musculaire, peuvent n'avoir pas tout à fait tort, car l'albuminoïde de constitution ainsi démembré, par suite de sa très grande activité, arrive évidemment à se régénérer, sans que son azote apparaisse au dehors et traduise objectivement cette grande activité.

D'autre part, dans l'alimentation carnée surabondante, les albuminoïdes sont détruits les premiers et les hydrates de carbone conservés sous forme de graisse. La quantité de l'excrétion azotée totale est donc incapable de fournir aucune donnée utile, et il faut de toute nécessité recourir au rapport de l'azote uréique à l'azote total.

Les hydrates de carbone et les graisses, formés par l'hydratation de l'albumine, suivent le sort des mêmes corps provenant directement de l'alimentation. Ceux-ci, après l'élaboration que leur fait subir la cellule hépatique, se présentent sous la forme de glycose. Ce sucre, regardé comme le combustible de l'économie, s'emmagasine dans la cellule jusqu'au moment de la combustion qui l'entraîne au dehors, par dédoublement de la molécule en eau et en acide carbonique. Cependant, il paraît bien probable que le glycogène musculaire, forme condensée et déshydratée de la glycose, avant de subir la combustion, passe par une phase d'hydratation qui dédouble sa molécule et lui donne la forme plus simplifiée d'acide lactique. Il ne reprend pas la forme de glycose, et ce n'est pas la glycose qui se combine à l'oxygène. Il convient de chercher la signification de ce fait qui ne concorde pas absolument avec les idées de certains savants comme

Duclaux, faisant de l'énergie calorifique dégagée par l'oxydation, le premier terme d'un cycle énergétique qui, commençant par la chaleur, se continuerait par l'énergie cinétique, l'énergie vitale, pour finir par la chaleur qui cette fois se dissiperait.

Les transformations subies par les aliments n'ont pas pour seul résultat le changement de la forme de la matière et du mode de groupement des molécules. Matière et énergie ne vont pas l'un sans l'autre, et toute modification portant sur l'une agit également sur la seconde. Les dédoublements, les réductions, les oxydations, simplifiant la molécule, mettent en liberté de l'énergie, ou mieux impriment à l'énergie potentielle, à celle qui est inhérente à une complication de la molécule, un autre mode d'activité en rapport avec le nouvel état de la matière. L'énergie dont l'aliment avait eu besoin pour édifier sa molécule, devenue inutile par sa destruction, est employée d'une autre façon, sous une autre forme. On dit, suivant le travail produit, que l'énergie chimique de l'aliment est libérée sous forme mécanique, électrique, calorifique, vitale...

Or, M. Duclaux[1] a produit une théorie de la nutrition fondée à la fois sur celle des transformations énergétiques et sur la considération de l'importance des hydrocarbonés dans l'alimentation. On sait que la quantité de ces aliments doit toujours être plus élevée que celle des albuminoïdes, car la ration d'entretien comporte en général une proportion de 4 ou 5 pour un, environ. Dans ces conditions, si les hydrocarbonés ne sont appelés à fournir que de l'énergie calorifique, quoique sa température soit assurément une condition

----

[1] *Annales de l'Institut Pasteur*, avril 1903.

primordiale d'existence pour l'organisme, il semble exagéré que la production de la chaleur nécessite un pareil volume de matériaux énergétiques. La part réservée aux autres formes de l'énergie est trop restreinte. Duclaux a donc pensé que l'énergie calorifique qui résulte de l'oxydation des hydrocarbonés ne devait être qu'un premier terme de la manifestation énergétique, qui se continue par transformations successives entretenant les phénomènes vitaux, jusqu'au retour à l'énergie calorifique qui se dissipe. Cette théorie, dit-il, simplifie et explique avec la plus grande clarté tous les phénomènes de la vie. Sachant ce qu'on tire des hydrocarbonés, on comprend pourquoi il est nécessaire d'en consommer autant, ce qui restait inexpliqué avec l'idée qu'ils n'étaient pas capables de s'élever au-dessus du rôle de combustibles.

Cependant, depuis longtemps déjà, M. Gautier avait écrit que le muscle était réducteur au repos, ce que confirme la disparition du glycogène sous forme d'acide lactique, et qui, de plus, donne l'explication du fait resté obscur pour Duclaux. L'énergie dont il ne pouvait admettre la disparition si rapide avec la chaleur, au point qu'il imposait à cette chaleur diverses transformations, avant de la laisser échapper, ne disparaît pas, en effet. Le glycogène, en prenant la forme d'acide lactique, voit la molécule se simplifier, et dans cette première opération exothermique, de l'énergie est libérée. Ce n'est pas encore de la chaleur. La formation du glycogène aux dépens de la glycose du sang a été une opération endothermique, c'est-à-dire qu'elle a eu besoin pour s'effectuer d'absorber une certaine quantité d'énergie. Mais ces trois termes, glycogène, glycose et acide lactique forment une série décroissante dans laquelle le passage d'un terme à celui qui est immédiatement au-dessous met en liberté une quantité d'énergie de plus en plus considérable, et égale à celle qui a été nécessaire à l'édification de la molécule par un processus inverse. Si donc on passe du premier terme au troisième, une quantité plus forte que celle qui a été nécessaire pour passer du deuxième au premier devient disponible, et comme l'oxygène n'intervient pas dans la réaction, ce n'est pas de l'énergie calorifique qui apparaît. Il n'est pas contraire aux lois de l'énergétique d'admettre que l'énergie chimique de l'aliment se transforme directement en énergie vitale qui s'épuise dans les actes chimico-physiques et les manifestations de la vie, en abandonnant ensuite la proportion non utilisée de cette manière, sous forme de chaleur. Non seulement cette opinion n'est pas déraisonnable, mais elle concorde parfaitement avec les doctrines proposées par les physiciens, qui sont aujourd'hui unanimes à déclarer que la chaleur n'est pas transformable et qu'elle n'est que le dernier terme d'un cycle de transformation, un véritable excrétum auquel il ne reste plus qu'à disparaître. Le passage du glycogène à l'état de glycose, après avoir ainsi donné naissance à la forme vitale de l'énergie, contribue également, de façon indirecte, à la production de la chaleur ; mais celle-ci est surtout engendrée directement par l'oxydation de l'acide lactique. Il n'est plus besoin de la faire apparaître au début et comme conséquence de l'opération chimique initiale ; le premier dédoublement donne de l'énergie vitale ; l'énergie calorifique, suivant les idées admises en physique, ne survient que comme dernier terme et dernier produit des réactions.

Il faut donc comprendre de cette façon le rôle énergétique du sucre : le glycogène musculaire, simplifiant sa molécule par hydratation, libère en même temps au profit du muscle une certaine quantité d'énergie, que celui-ci emploie pour son entretien ou pour son travail. Puis, à son tour, l'acide lactique qui résulte de cette première simplification, se dédouble, mais par oxydation, et par cette nouvelle division de sa molécule, met en liberté une nouvelle quantité d'énergie qui prend la forme de chaleur, représentant ainsi un terme extrême de transformation après lequel la matière, véhicule d'énergie, disparaît du corps.

L'importance de la chaleur ne se trouve pas diminuée ainsi ; elle est seulement réduite à sa valeur réelle, tandis qu'on l'exagérait en la considérant à la fois comme un commencement et une fin, comme la base d'un système dans lequel elle était la condition primant toutes les autres. Indispensable à l'action des diastases, elle contribue à la formation du milieu dans lequel la vie se meut, elle ne prend pas part à cette activité, car elle naît et disparaît sur place. La comparaison de l'état initial avec l'état final permet de connaître la valeur de l'énergie abandonnée, mais celle-ci est alors évaluée en bloc, et seule la considération des dégradations successives de la matière permet la connaissance de la forme d'énergie libérée à chacune des étapes de l'aliment sur le chemin de la dislocation finale.

L'étude de la vie des plantes nous montre que la chaleur n'est pas forcément le seul résultat auquel aboutit la transformation de l'énergie chimique. Celle-ci dans les végétaux passe directement aux formes mécanique, électrique, vitale, sans l'intermédiaire de la chaleur, et la comparaison de l'organisme vivant avec la machine à vapeur se trouve, dans ce cas, complètement en défaut.

Les dégradations de la matière laissent donc échapper l'énergie potentielle dont l'organisme a besoin pour chacune de ses fonctions, d'une façon continue et régulière. Elles font comprendre la puissance nutritive des aliments à molécule compliquée comme l'albumine qui fournit des hydrates de carbone et de la graisse d'une part, de la matière azotée de plus, et du fait même de la simplification graduelle de la molécule une grande quantité d'énergie. Ainsi se trouve encore une fois confirmé ce fait qu'on ne saurait trop répéter, que l'aliment ne vient pas tout formé, occuper la place qu'il semble que sa composition lui réserve tout naturellement, mais que les réactions de la cellule vivante doivent d'abord le décomposer pour former de nouveaux corps avec ses éléments constitutifs. Cl. Bernard qui a fait cette démonstration, n'avait pas alors en vue la théorie énergétique qui est venue depuis justifier les résultats de ses travaux, en faisant voir à quel point ils sont conformes à la réalité.

En généralisant la théorie de la production directe de l'énergie vitale par les hydratations, réductions et dédoublements, on se trouve amené à rendre aux hydrocarbonés la place qu'ils doivent occuper dans la nutrition. Duclaux, les regardant comme de simples combustibles, pouvait prétendre que nous les côtoyons bien plus que nous ne les laissons fondre en nous. Il présentait, à l'appui de cette opinion, plusieurs arguments fort discutables, tels que leur passage rapide dans l'organisme et l'absence de transformations de certains d'entre eux, comme les graisses. La rapidité de la disparition des hydrates de carbone, lui paraissait une raison pour les exclure des échanges de la matière vivante, qui a besoin de conserver ses caractères et son individualité. C'était méconnaître la puissance d'assimilation du protoplasma, en même temps que la constance de la structure des albuminoïdes. Quant aux graisses, il semble qu'il n'ait pas suffisamment distingué celle qui résulte des transformations des albuminoïdes et des hydrates de carbone et fait forcément partie de la cellule, avec celle qui se dépose en masse dans les tissus. Cette dernière, en partie produit de la digestion intestinale, arrivant sans avoir été transformée, par le canal thoracique, est bien, au moins pour un temps, celle qui a été ingérée, et peut passagèrement en conserver les caractères. Elle reste une substance étrangère et nous côtoie véritablement, jusqu'au moment où elle sera mise en service. Mais la graisse de la cellule, assimilée, est bien de la graisse humaine. Si une certaine quantité peut provenir directement des graisses de l'alimentation, une autre peut être aussi le résultat de la chimie naturelle des échanges nutritifs. Quand on ingère du phosphore de manière à obtenir un effet toxique, on observe une élimination abondante d'urée, indice d'une destruction active de la molécule albuminoïde. La partie azotée disparue est remplacée par de la graisse formée sous l'action du toxique par la molécule carbonée persistante. La possibilité de la formation de la graisse cellulaire aux dépens des albuminoïdes nous est ainsi révélée, et nous montre qu'une partie au moins des graisses de l'organisme est bien fabriquée par lui et incorporée à son protoplasma. On remarquera de plus, dans la théorie de Duclaux, la contradiction qui s'établissait en raison de la prépondérance attribuée aux hydrocarbones comme facteurs des manifestations vitales, en même temps que leur exclusion des échanges moléculaires.

Nous n'admettons donc pas que les hydrates de carbone ne jouent dans l'économie qu'un rôle de combustibles, et nous prétendons, comme nous le verrons plus loin, qu'ils s'incorporent réellement à la molécule vivante, albuminoïde qui n'est, ainsi que Duclaux lui-même s'est efforcé de le démontrer, qu'un sucre ou une cellulose azotée. Dans ces conditions, la molécule de carbone, combinée à la molécule azotée, confondue avec elle, se montre sa collaboratrice dans les phénomènes intimes de la vie, et ce n'est que plus tard, au moment de la désassimilation, que le sort de chacun devient différent. L'azote, moins souvent renouvelé, constitue un noyau persistant à la molécule, en se réunissant avec le carbone et l'oxygène pour former un composé éphémère et instable dont la décomposition amène l'excrétion du carbone et de l'oxygène, et plus difficilement celle de l'azote.

Il est bien entendu que la graisse se transforme tout entière avec le temps, et il est à peine nécessaire d'ajouter que toujours celle qui vient à faire partie nécessaire de la cellule, de la molécule vivante, est transformée ; elle ne serait pas incorporée sans cette condition. L'autre, celle qui forme des dépôts à droite et à gauche, est indifférente au point de vue qui nous occupe. On est du reste trop accoutumé à la regarder comme une réserve physiologique, elle ne doit être considérée que comme un amas pathologique.

Le glycogène musculaire ne se retrouve plus sous forme de glycose. S'il subit ce dédoublement, ce n'est que d'une façon inappréciable, tandis que son dédoublement en acide lactique se constate facilement. Ses transformations sont moins nettes dans les autres organes. Cependant une remarque de Schultzen, rapportée par Bunge semble démontrer que l'acide lactique est bien le produit général de ce dédoublement. Chez les individus empoisonnés par le phosphore, l'oxydation est entravée, mais pas le dédoublement ; dans ce cas, on ne trouve pas de sucre dans l'urine, mais bien de l'acide lactique. Chez le diabétique au contraire, la faculté d'oxydation est restée très intense et cependant il rend du sucre parce qu'il a perdu la faculté de le dédoubler, et que l'oxygène ne peut attaquer que les produits du dédoublement. Ainsi les sucres mélangés au sang oxygéné ne s'y oxydent presque pas. Ils absorbent rapidement au contraire l'oxygène si on ajoute à ce sang une petite quantité de pulpe fraîche de divers organes, poumons, muscles, etc., ce qui tiendrait, d'après Gautier, à ce que les tissus contiennent un véritable ferment d'oxydation. Il semble plus probable, d'après les remarques de Schultzen et les observations qui constatent que le glycogène musculaire ne reproduit pas la glycose, que le ferment, s'il existe, est un ferment d'hydratation permettant le dédoublement et secondairement l'oxydation. Des produits d'oxydation incomplète, acide oxybutyrique, acide acétylacétique, acétone, peuvent être attribués avec autant de vraisemblance à la décomposition de l'albumine qu'à celle des hydrates de carbone, et leur présence dans l'urine des diabétiques n'a paru susceptible de donner aucun renseignement sur leur provenance réelle.

Si cependant nous admettons que les hydrates de

carbone ont fait partie, conjointement avec les albuminoïdes, de la molécule vivante, qu'ils résultent de sa
dislocation désassimilative et doivent être excrétés
après diverses transformations, tandis que le noyau
azoté persiste en se complétant, nous ne ferons aucune
différence entre les produits de désassimilation, attribués à l'une ou à l'autre des formes alimentaires primitives. A ce compte, le même processus, ou mieux la
même absence de processus de dédoublement qui est
cause de la présence de la glycose dans l'urine, y
amène aussi les acides oxybutyrique et acétylacétique, restés comme la glycose indécomposés et la
séméiologie du diabète n'a aucune différence à faire
dans l'excrétion de ces composés.

Les hydrates de carbone ne sont pas une matière
secondaire, ne possédant pas les propriétés de la vie,
une substance non assimilable, c'est-à-dire incapable
de former de la matière vivante. La cellule ne peut
exister sans eux, et ils font partie de sa substance
aussi bien que la molécule azotée. La molécule carbonée énergétique est une condition de la vie et la
matière ne deviendra pas vivante sans elle. L'albuminoïde fournit par la désassimilation de la glycose qui
se détache de sa molécule. A vouloir retrancher la
glycose de la matière vivante, on en arriverait à trouver
que l'azote seul est vivant, ce qui n'est pas, car la vie
n'est qu'une propriété d'une certaine combinaison,
n'appartient qu'à une réunion de molécules constituée
d'une certaine façon, et les hydrates de carbone sont
une partie indispensable de cet assemblage. Il faut
donc les regarder comme entrant dans la composition
de la matière vivante, au même titre que les albuminoïdes, aussi instables que ceux-ci, se renouvelant

plus fréquemment par suite de leur excrétion plus facile, et possédant une fonction commune qui est de se détruire en libérant son énergie potentielle. Donc, origine commune, puisque les albuminoïdes fournissent des hydrates de carbone et que ceux-ci peuvent, par leur union avec une molécule azotée inerte par elle-même, former un albuminoïde vivant, fonction commune par simplification de molécule et dégagement d'énergie, où est la différence? Sans doute en ceci, qu'on a cru depuis Lavoisier que l'hydrate de carbone quitte l'organisme à la suite d'une oxydation, tandis que l'albuminoïde a besoin à la fois d'oxydation, en raison de son carbone et de dédoublement, en raison de sa partie azotée. Ce n'est pas exact, et l'hydrate de carbone lui-même se dédouble avant l'oxydation finale. Peut-être sera-t-on fondé à chercher la différence dans l'activité de l'azote pour la formation des molécules vivantes, et en effet, c'est dans cette fonction seulement que l'importance de l'azote se manifestera.

Au repos, les hydrates de carbone trop abondants et inutilisés pour la production de l'énergie, se transforment en graisse qui se joint à celle que fournit l'alimentation. Cette réaction est une synthèse par condensation de la molécule avec dégagement d'eau et d'acide carbonique. Elle a pour résultat de fixer dans les tissus une réserve dont la destruction immédiate inutile, engendrant un surcroît d'énergie, serait une cause de désordres dans la nutrition. La voie d'élimination rénale, sans cette destruction préalable, dans l'état d'intégrité des organes lui est également fermée. La graisse peut être ainsi produite par tous les aliments, indirectement par les albuminoïdes, passant d'abord par la phase glycose, et directement par les hydrates de carbone avec dégagement d'eau et d'acide carbonique. L'oxydation totale des graisses est de nature à les faire disparaître complètement, en les transformant en ces deux produits d'excrétion, mais les termes qui précèdent ce point final sont mal déterminés. On suppose qu'une oxydation graduelle, entraînant peu à peu le carbone, fait apparaître successivement des composés moins chargés en carbone, comme les acides succinique et oxalique, palmitique, butyrique, etc., jusqu'à la disparition complète. La combinaison du carbone avec l'oxygène, s'effectuant avec dégagement d'énergie, le potentiel des graisses se trouve ainsi libéré au profit de l'économie. On pense que la molécule de graisse, avec addition d'oxygène, dans un grand nombre de cas, retourne à la forme de glycose.

L'instabilité du protoplasma, caractère fondamental de la molécule vivante, est la cause de ces transformations incessantes de la matière, et par suite, l'essence même de la vie. Elle a été expliquée de différentes manières, d'abord par la présence de l'oxygène dans la molécule, ce qui est un fait d'observation. Des grenouilles absolument privées d'air, fabriquent encore pendant un certain temps de l'acide carbonique avec cet oxygène combiné au carbone des tissus. Il est certain que le dégagement de ce gaz peut résulter d'une introduction d'oxygène libre dans la molécule, mais il peut être aussi la conséquence d'une fermentation analogue à celle que produisent les anaérobies qui, vivant sans air, mais non sans oxygène, extraient du milieu, par analyse chimique, celui qui est nécessaire à leur existence.

D'après l'hypothèse très ingénieuse de Pflüger, l'intercalation intramoléculaire de l'oxygène est aidée dans le travail de la destruction de la molécule par la présence d'un corps cyané. Le radical cyanogène se rencontre en effet dans les produits de dégradation de l'albumine, corps xanthiques et urée; cette dernière peut même se préparer synthétiquement en partant du cyanogène. On remarquera que la formation de ce corps exige l'absorption d'une grande quantité d'énergie qu'il conserve à l'état potentiel, et qui est conditionnée naturellement par un fort mouvement vibratoire des atomes. Quand dans ces mouvements, l'atome de carbone se trouve amené en contact avec l'oxygène, il sort de la sphère d'action de l'azote et s'unissant à l'oxygène, il se dégage à l'état d'acide carbonique. L'azote, de son côté, formant de nouvelles combinaisons avec les substances contenues dans le milieu, il résulte de cette instabilité de la molécule, un mouvement ininterrompu qui constitue la nutrition et par suite la vie.

Une autre hypothèse due à Ehrlich, mérite d'être examinée avec plus d'attention, non pas qu'elle comporte un degré plus avancé de certitude, mais parce qu'elle peut être présentée comme une sorte de schéma très clair du processus nutritif intramoléculaire, et qu'elle est aussi bien applicable à l'assimilation qu'à la désassimilation, les confondant toutes deux dans la même opération, ce qui est conforme à la réalité.

L'expression de molécule vivante, déjà employée, a besoin d'être expliquée ici. La cellule, organe d'une complexité considérable, dans le protoplasma de laquelle on décrit un assez grand nombre de parties différentes paraissant avoir chacune des propriétés particulières, ne peut être envisagée comme le composé irréductible, recélant les propriétés vitales. Comme toute combinaison chimique, elle est composée d'un assemblage de molécules diversement groupées, prenant l'apparence de constituants divers, et possédant des fonctions extrêmement variées. Mais, de même que dans tous les composés du carbone il est possible de mettre le carbone en évidence avec toutes ses affinités persistantes, de même dans la cellule, on doit supposer l'existence d'une molécule nécessaire, dont la présence imprime son caractère spécial et donne son activité spécifique à la combinaison. Cette unité hypothétique serait à l'exemple de l'atome, la parcelle la plus réduite douée de l'arrangement atomique indispensable pour lui conférer les propriétés de la vie. En la supposant plus petite, on la détruit. C'est à partir de cette molécule et par suite de ses propriétés, que s'édifient les cellules, les tissus, les organes et les organismes [1].

Ehrlich admet une architecture interne particulière de la molécule vivante, basée sur la fragilité même et sur l'activité de cette molécule. Il lui reconnaît un noyau central et de nombreuses chaînes latérales ou récepteurs, moins importantes au point de vue de sa constitution, quoique appelées à jouer le principal rôle dans les échanges. A l'égal de ce qu'on observe dans les nombreux composés de la chimie organique où des échanges se font constamment dans les chaînes latérales, tandis que le noyau reste inattaqué, ne faisant agir que ses affinités, le noyau azoté de la molécule protoplasmique fait évoluer autour de lui une

---

[1] Levaditi. *La nutrition dans ses rapports avec l'immunité.*

multitude de composés tirés du milieu nutritif.

Grâce aux affinités chimiques du noyau et à celles de ces chaînes latérales, celles-ci accumulent l'oxygène et, le faisant circuler d'une chaîne à l'autre, détruisent une partie des matériaux de leur composition par l'oxydation, tandis que les parties restantes attirent et fixent les principes assimilables répandus dans le milieu et façonnés par l'activité cellulaire, c'est-à-dire en fin de compte, par la molécule vivante elle-même. Par suite de cette fonction, les chaînes prennent le nom de groupes fonctionnels.

Cette théorie qui n'exclut ni l'osmose, ni la polymérisation, ni les dédoublements, ni aucun des processus chimiques déjà indiqués, nous présente ainsi le schéma de l'assimilation et de la désassimilation, tout en nous rendant compte de la diversité extraordinaire de l'activité cellulaire. En effet, les groupements atomiques, variables dans les éléments fonctionnels, feront en raison de leur diversité, varier les propriétés du composé qui ne dépendent pas de la molécule tout entière, mais de ces groupements seuls. La position stéréo-isomérique des chaînes influe également sur les caractères fonctionnels de la molécule. Mais, de plus, Ehrlich admet que le noyau central lui-même n'est pas toujours construit de la même manière, de sorte que chaque espèce de cellule différenciée possède dans la structure de sa molécule la raison d'être de sa spécificité.

Les opérations cellulaires ont ainsi quelque analogie, quoique présentant un degré de complication plus considérable, avec le déplacement des atomes attribué par Arrhénius aux éléments constitutifs de l'eau pendant l'électrolyse. Il existe au sein de la matière des particules dissociées (ions) auxquelles le passage du courant électrique donne une direction, de telle sorte que l'oxygène se dégage d'un côté et l'hydrogène de l'autre. Le mouvement des particules de la matière vivante n'est pas différent, et chacune dans ses évolutions se dirige, non plus suivant un courant électrique, mais suivant ses affinités, c'est-à-dire les influences du milieu, attractions ou répulsions, commandées par la lumière, la chaleur et surtout la composition chimique.

La molécule de matière vivante reste toujours semblable à elle-même tant qu'elle trouve dans le milieu à remplacer l'atome qui disparaît. Tandis que Ehrlich fait de la désassimilation une fonction intracellulaire, M. Gautier, en exposant ses opinions sur l'hydratation et le dédoublement suivis d'oxydation, admet bien pour la première phase du phénomène le fait de l'activité intracellulaire, tout en pensant que l'oxydation doit avoir lieu dans le sang, peut-être autour de la cellule, mais pas dans son intérieur. Dans tous les cas, les actes de la nutrition se réduisent à l'activité chimique de la matière organisée : la fixation des principes nutritifs est fonction de la constitution chimique des molécules protoplasmiques d'une part, et de cette matière assimilable d'autre part.

La théorie d'Ehrlich, loin d'être opposée à l'incorporation des hydrates de carbone, ne fait aucune différence dans la constitution de la molécule, entre les différents aliments. Bien plus, ainsi qu'il a été déjà dit, il n'est pas illogique d'admettre que cette différence même, au regard de la fonction assimilatrice, n'existe pas, que les hydrates de carbone, sous une forme ou sous une autre, s'ils ne se trouvent pas dans le noyau de la molécule, font partie des chaînes latérales qui se les attachent en modifiant leurs caractères, et les quittent ensuite avec la même facilité dans les transformations incessantes de la matière, en leur rendant à ce moment les caractères et les propriétés qui en font des combustibles purs. L'activité de la molécule vivante est compatible avec cette théorie dans laquelle nous ne côtoyons pas l'aliment, mais nous l'incorporons vraiment. Il doit bien en être ainsi, si, comme nous le pensons après M. Gautier, l'aliment transforme directement l'énergie chimique dont il est détenteur en énergie vitale, sans passer par la forme calorifique dont nous ne voyons comme intermédiaire ni l'utilité, ni l'efficacité. Incorporé comme réserve ou autrement à la molécule, il s'en détache en se dédoublant et se combure en un instant, dans un processus régulier et constant, qui commence par la manifestation de l'énergie vitale et finit par la combustion à la fois libératrice des éléments et de l'énergie calorifique.

Les changements de constitution dont la matière est le siège pendant l'assimilation se retrouvent avec des transformations parallèles dans le domaine de l'énergie. L'énergie, nous l'avons dit, n'est pas indépendante de la matière, elle se confond avec elle et suit les variations de ses complications. Qui dit matière, dit énergie ; toutes les transformations de l'une sont applicables à celles de l'autre, car elles ne forment qu'un, et sont les manifestations d'une seule et même chose. Chaque atome possède un potentiel énergétique qui peut être employé sous forme d'affinité dans une combinaison, soit avec des atomes de même espèce, soit avec des atomes différents. Mais, de plus, il arrive que la combinaison, pour s'effectuer, a besoin d'emprunter de l'énergie au milieu ambiant. Tel est le cas de ces combinaisons qui se forment dans la plante avec l'aide de l'énergie solaire, et que les animaux, détournant de leur évolution naturelle, et employant ensuite pour leur alimentation, dissocient en restituant au milieu l'énergie emmagasinée, en rendant pour un moment actuelle, l'énergie potentielle. L'assimilation et la désassimilation, confondues sous le nom de nutrition, donnent à l'énergie chimique, en raison du milieu dans lequel les phénomènes se passent, la forme d'énergie vitale, qui n'est autre que l'énergie fournie au végétal sous forme lumineuse. L'énergie vitale elle-même se transforme en énergie calorifique restituée au milieu extérieur, et entre ces deux formes se trouve l'énergie mécanique, électrique, et d'autres formes de cette même puissance énergétique qui est une, et prend des figures différentes en raison des milieux différents.

Sous ses diverses modalités, l'énergie ne subit aucune perte, aucune diminution ; elle se retrouve entière à la fin des opérations comme la matière qui n'en est pas à vrai dire le substratum, mais la forme appréciable aux sens. D'une façon générale, la condensation de la matière exige l'intervention d'un potentiel extérieur qui vient faire partie du système nouvellement formé, et retourne, avec la dissociation, au milieu extérieur. La première opération est endothermique, elle absorbe de l'énergie, la seconde, exothermique en restitue. Dans l'appréciation de ces phénomènes, il faut tenir compte de la façon dont se conduit l'atome ; ainsi la combinaison de l'oxygène avec le carbone qui paraît être une synthèse, est en réalité une analyse, parce que dans cette opération, il se produit une dissociation exothermique de la molécule de carbone $C^n$, dont les effets l'emportent sur l'opération endothermique de la combinaison de l'atome de carbone C avec l'oxygène[1]. C'est ainsi que la dissociation de l'hydrate de carbone en acide lactique et peut-être en composés plus simples, exigeant le démembrement de la molécule $C^n$ produit un dégagement d'énergie plus considérable que la combinaison $CO^2$ qui se fait ensuite, et a pour seul résultat, en même temps que l'évacuation du carbone usé, sous forme gazeuse, la production d'une énergie calorifique relativement peu intense et qui n'intervient dans les phénomènes de la vie que comme milieu favorable.

Le mécanisme des réactions chimiques de la vie est conditionné par les diastases, ferments ou enzymes. A ce point de vue, le rapprochement de chacune des cellules constituantes des métazoaires avec l'être monocellulaire s'impose. La cellule vivante isolée ou agglomérée travaille de la même façon, et la nutrition de l'amibe est celle de chaque élément des métazoaires dans ses processus généraux. L'agrégation cellulaire imprime sans doute des modifications importantes aux résultats du travail, mais, au départ, l'activité est comparable. Les sécrétions diastasiques se retrouvent toujours.

Les diastases sont des substances dénommées avec précision, comme si leur composition était bien définie. En réalité, il n'en est pas ainsi, et elles ne se caractérisent que par leurs fonctions. On n'a pas pu les obtenir avec un degré de pureté suffisant pour en pratiquer l'analyse. On les range avec raison dans la catégorie

---

[1] Morat et Doyon. *Traité de physiologie*, t. I, p. 125.

des albuminoïdes, et elles possèdent certaines propriétés des colloïdes, mais elles ne sont pas des albuminoïdes vrais, car leurs solutions dialysent un peu, tandis que les albuminoïdes ne dialysent pas du tout. Solubles dans l'eau et dans la glycérine, elles peuvent communiquer dans certains cas aux liquides de lavage des propriétés diastasiques, par exemple quand, précipitées de leurs solutions par l'alcool fort, on lave à l'eau le précipité produit. Séchées, elles peuvent supporter une température supérieure à 100°, capable de les détruire si elles étaient à l'état humide. Leur propriété de transformation s'exerce indéfiniment sur une quantité indéfinie de matière, à la manière des agents catalytiques qui se retrouvent, à la fin des réactions, inaltérés qualitativement et quantitativement. Les antiseptiques paraissent s'opposer à la sécrétion des diastases, mais non à leur action, une fois qu'elles ont quitté la cellule formatrice.

Les diastases n'existent pas en nature dans la cellule ; on admet qu'elles s'y trouvent sous la forme de proenzymes ou proferments, transformables sous certaines influences bien définies. Toutes les muqueuses gastriques renferment une substance soluble dans l'eau, ne coagulant pas la caséine, substance qui n'est donc pas du lab, mais qui, sous l'influence de l'acide chlorhydrique à 1 p. 100, ou de l'acide lactique, donne rapidement du ferment. Il en est ainsi pour toutes les diastases sur lesquelles il a été possible d'instrumenter, et on en conclut à l'identité du processus pour les diastases intracellulaires. L'adaptation du ferment à la fonction qu'il remplit est tellement étroite, qu'on a dû penser que la sécrétion était provoquée par la présence même des corps qu'il est capable de transformer. Son existence potentielle, si on peut ainsi l'appeler, devient réelle lorsqu'il rencontre précisément les composés sur lesquels il possède une action. Un exemple très typique de cette spécificité rigoureuse est donné par le bouillon Liebig introduit dans l'estomac. Quoique ce bouillon soit un aliment azoté, il ne fait pas apparaître les diastases des albuminoïdes, parce que l'arrangement des molécules du corps azoté qu'il renferme n'est pas le même que dans les albuminoïdes alimentaires, et ne correspond pas à la diastase protéolytique propre à ces albuminoïdes. On pourrait dire qu'il y a entre les albumines du bouillon Liebig et les granulations pro-diastasiques de la cellule, une action de chimiotaxie négative qui empêche la transformation de ces granulations.

Il est possible en effet d'expliquer par une sorte d'affinité entre la granulation prodiastasique de la cellule et l'aliment, le phénomène de la production des diastases. Ces affinités, ainsi nommées en chimie, ont reçu en biologie le nom générique de taxies, galvano, hélio, chimiotaxie. C'est à une chimiotaxie positive qu'il faut rapporter le choix que l'amibe semble faire de sa nourriture en attirant certains corps, à une chimiotaxie négative la répulsion qu'elle manifeste pour certains autres. La charge électrique, la lumière, diverses autres influences peuvent agir comme la composition chimique et donnent lieu à autant de taxies différentes, dans lesquelles il ne faut pas par conséquent, voir le libre exercice d'une activité réfléchie et consciente. Ce même phénomène qui paraît tout naturel en chimie, quoique son essence nous échappe absolument, provoque dans la cellule vivante l'apparition d'une diastase appropriée à la chimie de la substance contenue dans le milieu. Tout porte à penser que la molécule de protoplasma n'élabore pas la matière nutritive autrement que par le moyen de certaines diastases qu'elle contient en puissance, et dont l'apparition est sous la dépendance de la composition du milieu. Ainsi l'ingestion d'acide chlorhydrique, assez minime pour ne pas offenser les muqueuses et pour ne pas agir sur les aliments par son acidité, est cependant très active au point de vue de la digestion, en excitant la sécrétion du ferment approprié à la transformation de l'aliment qui l'accompagne, quel qu'il soit. Et, chose curieuse, le bicarbonate de soude agit de la même manière, quand il est présenté dans de certaines conditions. Après le repas, quand il existe des acides dans l'estomac, il les sature, mais quinze à trente minutes avant le repas, donné en petite quantité et surtout associé aux amers, il devient un excitant des diastases gastriques[1]. De même Pawlow nous a montré que la viande est également un excitant, à l'exclusion des irritations physiques qui, n'agissant que par contact, ne possèdent aucune des propriétés des agents chimiques.

Les proferments cellulaires ont de même besoin d'un excitant spécial pour sécréter l'enzyme nécessaire à l'élaboration assimilatrice. Mais ce n'est pas la chimie qui peut nous renseigner sur la nature de cet excitant, et l'expérience seule nous indique les aliments capables de répondre à ce besoin.

Les diastases de la nutrition cellulaire ont été étudiées par Duclaux[2] qui les a divisées en séries d'après leur action. Elles sont très nombreuses puisqu'on en

[1] Lauder Brunton. *Action des médicaments*, p. 341.
  *Traité de microbiologie*, t. II, p. 738.

trouve dans toutes les opérations de la chimie biologique. Il y a les diastases coagulantes et décoagulantes des albuminoïdes, comme la présure et la plasmase d'une part, la caséase et la fibrinase de l'autre, les premiers solidifiant la caséine et le sang, les secondes les liquéfiant. Certaines diastases n'agissent pas seules : ainsi la pepsine et la trypsine, qui décoagulent les albumines, paraissent être des mélanges. Dans tous les cas, il est certain que la protéolyse intestinale ne s'effectue dans toute sa perfection que lorsque la trypsine ou protéase pancréatique se trouve mélangée à l'entérokinase.

Il existe des diastases d'hydratation et de déshydratation pour les albuminoïdes et pour les sucres, et d'autres, les lipases qui peuvent saponifier les graisses, aussi bien et même mieux dans le sang que dans le tube digestif. Parmi ces diastases, il en est une, la maltase, à action réversible, c'est-à-dire que déshydratant la glycose pour en faire de la maltose, elle possède aussi l'action inverse. On a pu en conclure que certains ferments sont capables de deux actions opposées suivant les circonstances. Ceci n'est possible qu'à la condition d'un apport d'énergie, lorsqu'il s'agit de la déshydratation qui est une opération endothermique. Dans les végétaux, la granulation chlorophyllienne qui opère la synthèse des hydrates de carbone, reçoit son énergie des rayons solaires, chez les animaux l'énergie utile sera fournie par une autre opération exothermique, concomitante de la première.

Viennent enfin les diastases d'oxydation et de désoxydation.

L'étude des diastases d'oxydation a mis au jour un fait qui rapproche l'action diastasique de l'action chimique et même, d'après Duclaux, les réduit l'une à l'autre. On a remarqué que l'activité d'une certaine oxydase est plus considérable lorsqu'elle est additionnée de manganèse, et cette observation se trouve confirmée par la présence du même métal dans les cendres de l'enzyme. On se trouve, dans ce cas, devant un phénomène exactement parallèle à celui que nous avons signalé à propos de l'hémoglobine chargée de fer, allant porter l'oxygène à la cellule, et qui, partie du foie avec de l'oxyde ferrique, y revient avec de l'oxyde ferreux. L'oxydase du globule rouge est un composé chimique et son action n'est autre qu'une réaction de chimie pure. Le sulfate ferrique mêlé à la sciure de bois, en présence de l'eau, au contact de la matière organique, lui cède de l'oxygène, et devenu sulfate ferreux, se recharge ensuite pour recommencer la même réaction destructive de la sciure. La constatation d'un semblable phénomène, aussi net et aussi caractérisé, nous permet de supposer que les enzymes n'agissent pas autrement que les réactifs chimiques. La végétation de l'Aspergillus sur le liquide de Raulin pourrait être invoquée à l'appui de cette hypothèse. Cette moisissure croît avec la plus grande difficulté dans un milieu privé de zinc ; si on lui fournit ce métal dans la proportion de 32 milligrammes pour 1.500 grammes de bouillon de culture, c'est-à-dire environ de 1 pour 50.000, l'intensité normale de la croissance est rétablie, de telle sorte que cette addition de 32 milligrammes de zinc suffit à produire une plus-value de 22 grammes et demi dans la récolte, ce qui représente un poids de plante 700 fois supérieur au sien[1]. Il est

----

[1] Duclaux. *Chimie biologique*, p. 205.

évident que l'importance du zinc dans cette circonstance ne doit pas être rapportée à ses propriétés alimentaires, mais à l'action qu'il exerce comme élément
entrant dans la composition des diastases nécessaires
à la vie de la mucédinée.

D'après l'Aspergillus, nous nous ferons une idée de
la multiplicité des diastases fournies par une même
cellule; on en a extrait de la présure, de la caséase, de
la maltase, de la sucrase, de la tréhalase, des ferments
applicables aux transformations de la graisse et des
albuminoïdes, aussi bien qu'à celles des hydrates de
carbone. On ne peut pas supposer que suivant les circonstances, un même ferment possède des actions
différentes, qu'il soit oxydant ou réducteur, hydratant
ou déshydratant, sans que sa structure intime soit
quelque peu modifiée, et en fasse un corps différent, à
moins que, admettant l'unité de composition des diastases, on ne fasse dépendre leur action de la structure
même de la substance qu'elles transforment. Il est
vrai que les résultats de leur activité, à défaut de l'analyse chimique, ont suffi jusqu'à présent pour les caractériser, ce qui pourra paraître insuffisant. Quoi qu'il en
soit, les cellules animales, plus nombreuses et plus
compliquées que celles de l'Aspergillus, renferment
les mêmes éléments, et la difficulté seule de l'extraction empêche la démonstration plus précise de leur
présence. Il n'y a pas lieu de s'étonner de cette abondance de ferments, en songeant que la nature du milieu
provoque non seulement leur apparition, mais leur
spécificité. L'Aspergillus donne de la sucrase avec le
lactate de chaux, avec la glycérine ou l'amidon de
l'amylase, et avec le lait de la présure ou de la caséase.
D'autre part, s'il existe une telle adaptation dans la

majorité des cas, il en est d'autres très remarquables où la cellule refuse son concours. Lorsque le bouillon Liebig, cependant azoté, ne fait apparaître que de l'amylase, on est conduit à admettre que ces différences sont dues à la constitution élémentaire et même à l'arrangement stéréo-isomérique des molécules de la substance alimentaire, car il arrive que des substances présentant l'isomérie chimique, mais non stéréochimique ne sont pas indifféremment attaquées, transformées et assimilées.

Une goutte d'huile rance dans une solution alcaline, envoie des prolongements amiboïdes et utilise l'alcali pour une formation de savons, tandis qu'elle reste tranquille et inaltérée dans une solution acide. La cellule épithéliale de l'intestin absorbe le globule de graisse émulsionnée et reste indifférente au pigment. Tous ces phénomènes sont de même nature et sont conditionnés par la constitution chimique des parties en présence. On ne peut dire qu'il y ait choix de la nourriture, et la cellule se comporte ici comme le cristal qui ne s'accroît qu'avec de la substance identique à la sienne. Lorsqu'on extrait de la levure de bière la zymase ou l'alcoolase qu'elle renferme, en détruisant la cellule par une trituration soignée, et qu'à l'aide de ce ferment isolé de tout corps figuré, on provoque dans un moût sucré une fermentation analogue à celle que le saccharomyces est capable de produire, il est bien évident qu'on se trouve en présence du phénomène qui procure la nourriture de la bactérie, mais celle-ci n'existe plus et n'a pu faire son choix. Or, la zymase, pas plus seule qu'en présence du saccharomyces, ne détruit les sucres lévogyres, elle ne s'attaque qu'à la dextrose, et si on lui offre un racémique, elle commence par le dédoubler et néglige la lévulose. Cependant les sucres gauches sont isomères des droits, ils fournissent des produits de décomposition identiques, et même, en supposant un choix de la part de la bactérie, il ne devrait pas y en avoir de la part du ferment isolé. Cependant la préférence se manifeste et doit alors être rapportée à une action de nature physico-chimique laquelle, à l'exclusion de toute autre, constitue le phénomène vital. La sucrase ou invertine, extraite des eaux de macération de la levure, se livre comme celle-ci à l'hydratation de la saccharose qu'elle dédouble en dextrose et lévulose, laissant ensuite à l'alcoolase le soin de décomposer la dextrose.

On doit voir là des actions chimiques indépendantes de tout but déterminé, et qui montrent bien le véritable rôle de la cellule sécrétant des diastases et profitant, s'il y a lieu, des réactions de celles-ci. Au surplus, nous savons que la nutrition de la levure est vite arrêtée par la production des substances excrémentitielles, et qu'aucune addition de ferment ou de sucre ne peut continuer les transformations nutritives, tant que les matériaux ainsi formés ne sont pas éliminés, quels que soient les besoins de la cellule.

Cette action empêchante des matières excrémentitielles se produit également dans les cellules des animaux, et lorsque l'oxydation, dont le résultat est de détruire et d'entraîner au dehors les excrétions cellulaires, n'a plus l'activité nécessaire, l'encombrement intraprotoplasmique devient une cause de perversion ou de ralentissement de la nutrition. Un apport trop considérable d'aliments, après avoir excité temporairement les réactions nutritives, amène cet effet par

suite de la fatigue, de même que certains empoisonnements chroniques. Le plasma cellulaire gorgé de substances non assimilables qui de plus ne sont pas capables de provoquer la formation de diastases, se montre
inactif et dans certains empoisonnements aigus, par le
phosphore, par exemple, se transforme complètement
et meurt.

Les albuminoïdes cellulaires qui donnent naissance
aux ferments se désassimilent peu. A cause des propriétés de ces derniers qui agissent à la façon des
corps catalytiques, en quantité très restreinte et sans
s'épuiser, les transformations assimilatrices se trouvent assurées par un volume relativement peu considérable de diastases. La désassimilation protoplasmique azotée est presque invariable, très légèrement
accrue par le travail, dans des proportions d'ailleurs
très irrégulières et sans rapport avec l'énergie produite. La fatigue non seulement ne l'augmente pas,
mais la diminue, au contraire de ce qui se passe pour
la réserve hydrocarbonée. Elle accumule les déchets,
les produits usés qui ne s'éliminent plus et, lorsque le
travail s'exagère au delà d'une certaine limite, encom-
brent la cellule. Le milieu dans lequel fonctionne la
molécule vivante ne renferme plus à l'état de pureté
l'aliment de la cellule qui se trouve empêchée dans
quelques-unes de ses fonctions, comme la sécrétion
d'un ferment capable d'amener l'oxydation de déchets
surabondants et sans cesse croissants. La fatigue est
ainsi constituée, à la fois par l'impuissance de la cellule et par l'encombrement qui l'entretiennent et l'augmentent sans cesse. La réaction inhibitrice est réciproque. L'ouvrier qui accomplit journellement une tâche
active capable de produire rapidement la fatigue chez

celui qui n'en a pas l'habitude, ne se fatigue cependant pas. Ses cellules accoutumées à un travail plus considérable satisfont, non par une production plus grande de ferments, mais par une activité mieux dirigée et plus profitable, à la demande qui leur est faite ; les déchets s'éliminent normalement sans que le besoin d'albumine, matière première des ferments, soit plus grand. C'est que la puissance diastasique est considérable et que par l'exercice et l'habitude, elle est utilisée plus complètement.

Il faut interpréter d'après ces notions l'égalité du besoin d'albumine chez tous les hommes, dans toutes les circonstances. Si les hydrates de carbone ont une consommation plus variable et plus en rapport avec les besoins d'énergie, c'est que leur destinée n'est pas semblable, l'hydrate de carbone pouvant être comparé sous le rapport de son action à l'explosif qui, chargé dans une mine, se détruira en produisant un travail proportionnel à son volume, tandis que l'albuminoïde-diastase représente l'étincelle électrique qui reste toujours la même, quelle que soit la quantité de matière explosive mise en œuvre. On peut ajouter que théoriquement, l'action catalytique des diastases est indéfinie, mais que pratiquement, il n'en est pas tout à fait ainsi. Une certaine quantité d'albumine disparaît et a besoin d'être remplacée.

Toutes les parties de la cellule n'ont pas une influence égale sur les phénomènes d'assimilation. Il a été institué, pour cette démonstration, différentes expériences qui consistent généralement dans la division de la cellule en fragments, ou mérotomie, de telle sorte qu'une partie soit constituée par une quantité de protoplasma renfermant le noyau, mérozoïte nucléé, et une autre partie par du protoplasma seul, mérozoïte anucléé. Ce dernier conserve pendant un certain temps les propriétés de la cellule ; suivant les espèces de protozoaires employées dans l'expérimentation, la durée de cette conservation varie, mais la terminaison plus ou moins retardée est toujours la destruction. La transformation et l'assimilation des aliments, assurées pendant un certain temps par les proferments amassés dans le protoplasma, cessent par suite de l'épuisement et du défaut de renouvellement des enzymes ; la cellule, au lieu d'assimiler le milieu, est en quelque sorte assimilée par lui, elle disparaît. Il en est de même pour le noyau, quand on est arrivé à le séparer et à l'isoler complètement du protoplasma. Il meurt rapidement. L'intégrité des fonctions cellulaires n'est conservée entièrement que dans le mérozoïte nucléé. Seul, le concours simultané du noyau et du protoplasma est capable d'assurer l'assimilation, et par conséquent, la vie de l'élément cellulaire, par la sécrétion des ferments et la conservation des affinités. Il est impossible de préciser la part qui revient dans cette opération à chacun des composants.

La désassimilation est corrélative de l'assimilation et l'une ne va pas sans l'autre. Les lois de l'énergétique nous enseignent que tout travail, tout mouvement, tout développement de force exige un apport d'énergie, et celle-ci existant dans la matière sous forme potentielle, a besoin de la destruction de cette matière pour se manifester. La molécule carbonée répond à ce besoin, car la molécule azotée se détruit peu. La comparaison d'un organisme avec une machine à vapeur si souvent présentée à tort, peut se placer ici avec avantage, avec cette restriction toutefois, que dans la machine humaine, le combustible fait, à un moment, partie intégrante de l'assemblage mécanique. La machine consomme son combustible énergétique en grande quantité, tandis que ses organes comparativement s'usent peu. Là doit s'arrêter la comparaison.

La nutrition qui comprend l'assimilation et la désassimilation, est un phénomène continu. Pendant le repos apparent de l'organe, les opérations de la chimie interne se continuent, les réserves s'accumulent dans le muscle, dans la glande, dans tous les tissus en général, prêtes à laisser échapper l'énergie qu'elles renferment, lorsque le moment sera venu. Quand le muscle entre en action, quand la glande est appelée à sécréter, l'énergie potentielle est libérée brusquement en grande quantité, et pour ainsi dire sous une forme explosive, si nous la comparons au travail modéré de l'état de repos. Une plus grande assimilation est la conséquence d'une plus grande destruction d'hydrates de carbone; si le muscle s'accroît par l'exercice, c'est qu'il consomme davantage et que la molécule s'assimile les hydrates de carbone en proportion de plus en plus considérable, dépassant constamment, et cependant dans des limites assez étroites, la consommation antérieure. Mais les réserves seules, ou du moins à peu près seules, se reconstituent, le nombre des fibres musculaires reste le même, et si leur volume s'accroît un peu, cette augmentation s'arrête vite, car l'engraissement azoté est fonction de l'activité cellulaire plutôt que de l'alimentation. Dans la réalité, le gain azoté ne s'observe que chez les individus en état de croissance, chez les convalescents ou inanitiés qui ont des pertes à réparer, et chez les sujets doués d'une grande activité musculaire, et même chez ces derniers, l'accroissement est très limité. La suralimentation azotée elle-même n'apporte un gain que pendant quelques jours, jusqu'au moment où l'habitude a rétabli l'équilibre entre les entrées et les sorties.

Ces phénomènes sont bien connus des éleveurs qui savent qu'ils ne peuvent obtenir un poids plus considérable chez les animaux, quelle que soit la nourriture, que par l'augmentation de la graisse et non de la chair musculaire. Ils ne cherchent pas à enrichir de substances azotées l'organisme d'un animal qui est réfractaire à cette opération, mais portant leurs efforts d'un autre côté, ils tâchent par des croisements heureux, et par l'amélioration des races, d'arriver à un résultat que les ressources de l'alimentation seules sont impuissantes à procurer.

Les produits de la désassimilation cellulaire doivent quitter la cellule afin de ne pas nuire à son fonctionnement. L'accumulation, ou tout au moins le ralentissement dans l'excrétion des déchets, produit des troubles qui se caractérisent par l'arrêt du fonctionnement chez les bactéries, peut-être précédés, chez les métazoaires par des perversions dans les réactions chimiques. Quand, dans un moût sucré, renfermant de la levure de bière, une certaine quantité d'alcool a été produite, par l'accumulation de l'alcool qui est un déchet, le microorganisme se trouve arrêté dans son évolution. Il ne périt pas, mais devient incapable, plongé dans ce milieu, de transformer de nouvelles quantités de sucre. Il est nécessaire de le débarrasser de l'excretum nuisible, et rien, chez un être monocellulaire, ne peut suppléer à ce nettoyage, tandis que chez le pluricellulaire, la multiplicité des éléments actifs fait généralement qu'on peut, à la vérité, compter sur des suppléances plus ou moins efficaces, mais non sans altération des processus naturels.

Il est cependant bon nombre de ces produits du travail cellulaire qui ne constituent pas des excrétions immédiatement nuisibles, et certains, avant leur destruction et leur élimination définitive, se présentent comme des agents actifs ou passifs de la nutrition. On peut ranger ces produits en deux catégories : les sécrétions et les excrétions. Les sécrétions sont des substances offrant pour l'organisme une certaine utilité, comme la salive et les sucs digestifs, l'invertine et d'autres ferments, les larmes, les mucus, sécrétions externes qui peuvent être reprises par la cellule après leur travail terminé, mais ne le sont jamais intégralement et se renouvellent au bout d'un temps plus ou moins long.

D'autres sécrétions, très nombreuses et très diverses, sont conservées à l'intérieur de la cellule et y remplissent des fonctions variées. On range dans ce groupe le glycogène, la graisse, les lécithines, les nucléines, des pigments, et encore des ferments dont le travail reste intra-cellulaire. Ces sécrétions sont également détruites plus ou moins rapidement. Les produits d'excrétion externe comprennent les résidus de la désintégration de la matière organique, l'eau et l'acide carbonique et des matériaux azotés comme l'urée. L'excrétion interne est une fonction pathologique, car normalement, la cellule se débarrasse de tous les produits usés, dont l'accumulation dans le protoplasma devient une cause d'accidents. On sait que la rétention de l'acide urique, de pigments biliaires, même de la graisse, quand sa proportion vient à être exagérée, amène des modifications généralement fâcheuses dans les processus nutritifs.

Cette rétention est généralement favorisée par une alimentation défectueuse en qualité ou en quantité, ne permettant pas à la cellule d'exercer ses propriétés chimiques d'une façon satisfaisante. Il en est ainsi avec une nourriture trop abondante en albuminoïdes, apportant du soufre qui s'oxyde sans que l'acide sulfurique ainsi produit puisse trouver la base qui le saturera et le transformera en sel inoffensif. C'est en fournissant la base qui manque que l'eau de Vichy, alcaline, rend service aux gros mangeurs de viande, atteints d'hyperacidité.

En ce qui concerne les toxines, leucomaïnes ou ptomaïnes, autres déchets de l'alimentation azotée, l'intoxication par ces produits semble bien probable, mais il est bon de remarquer que la toxicité de l'urine, qui aurait dû augmenter par leur présence, n'en est pas du tout influencée, sans doute tant que le foie fonctionne normalement. Leur action retardante sur la nutrition paraît établie et, dans ce cas, se produit sans doute mécaniquement, par encombrement cellulaire, peut-être chimiquement par altération des échanges sans formation de corps toxiques. Cette question est loin d'être élucidée, car les déchets résultant des transformations des albuminoïdes, proviennent aussi bien d'albuminoïdes éliminés avant l'assimilation, sous des formes encore mal déterminées et différentes, quoique impossibles à distinguer, de celles que prennent les déchets de la molécule vivante. On conçoit en effet que l'alimentation azotée trop abondante laisse passer une certaine quantité de produits non réellement incorporés. Si on tient compte de ce que les déchets azotés contenus dans les urines à la suite de la fatigue, sont très toxiques, on pourra cependant chercher à faire le départ entre les substances azotées dérivant immédiatement de l'alimentation, et celles qui ont fait partie de la molécule protoplasmique.

L'assimilation normale exige de multiples conditions de la part de l'aliment et de la part des organes destinés à leur préparation. Elle suppose que les aliments sont attaqués par des ferments normaux et transformés ainsi en produits absorbables et utilisables. L'absorption, pour se faire dans de bonnes conditions, avec toute la précision nécessaire, suppose également un épithélium intestinal intact. Enfin, le foie lui-même et les autres organes de l'assimilation, leucocytes, érythrocytes, cellules en général, doivent aussi fonctionner avec régularité. D'autre part, il est nécessaire que le rein, qui élimine du plasma nutritif les substances altérées, remplisse exactement sa tâche. Si le choix des aliments est d'une grande importance, s'il est indispensable que leur composition leur permette de se transformer en substances assimilables, l'état du terrain est encore plus important, et la première condition d'une alimentation bien entendue doit être la conservation de l'intégrité des organes. En un mot, il ne faut pas faire usage de matériaux qui, quoique nourrissants, seraient capables de porter atteinte aux fonctions digestives d'abord, et ensuite à la formation du milieu intérieur qui renferme le plasma nutritif.

Toute déviation dans la chimie digestive a des conséquences souvent fâcheuses, dans tous les cas difficilement redressables, surtout après un certain temps de mauvaises habitudes, et en matière de régime alimentaire, les mauvaises habitudes sont la règle. Il est rare de trouver une personne qui consente à supprimer de son régime telle substance qui lui est nuisible, et malgré l'évidence, elle continuera à en faire usage, s'en prenant au médecin, dont on considère, généralement, que le devoir serait de faire disparaître les inconvénients de ces écarts avec quelques potions. La sagesse est donc exception. Il résulte de cet état de choses une perversion continue de la nutrition qui change toutes les conditions de la vie des cellules, et de la vie de l'individu.

L'insuffisance de l'action des ferments laisse dans le tube digestif les aliments livrés à l'activité microbienne. La transformation chimique ainsi opérée, totalement différente de la fermentation normale, donne naissance à des produits d'une autre nature, que les cellules utilisent difficilement, et dans lesquels elles trouvent l'occasion d'un surcroît de travail. D'autres fois, l'aliment est totalement épuisé dans le tube digestif, l'hydrate de carbone se résolvant là, sous l'influence des bactéries, en eau et en acide carbonique. Il peut en être de même pour les albuminoïdes, et la présence de l'hydrogène sulfuré annonce alors une dislocation profonde de la molécule. Dans d'autres circonstances, ce sera l'absorption qui se montrera incapable de s'exercer dans des conditions compatibles avec une bonne élaboration alimentaire, et le foie se trouvera à son tour obligé de suppléer au travail de la fermentation intra-épithéliale de la muqueuse intestinale, s'il n'arrive pas de plus, que lui-même soit aussi atteint par la même cause qui a vicié les autres sécrétions.

Et en effet, le foie est la première victime de la mauvaise alimentation ou de la mauvaise élaboration alimentaire. Mais de par ses fonctions, les auto-intoxications prennent dans le foie une importance bien plus considérable que dans l'intestin. Non seulement le foie fait subir des modifications profondes aux aliments qui lui parviennent plus ou moins dégrossis, plus ou moins accompagnés d'albuminoïdes toxiques, mais encore, dans sa cellule s'opère la désorganisation des albuminoïdes de désassimilation, la destruction des globules rouges. Il se produit de ce fait des poisons abondants que les enzymes de la cellule hépatique transforment, suppriment, mettent au point par l'excrétion, de telle sorte que l'organisme puisse s'en débarrasser sans danger. Les atteintes portées au fonctionnement du foie, dans les empoisonnements intestinaux, constituent ainsi une cause très sérieuse d'accidents.

L'influence exercée sur la nutrition par la rétention des matières usées n'est pas moindre que celle d'une préparation défectueuse du plasma nutritif, dans lequel la cellule trouve les éléments de ses échanges, ce qui explique l'intervention dans ces phénomènes, de l'état du rein, collaborateur du foie pour la conservation de la composition du milieu vital. Tandis que le foie agit par apport de matériaux élaborés, le rein agit par la suppression des déchets qu'il élimine.

Par suite des modifications qui peuvent s'établir ainsi dans les échanges cellulaires, une modalité nouvelle de la nutrition apparaît. Il est des cas où les habitudes vicieuses prolongées ont modifié la cellule, de telle sorte que cette modalité n'est plus susceptible de régression ; une nouvelle cellule douée de nouvelles propriétés a remplacé l'élément normal, la diathèse héréditaire est créée. Plusieurs générations sont en général nécessaires pour amener un pareil résultat, de même que plusieurs autres devront suivre pour ramener l'élément anatomique au type normal primitif.

Ce n'est donc pas spontanément et sans motifs que le fonctionnement digestif se métamorphose. Toute source d'activité du corps, dans quelque sens qu'elle se manifeste vient de l'extérieur. Lorsque l'aliment inapproprié s'attaque aux muqueuses dont il change les caractères, et les rend inaptes à une digestion régulière, on voit les organes de l'assimilation et de la réparation organique, recevant des matériaux mal élaborés, devenir incapables d'entrenir les autres organes et eux-mêmes dans un état d'intégrité, à ce moment d'autant plus nécessaire. Ainsi se forme un enchaînement dans les altérations anatomiques et fonctionnelles, une sorte de cercle vicieux, dans lequel l'organisme se trouve pris sans pouvoir s'en échapper.

L'alcool semble bien être le poison auquel la plupart des méfaits, sinon tous doivent être rapportés. Il possède une double action à la fois locale et générale. Il ne nourrit pas et il empoisonne. Il ne fournit aucun élément dont l'économie puisse tirer parti, et en déshydratant les tissus, endommage ceux avec lesquels il est en contact. La seule mesure de ses effets, toujours nuisibles, est la quantité. On accuse beaucoup la viande, mais l'accusation n'est qu'en partie fondée. La viande subit des fermentations de mauvaise nature, devient productrice de toxines albuminiques et ptomaïniques, de composés nombreux, cause d'intoxication chronique. Il n'est pas inutile de faire remarquer que certains animaux ne se nourrissent que de viande, que certaines peuplades ne vivent que de viande additionnée de graisse, et que la viande dans les proportions même un peu fortes où on en fait couramment usage, ne devrait pas être une cause d'intoxication. Assurément elle ne le devient que parce que son usage a été précédé ou accompagné de celui de l'alcool qui pervertit toutes les fonctions depuis la digestion jusqu'à l'assimilation, et non seulement alors la viande est mal supportée, mais les hydrates de carbone eux-mêmes subissent une élaboration vicieuse. Si dans ces circonstances ils n'ont pas été accusés, c'est que de cette élaboration ne sortent pas des toxines dangereuses comme de celle de l'albumine.

Le mécanisme des troubles de la nutrition a été indiqué par M. Bouchard de la façon suivante[1] : « Que quelques-uns des organes où s'élaborent quelques-uns des ferments hydratants ou des ferments oxydants soient originellement faibles ou soient devenus malades, qu'ils s'atrophient, que par une cause ou par une autre, ils soient inactifs, on comprend que l'action des ferments destinés à opérer l'une des transformations de l'un des principes immédiats pourra être entravée, ralentie.

« Que tous les organes étant dans leur état d'intégrité anatomique, le système nerveux néglige de donner l'incitation, le choc qui commence et met en train l'action du ferment, ou qu'il n'exerce pas sur les cellules ce rôle d'arrêt qui modère leurs actions chimiques, les actes de la destruction intraorganique pourront être ralentis ou exagérés. »

Insuffisance de la sécrétion des ferments, trouble de l'action nerveuse qui met en jeu ces ferments : il n'y a là en réalité que des hypothèses, mais celles-ci répondent tellement bien aux faits, que sans les considérer comme démontrées, nous devons les admettre comme les plus rapprochées de la vérité. Ce mécanisme peut

[1] *Pathologie générale*, III, p. 362.

se concevoir clairement et se préciser à l'aide de l'hypothèse d'Ehrlich. Si nous supposons la molécule vivante composée d'un noyau autour duquel rayonnent les chaînes latérales ou groupes fonctionnels chargés des échanges avec le milieu, nous comprendrons facilement les troubles apportés dans la chimie de la molécule par la défectuosité de la composition du milieu ou par les atteintes aux affinités de ces groupes, à la suite des diverses intoxications. L'un ne va pas sans l'autre. La composition du milieu et la réaction cellulaire sont solidaires et s'influencent réciproquement. Le protoplasma est en général atteint secondairement par influence du milieu ; lorsque les désordres commencent de son côté, il faut admettre l'hérédité comme facteur premier.

Les produits qui quittent la cellule à la suite des échanges vicieux viennent à leur tour augmenter le mauvais fonctionnement, et se montrent toxiques en ce sens que, surchargeant le plasma sanguin de matériaux étrangers, ils sont incapables de provoquer les transformations physiologiques qui doivent les séparer de l'organisme, ou bien provoquent des réactions immédiatement nuisibles. Dans d'autres cas, l'équilibre moléculaire, au lieu de se montrer instable, ainsi que l'exigent les conditions de la vie, reste presque fixe, et en pareille matière, l'immobilité est la mort.

Nous avons mentionné l'hérédité ; en quelques mots, il est nécessaire d'expliquer cette intervention. Si on n'hérite pas d'une maladie microbienne comme la tuberculose, on tient de ses générateurs les prédispositions qui peuvent la faire acquérir, comme on en tient également une constitution, un terrain approprié à la culture de différentes bactéries pathogènes. Dans le premier cas, l'affaiblissement du générateur est cause de la faiblesse de l'enfant, sans autre particularité que toutes les conséquences qui peuvent résulter d'un fonctionnement déréglé. Dans le cas d'arthritisme, alcoolisme, goutte, diabète, il s'agit non plus seulement d'une perversion dans l'intensité des échanges, mais d'une lésion anatomique de la cellule entraînant un changement dans la modalité chimique de la nutrition. La substance de l'enfant, continuation directe de celle de ses générateurs, continue fatalement de vivre de la même manière, avec les mêmes éléments, qu'il n'est pas possible qu'il ne possède pas.

# CHAPITRE X

## LES ALIMENTS INORGANIQUES. — EAU
## ET MATIÈRES MINÉRALES

Les fonctions de la vie, comme les réactions chimiques, n'entrent en activité qu'en présence de l'eau, et l'air, dans lequel la plus grande partie des êtres vivants sont plongés, ne doit pas être considéré comme leur milieu vital. La masse protoplasmique est séparée de l'air par des téguments plus ou moins imperméables qui ne leur permettent qu'un contact très limité et nettement défini, tandis que l'eau baigne de tous côtés la substance vivante. L'adaptation à la vie aérienne, au lieu de diminuer l'importance de l'eau, en fait ainsi ressortir la nécessité. Les évolutionnistes nous diront qu'il doit en être ainsi parce que tout organisme animal a une origine aquatique, et qu'en vertu de la loi de constance marine originelle, la persistance du milieu est nécessaire [1]. De leur côté, les chimistes, en affirmant que les phénomènes de la vie ne sont que des phénomènes chimiques, affirment en même temps la nécessité de la présence d'un liquide sans lequel ne pourraient s'effectuer les réactions. Corpora non agunt nisi soluta. Les molécules doivent être dissociées, afin de permettre aux affinités de s'exercer, en construisant

---

[1] R. Quinton. *L'eau de mer, milieu organique.*

des édifices tels que de nouvelles propriétés de la matière puissent apparaître.

Chez les vertébrés, l'eau entre dans la constitution du corps pour 43 centièmes environ, la proportion varie suivant les organes. Elle est apportée en nature pour la plus grande partie par l'alimentation, soit par les boissons, soit par l'eau de constitution des aliments. Mais une notable quantité est également fournie par la décomposition moléculaire des ingesta solides, des hydrates de carbone, dont la désagrégation met les molécules constitutives en liberté, des albuminoïdes, dont l'hydrogène s'oxyde au contact de l'oxygène de l'hémoglobine, des végétaux herbacés, renfermant de l'eau en nature, qui est libérée avant même la dislocation digestive. Certains animaux passent leur vie sans boire, en prenant une nourriture végétale qui comporte une assez grande quantité d'eau.

De cette façon, la teneur en eau de l'organisme, sans être absolument constante, se conserve dans des proportions suffisantes pour l'entretien de la vie; le milieu liquide intérieur qui s'est créé au moment du passage de la vie aquatique à la vie aérienne garde la fluidité nécessaire aux réactions organiques. Le fonctionnement vital n'admet pas l'économie de l'eau, comme il admet l'économie des albuminoïdes. Ceux-ci, au moment de la disette, sont détruits avec parcimonie, de telle façon que les ressources de l'organisme sont sauvegardées le plus longtemps possible, tandis que l'eau, lorsque l'apport vient à manquer, est néanmoins éliminée avec la même rapidité. Toute celle qui est alors produite par les réactions chimiques de la cellule disparaît par l'urine, la sueur et les matières fécales. Malgré l'utilité que sa conservation pourrait avoir, elle est rejetée, entraînant les déchets toxiques de la nutrition. M. J. Gautrelet[1] a démontré que dans la déshydratation de l'organisme, le sérum sanguin avait une tendance à rétablir l'équilibre à l'état normal, en empruntant de l'eau aux tissus qu'il aurait dû d'abord alimenter. Lorsque ses efforts sont épuisés, lorsque le poids perdu par l'animal est trop considérable, quand la déshydratation des tissus a été poussée trop loin, le sang ne peut plus lutter, il se déshydrate lui aussi ; l'équilibre normal, et partant l'équilibre de tout le système est rompu (Gautrelet). Dans la réalité, et cela se comprend, l'eau est en premier lieu fournie par les tissus qui disparaissent par suite de l'inanition.

Il est facile de dire, et cela dispense de toute autre recherche, que le sang a une tendance à la conservation de sa composition, parce que cette composition est indispensable au maintien de la vie. Cette façon de présenter le phénomène est la simple constatation d'un fait auquel on assigne une cause dont les rapports avec l'effet produit sont peu apparents. Étant donné que la vie est un phénomène chimique, il doit se trouver à la persistance de l'hydratation du sang une raison chimique. Elle nous est fournie en effet par la présence du chlorure de sodium, dont l'excrétion n'est pas proportionnelle à celle de l'eau, et qui conserve pour elle, dans l'état de santé, même dans l'inanition, la même affinité, et montre le même besoin de la même quantité de dissolvant. Là est la raison de la déshydratation primordiale des tissus, dont les sels moins fixes que le chlorure de sodium du sang ne retiennent pas leur eau avec la même avidité.

[1] J. Gautrelet. *Étude expérimentale sur l'hyperthermie*, th. 1904.

La continuité de l'excrétion aqueuse pendant la privation d'eau est une condition de la continuation de la vie. L'eau aide puissamment à dissoudre et à entraîner les déchets toxiques de la nutrition, d'autant plus nuisibles qu'ils sont plus concentrés, et formés exclusivement, en cas d'inanition, par la désagrégation de l'albumine de constitution. La présence de ces déchets dissous dans le plasma sanguin, sollicite l'action des cellules du rein qui n'ont aucune différence à faire entre l'état d'inanition et l'état normal. Mais l'eau éliminée a besoin d'être remplacée, et de là vient le sentiment de la soif, plus impérieux que celui de la faim, et répondant à un besoin plus immédiat. La réserve d'eau est plus vite épuisée que la réserve d'albumine, de graisse et d'hydrates de carbone. Aussi, il ne faut pas s'étonner si la mort arrive plus vite par la soif que par la faim. La soif traduit la menace d'un empoisonnement qui se réalise à bref délai.

On a cru pouvoir ranger l'eau parmi les aliments parce qu'elle prend part à certaines réactions chimiques qui intéressent la nutrition. Ces réactions sont naturellement des hydratations. Elle ne se contente pas de dissoudre l'albumine, elle vient faire partie de sa molécule qu'elle simplifie en la dédoublant en peptones. Elle se comporte de la même manière avec les hydrates de carbone, lorsqu'elle dédouble le glycogène en glycose. Elle fait partie de la molécule vivante, sans qu'on puisse déterminer si, dans cette circonstance, elle provient directement des boissons, plutôt que de l'oxydation des sucres. Cette question, d'ailleurs assez indifférente, paraît devoir être résolue de préférence dans le sens de la non-intervention des boissons dans les phénomènes cellulaires. C'est en effet dans la cellule que se produit la combinaison du carbone avec l'oxygène, mettant de l'eau en liberté, de sorte que la cellule a plutôt de l'eau à excréter qu'à absorber. Il est cependant logique de penser qu'il se rencontre dans les divers processus de la nutrition, des cas dans lesquels l'eau des boissons est utilisée pour l'entretien de l'humidité du protoplasma cellulaire. Dans tous les cas, en même temps que la matière organique, elle apporte au contact de la molécule vivante les sels nécessaires aux manifestations de ses propriétés, et sert en même temps de véhicule à l'excrétion des matériaux organiques et inorganiques.

L'eau intervient dans les échanges énergétiques comme dissolvant de la matière par un mécanisme mis en évidence par H. Sainte-Claire Deville [1]. Quand un corps se dissout dans l'eau, un certain travail est nécessaire pour dissocier ses molécules et les diluer dans le milieu, à la façon d'un gaz qui disparaît dans l'air. De l'énergie est absorbée, car c'est là un travail endothermique et les molécules se chargent de ce potentiel fourni par le milieu, c'est-à-dire par l'eau. Cette transformation énergétique est rendue manifeste par le refroidissement du dissolvant. Dans la molécule en solution, l'énergie absorbée prend la forme chimique, capable de produire un travail de combinaisons et de dédoublements. Plus le degré de la dilution est considérable, plus la quantité d'énergie emmagasinée par le corps en solution est grande. Le pouvoir de réaction chimique et surtout de dédoublement est ainsi considérablement augmenté, surtout au moment où à l'action de l'eau vient se joindre celle des fer-

[1] *Leçons de la Soc. chimiq. de Paris*, 1864-65, p. 269.

ments solubles. Lorsque par le fait de la dénutrition et des phénomènes chimiques d'oxydation, de réduction ou d'hydratation, les molécules intracellulaires de la matière vivante se modifient et par dédoublement arrivent à augmenter de nombre, il se passe ce fait que des échanges deviennent alors nécessaires entre la cellule et le milieu. Ou bien une nouvelle quantité d'eau doit pénétrer dans la cellule, ou bien une partie des molécules qui résultent de la simplification des précédentes doit être expulsée.

L'état d'équilibre osmotique exige en effet, que les liquides séparés par une membrane dialysante contiennent en solution le même nombre de molécules, de quelque nature qu'elles soient.

L'eau, considérée comme milieu dans lequel se passent les phénomènes de la vie, n'est pas pure. Les sels qu'elle tient en dissolution, dont le plus important par la quantité est le chlorure de sodium, augmentent sa densité qui se rapproche plus ou moins de celle du protoplasma, sans toutefois devenir isotonique avec lui. La cryoscopie nous enseigne qu'aucune des humeurs de l'organisme ne possède le même point de congélation, ce qui indique une différence dans la quantité des molécules dissoutes et implique des échanges incessants. En effet, la paroi perméable de la cellule joue le rôle de cloison dialysante, à travers laquelle, d'après les lois de l'osmose, passent les solutions cristalloïdes.

En raison de la tension plus forte de l'intérieur de la cellule, l'eau est de préférence excrétée, mais on sait que les propriétés des membranes vivantes ne sont pas absolument les mêmes que celles des membranes mortes du dialyseur, et en réalité, nous ne pouvons décrire pertinemment les échanges de la cellule avec le milieu, car nous ne les connaissons que par leurs résultats et non par leur processus. Nous savons seulement, pour ce qui regarde l'eau, qu'en raison de l'exiguïté de sa molécule, elle circule incessamment dans tous les éléments constituants des tissus, condition favorable aux échanges de matière.

En dissolvant des sels pour former les plasmas organiques, l'eau est devenue la solution qu'il convenait qu'elle fût, afin de prendre sa place dans l'ensemble des parties constituantes des organismes. Pure, elle est toxique, non pas au vrai sens du mot, mais plutôt nuisible par action nocive sur les éléments cellulaires, à cause même de ses propriétés osmotiques. Elle est douée d'osmonocivité, plutôt que d'osmotoxicité, ainsi que le prouvent les injections intra-veineuses expérimentales et cliniquement, les artifices auxquels on est obligé d'avoir recours lorsqu'on injecte des solutions thérapeutiques dans la circulation, sous la peau, ou dans des cavités closes. La rachicocaïnisation a été l'origine de nombreux accidents, quelquefois graves, jusqu'au moment où on a songé à réaliser l'isotonie de la solution injectée, soit en y ajoutant du chlorure de sodium, soit en se servant du liquide rachidien lui-même pour dissoudre le sel médicamenteux. On a été amené par la considération de l'isotonie, à employer pour panser les vastes dénudations de la peau occasionnées par les brûlures, des solutions isotoniques, par suite des douleurs rendant les solutions hypotoniques insupportables. Il en est de même pour certaines muqueuses même normales, et Depierris[1] a signalé, il

[1] Depierris. *Bullet. de la Soc. médico-chirurgicale de Paris*, 1901, p. 121.

y a déjà quelques années, sa pratique de Cauterets, consistant à recommander à ses malades pour les lavages des cavités nasales, une eau minérale dont le degré osmotique avait été corrigé. Au point de vue osmotique, l'eau pure en contact avec les tissus peut être plus nuisible que certaines urines.

Le degré de concentration du plasma sanguin est indiqué exactement par le point de congélation qui est de — 0,56, correspondant à une solution de 0,93 de chlorure de sodium p. 100, et non de 0,70, comme on l'admet souvent. Il est vrai que la tension osmotique du plasma est également due à d'autres sels qu'au sel marin et qu'il s'y mélange de plus des molécules de matières organiques. On n'a eu égard, dans la fabrication du sérum artificiel, qu'à la teneur en chlorures, ce qui n'a pas d'inconvénients, à cause d'une certaine résistance des globules dans un milieu légèrement hypotonique.

La proportion très sensiblement constante du chlorure de sodium dans les plasmas, lui a fait attribuer la fonction de régulateur de l'osmose pour tous les liquides de l'économie. On a pensé, lui disparu, que la tension osmotique ne pourrait se conserver avec les autres sels et les matières organiques, dont les quantités plus variables ne paraissent pas en état de maintenir la fixité de composition nécessaire. Il nous semble que cette opinion est plutôt exagérée et que, si par exemple, la circulation du chlorure est réglée d'une façon précise par l'excrétion rénale, celle des molécules albuminoïdes ou glycosiques qui l'accompagnent, ne l'est pas moins à leur arrivée, par le mécanisme hépatique, de telle sorte qu'une altération du foie ou du rein, amenant une perturbation dans la fonction de l'un de ces organes doit également se faire sentir par un changement de la constitution des plasmas. Il faut reconnaître à toutes les substances possédant un poids moléculaire élevé, un égal pouvoir dans les modifications de la tension osmotique et comme la molécule albuminoïde se distingue entre toutes les autres par l'élévation de son poids, il ne serait pas juste de ne pas la mettre à cet égard sur le même rang que le chlorure de sodium [1].

Bunge[2], étudiant la question du chlorure de sodium, se demande pourquoi la richesse des plasmas en sel, ne serait pas l'héritage des vertébrés terrestres, nos ancêtres, habitants de la mer. La seule explication satisfaisante de la présence du chlorure dans les tissus animaux, lui paraît se trouver dans la théorie du transformisme. Dans son ouvrage sur l'*Eau de mer*, *Milieu organique*, M. Quinton a répondu à la question. Après avoir établi l'origine marine des premières cellules animales, M. Quinton pose en fait le maintien du milieu originel dans tout le règne animal, et de plus, le maintien de la constance de composition de ce milieu qu'il nomme milieu vital, et distingue avec soin du sang, pour plusieurs raisons. En premier lieu, le sang est un tissu dont la constitution comprend des cellules qui, à proprement parler, restent indépendantes de la composition de ce milieu, ensuite, en laissant de côté ces cellules, et ne considérant que le plasma, nous trouvons dans l'organisme d'autres plasmas, interstitiel, péricardique, pleurétique, péritonéal, lymphatique, cœlomique. Enfin, le sang n'existe pas dans

_______________

[1] V. chap. VIII. Les albumines alimentaires.
[2] Bunge, *Chimie biologique*, trad. Jaquet, p. 121.

toute la série zoologique. Certains organismes, les spongiaires, les hydrozoaires, les xyphozoaires, les protozoaires dénués de liquide sanguin, vivent cependant dans un milieu auquel ils sont plus ou moins ouverts, soit directement, soit par osmose et dans lequel ils trouvent les éléments de leur nutrition. Ce milieu leur est extérieur, double raison pour ne pas appeler les plasmas nutritifs du nom de milieu intérieur.

La composition du milieu vital, très complexe, présente cependant dans toute la série animale exactement les mêmes éléments constitutifs que celle de l'eau de mer. Elle renferme par conséquent une grande quantité de chlorure de sodium, un certain nombre de métaux et métalloïdes unis dans des combinaisons qui ne sont pas toujours faciles à déterminer. La proportion de chlorure de sodium est de 9 p. 100 environ, inférieure à celle qui existe dans l'eau de mer telle que nous la connaissons, mais sensiblement égale à celle que renfermaient les mers à l'époque où la vie a apparu sur la terre. La vie a ainsi commencé par être aquatique, et elle continue nécessairement, comme le prouve l'existence de ce milieu vital, intérieur ou extérieur, qui se retrouve, sans jamais faire défaut, dans toute l'échelle animale.

Quoi qu'il en soit, si le végétal paraît s'être affranchi de cette nécessité, ce qui ne constitue pas une supériorité, l'animal y est resté soumis, et doit forcément entretenir au moyen de l'alimentation et très souvent même, malgré l'alimentation, la composition de ce milieu vital, lorsqu'il lui est intérieur. Ainsi a pris naissance l'usage du sel comme aliment, qu'il soit consommé pur ou qu'il fasse partie intégrante des substances alimentaires. Seule, l'abstinence complète et prolongée peut abaisser le taux des chlorures contenus dans le sang, mais toujours l'organisme, suivant M. Quinton, a tendance à maintenir son milieu, à moins d'impossibilité absolue, même, nous l'avons dit, malgré l'alimentation, même malgré le milieu extérieur, comme on peut s'en rendre compte chez l'écrevisse, par exemple, animal d'eau douce, pourvu d'un plasma à 10 p. 100 de chlorure de sodium.

Les injections hypo ou hypertoniques de chlorure dans le sang n'arrivent pas à faire varier la composition du plasma. Par suite de phénomènes osmotiques ayant leur cause dans la concentration même de ces apports, de l'eau afflue des tissus vers le sang, ou inversement est éliminée, de telle sorte que l'équilibre se rétablit. La soif, d'une part, et d'autre part, l'élimination rénale contribuent au maintien si nécessaire de la constance de la composition plasmatique.

On a fait du chlorure de sodium un élément de compensation, venant par sa présence combler les déficits et prendre la place d'autres molécules organiques ou inorganiques qui peuvent faire défaut dans les éléments anatomiques ou les plasmas. La conception de M. Quinton, les nécessités de la concentration moléculaire spéciale à chaque liquide organique, ne sont pas contraires à cette hypothèse ; néanmoins, il faudrait se garder d'en tirer la conclusion que l'activité fonctionnelle d'un organe est inversement proportionnelle à la quantité de chlorure du plasma cellulaire correspondant. En effet, la quantité de chlorures étant directement proportionnelle au volume de l'eau qui le tient en solution, décroît naturellement avec ce volume. Il en résulte que partout où la graisse a remplacé l'eau, on ne rencontre plus de sel, ce qui ne confère cependant pas une grande activité fonctionnelle aux tissus infiltrés de graisse.

Le chlorure de sodium n'est pas assimilable, c'est-à-dire qu'il ne prend pas part aux échanges de la cellule qui transforment les éléments composants du milieu en matière vivante. Cependant il fait plus que d'être un milieu vital, et il est doué d'une activité qui se manifeste en dehors de la cellule, en prêtant son concours pour l'élimination des produits usés. La potasse, abondante dans la cellule, entraîne dans le sang les déchets cellulaires auxquels elle s'unit au moment de la dialyse extracellulaire. Mais là, rencontrant des sels de soude, elle leur cède les produits organiques dont elle était chargée, et reprise par la cellule, elle ne va pas jusqu'aux reins. Le chlorure de sodium, au contraire, chargé des produits abandonnés par la potasse, réalisant ainsi la purification de l'organisme, s'élimine avec les urines, et disparaît, entraînant avec lui la plupart des matériaux de désassimilation. L'urée, les amides complexes, les leucomaïnes, etc., toutes ces substances sont aptes à s'unir au sel marin et s'éliminent avec lui et grâce à lui. (A. Gautier). Il favorise également l'élimination de l'urée. On comprend ainsi l'influence favorable qu'il exerce sur la santé ; pourquoi il doit entrer dans l'alimentation en nature, puisque, avec les habitudes de l'alimentation actuelle, les aliments n'en contiennent pas assez, pourquoi, lorsque son excrétion est entravée, la rétention des matières excrémentitielles qui en est la conséquence, devient plus que la sienne propre une cause de troubles. Mais comme sa présence exige aussi celle d'une certaine quantité d'eau, celle-ci

augmente au point de donner naissance à des hydro-
pisies, lorsque l'accumulation se produit.

Nous avons dit que le sel marin naturellement contenu dans les aliments, est généralement insuffisant
pour l'entretien de la composition du plasma sanguin.
Cependant tandis que chez les végétariens, le besoin
de sel se fait sentir avec insistance, les carnivores
auxquels leur alimentation en fournit une quantité à
peu près égale, ne le recherchent pas, et souvent
éprouvent pour son usage une répulsion marquée,
même lorsque avec la chair qui renferme surtout de
la potasse, ils ne consomment pas le sang dans lequel
la soude se trouve dissoute. La cause de cette inégalité a été expliquée par la présence dans les aliments
végétaux d'une plus grande quantité de potasse sous
forme de sel organique. Il se produit en premier lieu
une oxydation de l'acide organique, tartrate, malate,
citrate, oxalate, etc., qui donne naissance à un carbonate lequel, agissant ensuite par double décomposition avec le chlorure de sodium fournit un carbonate
de sodium et un chlorure de potassium. Ces deux sels
ne faisant pas normalement partie du plasma sanguin,
sont éliminés par les urines de telle sorte qu'un excès
de chlorure de sodium est nécessaire pour la saturation des plasmas au degré physiologique. L'expérience
donne raison à cette théorie, en nous faisant voir en
effet les peuplades nourries exclusivement de viande,
poisson et riz qui ne contiennent que très peu de
potasse, refuser le sel, qui devient au contraire, chez
ceux qui consomment des légumes, l'objet de préoccupations sérieuses. Le ruminant à la ration duquel on
n'ajoute pas un peu de sel, a moins bonne apparence
que celui qui en consomme, et le goût de la viande

conserve des traces de cette habitude, comme on peut l'observer par la saveur différente, aisément perceptible dans la chair des animaux nourris dans les prés salés. Les sels de potasse n'agissent pas seulement sur le chlorure de sodium ; dans les expériences faites sur lui-même, en vue de la confirmation de la théorie de la décomposition, Bunge a trouvé dans l'excrétion urinaire une quantité de sodium plus considérable que celle correspondant au chlorure ingéré et enlevée par conséquent aux autres sels de soude, albuminate, carbonate et phosphate.

Les considérations précédentes nous font voir par quels procédés s'établit le besoin de chlorure de sodium pour l'économie, en premier lieu en raison de la composition même du milieu vital, et en second lieu, afin de neutraliser les effets désastreux de la déchloruration de ce milieu par suite de l'ingestion des sels de potasse. En réalité, c'est la tendance à la constance de la composition des plasmas qui régit ce besoin, et nous ne voyons pas le chlorure pénétrer dans la cellule, au moins dans des proportions un peu sérieuses, et participer aux échanges.

De ce que les carnivores ne manifestent pas d'appétence spéciale pour le sel, on pourrait croire qu'ils conservent indéfiniment celui qu'ils possèdent et qu'il ne se fait aucune modification dans la composition du milieu vital. Il s'en fait seulement moins, et elles sont d'un autre ordre. Nous avons vu que le chlorure de sodium se combine avec des amides, des leucomaïnes pour les convoyer jusqu'aux reins et aider à leur élimination ; il a encore un autre rôle. L'albumine renferme une proportion appréciable de soufre qui, mis en liberté par la dislocation de la molécule, s'oxyde immédiatement et produit de l'acide sulfurique. Quand cet acide ne trouve pas à se saturer, le milieu, au lieu de rester alcalin devient acide, avec tous les phénomènes de la dyscrasie acide, changement de modalité de la nutrition, apparition de la diathèse arthritique et tous les inconvénients qui en résultent. Les carnassiers ont la ressource de saturer leur acide en produisant de l'ammoniaque dans l'élaboration des albuminoïdes, mais tous les animaux n'ont pas une réaction semblable, et si la soude ou la potasse apportée par la viande est insuffisante, si les bases libérées des végétaux n'existent pas, l'acide s'empare de la soude du chlorure. A la vérité cette opération est nécessaire pour la mise en liberté de l'acide chlorhydrique stomacal. Mais elle est assez limitée pour ne pas altérer le milieu vital. Il résulte de ces réactions, la nécessité d'employer le sel en nature, et en outre de joindre à l'alimentation carnée l'usage des végétaux ; tous deux se complètent, les acides et les bases en présence s'opposant à la prédominance de l'un ou de l'autre avec tous les dangers qui s'y rattachent.

Les autres composés inorganiques qui font partie du milieu vital, aussi nombreux que dans l'eau de mer, suivant M. Quinton, n'ont pas besoin d'être choisis spécialement et l'organisme les trouve dans l'alimentation générale, d'où il les extrait. Leur nécessité a été mise en évidence par divers procédés dont le plus net est l'expérimentation sur le chien et sur la souris. Forster[1] a essayé de nourrir des chiens avec des déchets de viande ayant servi à la fabrication de l'extrait de Liebig, et épuisés de leurs sels par des lava-

[1] In Bunge.

ges à l'eau distillée. Quoique ayant joint à cette nourriture, de la graisse, du sucre et de l'amidon, toutes substances ne contenant aucun sel organique, il observa un dépérissement rapide, et les chiens moururent dans un délai bien plus court que s'ils avaient péri d'inanition par défaut absolu de nourriture. L'expérience pouvait prouver que les animaux avaient besoin de sels, mais elle prouvait surtout qu'au lieu de les nourrir on les empoisonnait. En effet, l'acide sulfurique provenant de la molécule albuminoïde, leur était plus nuisible que le manque absolu d'aliments. Il y avait donc lieu de procéder d'une autre manière, et c'est ici que les souris interviennent. Nourries avec le précipité de graisse et de caséine obtenu dans le lait à l'aide de l'acide acétique, en y joignant du sucre pour compléter l'aliment, elles vécurent un peu plus longtemps que celles qui étaient soumises à la privation complète de nourriture. Quoique suffisamment nourries, elles étaient donc aussi empoisonnées, mais moins vite. En ajoutant du carbonate de soude capable de neutraliser l'acide sulfurique, on prolonge leur existence ; avec du chlorure de sodium seul qui ne peut fournir de base, on n'obtient pas de résultat. On ajouta alors tous les sels dont l'analyse nous révèle l'existence dans le lait, avec le même résultat que par le carbonate de soude seul, c'est-à-dire une survie limitée, tandis que la vie se continuait sans incidents chez les sujets nourris avec du lait naturel. Il paraît résulter de ces expériences que les sels fournis sous la forme inorganique sont incapables de servir de nourriture, et qu'il est nécessaire de les donner unis, ou mieux, combinés aux aliments organiques, tels qu'ils se rencontrent dans les aliments naturels. De plus, quoique leur ensemble soit manifestement indispensable à la vie, nous sommes peu renseignés sur la valeur de chacun en particulier, car les difficultés de l'expérimentation sont assez considérables pour qu'on ne soit pas arrivé à préciser toutes les actions spéciales, comme on l'a fait pour certains, le fer, le phosphore, la chaux, le chlorure de sodium.

Leur alcalinité est une condition primordiale. Les sels ne sont utilisés que sous la forme alcaline qui leur permet de saturer les acides, et principalement les acides urique et sulfurique produits en quantité notable. Le milieu vital est alcalin et entretenu tel par l'usage des végétaux qui renferment de la potasse et des bases, unies à des acides organiques qui s'oxydent en libérant leurs bases. Lorsque celles-ci sont insuffisantes et que le milieu reste acide, le fonctionnement des éléments vivants est modifié, et à la longue, apparaît la diathèse arthritique caractérisée par l'acidité.

L'organisation de la molécule vivante exige la présence de divers matériaux inorganiques. On a vu que le soufre est une partie constitutive de l'albumine, que le fer est indispensable à l'hémoglobine. Les phosphates de chaux et de magnésie entrent dans la composition des os et, dans la période de croissance des êtres, se montrent une condition nécessaire de l'existence. Leur ingestion n'est pas toujours en rapport avec leur utilisation, mais dépend toujours des mêmes circonstances auxquelles sont soumis tous les aliments en général. La nature du sel ingéré facilite plus ou moins son absorption ; il est utile, en effet, qu'il soit donné sous la forme organique qu'il a prise par une élaboration animale ou végétale antécédente ; sous la forme minérale, il reste une poussière inerte, et c'est une erreur grossière que d'associer du phosphate de chaux en poudre aux aliments. D'un autre côté, même avec une alimentation suffisante en phosphates organiques, il peut arriver chez l'enfant que le rachitisme apparaisse. La maladie n'est donc pas en rapport avec le défaut d'absorption ou l'absence du sel, mais avec l'insuffisance des moyens dont l'organisme dispose pour l'utiliser. De même, dans les affections qui se traduisent par de la phosphaturie, il ne sera pas indiqué d'augmenter l'administration des phosphates, mais de rechercher d'abord la cause de l'insuffisance de l'élaboration alimentaire, afin d'y porter remède.

Certains sels minéraux activent les phénomènes de la nutrition en favorisant les échanges osmotiques par leur pouvoir diffusif et leur action solubilisante sur les composés organiques, les albuminoïdes principalement. De plus, ils ont un rôle particulier, et chacun d'eux possède une affinité élective pour tel ou tel tissu. Chacune de ces particularités permet de comprendre le rôle fort important des sels minéraux dans l'alimentation, et de s'expliquer comment leur privation peut déterminer des accidents si graves[1].

La présence de combinaisons métalliques, comme celles du manganèse, du fluor, de l'iode, du brôme, de l'arsenic, est liée à la composition de certains nucléoprotéides, et sans doute aussi au fonctionnement des ferments qui n'en exigent que des proportions très faibles, à peine appréciables, mais qu'on a tout lieu de supposer indispensables. Il est même probable que l'action de certaines diastases devra être rapportée spécialement à des particules métalliques en combi-

---

[1] Pouchet, *Encyclopédie d'hygiène*, t. II.

naison avec la matière organique. Les sels de calcium produisent une activation remarquable du suc pancréatique, tellement remarquable qu'un suc inactif obtenu avec la sécrétine, est rendu actif pour la digestion complète de l'albumine par l'addition d'un sel de calcium soluble. Par filtration sur du collodion, cette propriété d'activation est perdue, sans doute parce qu'il reste sur le filtre une substance analogue au proferment et capable de donner de la kinase avec le calcium. Les autres métaux bivalents, strontium, baryum, magnésium, sont sans action (Delezenne).

Raulin, dans ses recherches sur le développement de l'aspergillus, a étudié l'influence des sels minéraux sur la nutrition. Duclaux pense que les phénomènes observés par Raulin doivent avoir leurs analogues dans la vie des animaux[1], et à ce titre, il est intéressant d'en rapporter quelques-uns. Ces expériences en effet, d'une simplicité extrême chez les végétaux, ne peuvent guère être entreprises chez les animaux, en raison des conditions complexes de leur nutrition, et dans tous les cas, elles ne l'ont pas été. Elles nous montrent la sensibilité de la cellule vivante pour certains sels, et confirment leur utilité, sans que pour l'animal nous puissions rien préciser de ce qu'on observe dans la plante.

Nous avons déjà indiqué l'action du zinc. Celle du fer est toute différente et prête à une interprétation plus compliquée. Lorsqu'on supprime le fer du liquide nourricier, la végétation de l'aspergillus est diminuée ; si, au cours d'une diminution obtenue par la suppression du zinc, on vient à ajouter du métal, elle reprend son cours naturel ; il n'en est plus de même pour le fer.

[1] Duclaux, *Chimie biologique*, p. 211.

Une addition de fer est incapable de s'opposer au dépérissement des végétations successives d'aspergillus dans un liquide de culture qui n'en possédait pas au début. L'interprétation de ce fait exige l'hypothèse d'une action en quelque sorte antiseptique du fer, s'opposant au développement d'une substance toxique qu'on a tout droit de supposer être l'acide cyanhydrique. Le fer empêche le poison de se produire, mais ne le détruit pas une fois produit.

L'aspergillus est encore plus sensible à l'action de l'argent. Il ne se développe pas dans un vase d'argent, si petite que soit la quantité du métal que le liquide peut dissoudre. L'analyse chimique ne trouve rien, mais le végétal est un réactif bien plus sensible. Dans une culture en bonne voie, la végétation est arrêtée par un seize cent millième de nitrate d'argent.

L'influence de la matière minérale sur la levure est également remarquable. Il se produit une modification et un ralentissement dans la fermentation, si on enlève les phosphates alcalins. Le soufre qui est une partie nécessaire du protoplasma, est indispensable à la végétation de la levure, et on peut l'affirmer, quoiqu'on ne soit pas arrivé à sa suppression absolue dans le moût de fermentation. Le sucre candi le plus pur employé pour la culture en renferme toujours des quantités suffisantes.

L'association des matières minérales avec les albuminoïdes a paru tellement indispensable pour la formation des cellules vivantes, que dans les recherches ayant pour but la synthèse de la matière organique qui se rapproche le plus de la matière vivante, on a utilisé ces deux ordres de matériaux. L'expérience a montré qu'il fallait à la substance organique de synthèse, de toute nécessité, une véritable matrice inorganique mobile et de consistance pectoïde. Les solutions nutri tives de Raulin, Desmer, Winogradski, les colloïdes mêmes ne donnent rien. Seules, les albumines et les nucléïnes, qui renferment de la matière inorganique dans leur molécule, donnent des précipités granuleux, invariables d'aspect. Les silicates fournissent une grande richesse de figures organoïdes et de précipités poreux. Mais c'est avec les carbonates qu'on obtient les plus brillants résultats. Ils ont une consistance pectoïde et une structure cellulaire parfaitement nette. Leurs figures sont presque équivalentes aux figures naturelles[1].

Les expériences de Harting, rapportées par Bene dickt[2], montrent que l'association du carbonate de chaux avec l'albumine donne naissance à des cellules de diverses formes, offrant l'image de la division cellu laire et de la karyokinèse chez les êtres vivants. Lors qu'on vient à enlever l'excès de carbonate par l'acide acétique, il reste une substance organique que Harting appelle une globuline, possédant les réactions de la chitine et de la conchylionine. Avec les fluorures, on obtient des substances à apparence cartilagineuse ou de consistance tendineuse, et même des fibrilles rappelant le tissu conjonctif. On arrive même à produire par des réactions nettement déterminées, un tissu ressemblant d'une manière frappante au tissu glandulaire[3].

M. Herrera, par précipitation du bicarbonate de

[1] A. Herrera, Renaissance du problème de la génération spontanée. *Rev. scient.*, 17 février 1906.

[2] M. Benedickt. *Biomécanisme.* Édition française, 1904, t. II.

[3] V. Benedickt, II. p. 71.

soude par le chlorure de calcium, a formé des globules nucléés se gonflant dans les liquides organiques par une espèce d'alimentation. Les globules sont plus petits dans la précipitation de l'eau de chaux par l'acide carbonique. Ces carbonates, cultivés dans les liquides organiques, offrent des imitations merveilleuses de toutes sortes d'organismes : spores, embryons, microbes, etc.

Ainsi donc, les matières minérales contribuent d'une façon efficace à l'entretien de la vie, tant par le milieu qu'elles créent, la matière qu'elles apportent pour l'édification des tissus, que par les réactions chimiques déterminées par leur présence. Elles favorisent l'action des diastases et peuvent se montrer antiseptiques. Elles augmentent les échanges respiratoires, relèvent le taux de l'urée, influencent le système nerveux. Elles peuvent arriver à créer l'immunité en provoquant la leucocytose et accroissant la résistance aux maladies (Charrin). En un mot, elles ont dans le métabolisme de la matière vivante, un rôle aussi important que les aliments organiques, albuminoïdes ou hydrocarbonés.

Des expériences citées plus haut, il faut conclure de plus que le carbonate de chaux et d'autres sels qui ne sont pas encore précisés, ont dû jouer un rôle prépondérant au début de l'organisation de la matière, en formant pour ainsi dire le squelette de la première molécule vivante, et que, par suite, leur importance actuelle, à la fois dans la constitution et dans l'entretien de tous les tissus animaux et végétaux, s'explique facilement[1].

L'alimentation de tous les jours apporte à l'orga-

---

[1] Voir sur le rôle des substances minérales : A. L. Herrera. *Rev., scient.*, 1903, 1, p. 751.

nisme les éléments minéraux qui entrent dans ses
échanges, et sauf le chlorure de sodium, aucun d'eux
n'a besoin d'être ingéré en nature. Une seule exception
peut être faite relativement au fer que le nouveau-né
ne trouve pas dans le lait, sa seule nourriture, mais
qu'il doit tirer d'une réserve hépatique constituée aux
dépens de la circulation maternelle. Tous les sels sont
donc fournis par les aliments et surtout par les végétaux, à tel point qu'à un moment où le rôle des toxines
n'était pas encore connu, on attribuait à l'usage immo-
déré des végétaux, l'athérome artériel et toutes les
scléroses.

La viande ne renferme pas plus de chlorure de
sodium que les végétaux ; les seuls produits animaux
qui en contiennent sont le sang et le lait. Aussi le
bouillon qui emporte les trois quarts des sels de la
viande, et qui sous ce rapport est un aliment recommandable, n'en présente pas de traces, et tient surtout
en dissolution des sels de potasse, de chaux, de magnésie, et du fer, sous forme de phosphates, de chlorures
et de sulfates. La viande et ses préparations se distinguent par leur proportion en acide phosphorique qui,
uni à la chaux et à la magnésie, se dépose dans la cellule osseuse, et combiné aux albuminoïdes forme les
nucléines du noyau cellulaire.

Les herbacés, les légumineuses et les fruits apportent des sels de potasse, de soude, de magnésie, de
chaux, sous forme d'albuminates, de malates, de tar-
trates, d'oxalates, sels organiques qui s'oxydent en
donnant naissance à des carbonates alcalins ou alca-
lino-terreux. Ceux-ci à leur tour se détruisent et les
bases mises en liberté, s'unissent aux acides urique,
hippurique, lactique, sulfurique, phosphorique, pro-

venant directement des ingesta ou résultant de la désassimilation, et contribuent ainsi à la conservation de l'alcalinité des tissus. L'ammoniaque peut également jouer le rôle de base et saturer les acides, mais ce n'est guère que chez les carnassiers que cette combinaison se produit d'une façon habituelle, et les omnivores souffrent quand ils ne peuvent se procurer les alcalis ou les terres qui conviennent à leurs échanges. Ainsi la potasse est l'alcali des tissus, comme la soude est celui du sang.

On admet que l'eau des boissons fournit un complément de matières minérales à la ration alimentaire, mais les composés organiques, céréales, légumes, féculents, en apportent bien davantage et sous une forme qui permet de croire à une utilisation bien supérieure. Il est certain que la chaux et la magnésie, par exemple, sont beaucoup mieux assimilées sous la forme de sels organiques que sous la forme de sels minéraux. La raison en est que les fonctions de digestion et d'absorption s'exercent de préférence sur les substances organiques plutôt que sur des sels minéraux, et que ceux-ci devenus, au regard de la matière vivante instable, des éléments fixes avec lesquels les échanges ne peuvent plus avoir lieu, ne prennent pas part aux phénomènes de la vie, et devenus des corps étrangers, sont éliminés. Aussi les médications qui seront basées sur l'emploi de poudres minérales comme carbonate, phosphate de chaux ou de fer, même peut-être glycérophosphates seront appelées à des insuccès constants. La véritable manière d'administrer les sels utiles, est un régime bien entendu. Les légumes frais, salades, épinards, les jaunes d'œuf fourniront le fer et la chaux ; les céréales et les légumineuses, les phosphates ; les pommes de terre la potasse et la magnésie. Le pain et le vin contribuent également à satisfaire les besoins en acide phosphorique et en bases alcalines et alcalino-terreuses.

# CHAPITRE XI

## LES ALIMENTS D'ÉPARGNE
## ET LES CONDIMENTS

La valeur des aliments ne consiste pas seulement dans les propriétés nutritives qu'ils doivent à leur constitution chimique, et qui se manifestent par les transformations et destructions productrices de l'énergie vitale. Ils présentent en outre une action sur le système nerveux, dont le processus chimique échappe pour le moment à toute explication, et empruntent pour obtenir ce nouveau résultat soit la voie des sens, soit une voie réflexe dont le contact sur la muqueuse digestive forme le point de départ. Cette même propriété existe dans un certain nombre de substances qui se rapprochent par ce côté des aliments véritables, et ont reçu pour cette raison le nom d'aliments nervins. On les a aussi appelés aliments d'épargne, parce que, quoique leur composition chimique n'offre pas les caractères propres à les faire classer parmi les aliments vrais, ils donnent cependant l'illusion d'une alimentation réelle dont ils feraient seuls les frais.

L'excitation qu'ils provoquent est à la fois locale et générale, locale pour ce qui regarde les sécrétions et l'action digestive, et principalement générale quand on la considère dans ses rapports avec l'accroissement de l'activité de la nutrition et les phénomènes objectifs qui en résultent. On peut mettre en fait que tous les aliments la possèdent à un degré quelconque suivant les circonstances. Le lait qui n'est pas un excitant chez l'adulte dans les conditions habituelles de la vie, l'est à un degré remarquable chez le nouveau-né, et le devient chez l'adulte fatigué et affamé. Ce qui distingue les aliments vrais, c'est qu'avec eux, l'excitation tout en étant plus durable, n'épuise pas, car l'activité dont ils sont la cause s'entretient par les apports énergétiques qu'ils font à l'organisme, et celui-ci peut remplacer immédiatement les matériaux détruits sous la poussée excitatrice. Ils donnent ainsi naissance à une activité salutaire des échanges qui favorise le départ des matériaux usés et leur remplacement par de nouveaux.

La viande est douée d'un pouvoir d'excitation plus considérable que tout autre aliment. Le mécanisme de cette action, intéressant à connaître, nous fixera sur la façon dont elle s'exerce, qui est la même pour toutes les substances excitantes. L'effet, attribué à tort au passage dans la circulation des produits ingérés, se manifeste un temps assez long avant l'absorption. On peut remarquer que le bien-être commence avec les premières bouchées de nourriture, avant même la déglutition du solide ou du liquide, bien avant que la faim ou la soif soient satisfaites, et naturellement bien avant l'arrivée des aliments dans l'intestin. L'excitation n'est que le phénomène psychique dû à la satisfaction, non pas même de l'appétit, mais du désir. Ayant ainsi débuté, elle se continue longtemps, quand elle peut être entretenue au moyen de l'envoi dans la circulation de principes nutritifs absorbables. Toute espèce de nourriture est capable de la produire dans ces conditions, mais elle n'est que passagère dans le cas des aliments nervins qui ingérés seuls, ne peuvent développer de l'énergie qu'aux dépens des réserves accumulées, ne possédant par eux-mêmes aucun élément matériel énergétique. Ils agissent comme l'allumette qui met le feu à la poudre, et si même leur substance est capable de transformations énergétiques, le volume en est généralement très restreint et largement disproportionné avec l'effet produit. Il en résulte que le nom d'aliments d'épargne, sous lequel ils ont encore été désignés donne une idée fausse de leur action.

Ce nom leur venait d'une apparence, non confirmée par des faits que le simple raisonnement montre irréalisables. Incapables de fournir à la cellule vivante une molécule assimilable, ces substances étaient cependant regardées comme provoquant dans l'organisme un travail actif sans épuisement. D'après les lois de l'énergétique, il est certain qu'il ne peut en être ainsi, et que toute manifestation vitale procède d'une destruction chimique. Celle-ci s'effectue toujours aux dépens des éléments constitutifs des réserves ou des tissus, et il arrive forcément un moment où elle devient apparente. Que son apparition soit reculée par l'aliment d'épargne, et qu'alors. à un examen superficiel et trop rapide, elle ne semble pas évidente, nous devons être d'accord sur ce point, origine de la dénomination.

Il faut signaler encore une autre particularité, consistant en ce que l'homme qui fait usage de certains de ces aliments est capable, avec une alimentation dans tout autre cas insuffisante, de se livrer à un travail notablement plus considérable, plus prolongé, et infiment plus fatigant qu'avec une nourriture suffisante et non accompagnée de l'excitant. C'est donc que celui-ci l'a mis à même de profiter plus complètement du peu qu'il a ingéré, de transformer en travail effectif l'énergie totale disponible de ses ingesta, dont une grande partie, sans cet adjuvant, se serait dissipée inutilement. Sans doute que ce travailleur donne plus de travail utile en perdant moins de chaleur par la peau ou le poumon. Le phénomène est certainement intéressant.

Mais il est encore une autre explication, applicable sans aucun doute à quelques aliments d'épargne. La faim et la fatigue sont des sensations obsédantes, déprimantes, arrêtant l'activité et ne permettant plus d'employer pour aucun travail, les matériaux de réserve accumulés, et capables de dégager encore une suffisante énergie. On sait que les réserves sont assez abondantes pour que pendant l'inanition, la vie se prolonge encore pendant environ vingt jours. Cependant, le système nerveux se trouve affecté de telle façon par l'inanition, que la mort arrive souvent beaucoup plus tôt chez l'homme, bien avant l'épuisement des éléments énergétiques conservés dans la cellule, et en tout cas, il survient presque toujours un affaiblissement précoce qui empêche rapidement toute manifestation d'activité. Il résulte de cette situation, que si on parvient à supprimer la sensation de la faim, et surtout si on ajoute à cette suppression une suggestion tendant à imposer l'idée de l'efficacité d'une substance, celle-ci agira forcément à la manière d'un aliment, en calmant la faim, en excitant l'activité, et en s'opposant à la fatigue. Cette action se prolongera pendant une période d'autant plus longue qu'il sera possible de la renforcer en ajoutant quelques aliments véritables, réellement énergétiques. Le café, le thé, la coca pris à jeun, relèvent les forces en faisant disparaître la sensation de la faim, et retardent la défaillance pendant deux ou trois jours. Il est évident qu'au bout de ce temps, les matériaux usés auront besoin d'être remplacés, et si cette exigence n'est pas satisfaite, on ne pourra obtenir que l'activité se continue dans les mêmes proportions: La machine ne peut produire de travail sans usure correspondante.

Ainsi donc, excitation du système nerveux et neutralisation de la sensation de fatigue, suppression de la faim et peut-être utilisation plus complète des matériaux de réserve, telles sont les caractéristiques de l'aliment d'épargne. Mais en raison même du développement de ce processus qui, au lieu d'être productif d'épargne, se montre au contraire destructif des épargnes précédemment accumulées, on a dû lui donner un autre nom, et on l'a appelé aliment ou consommation d'agrément. Il est certain que les substances ainsi nommées sont plus agréables par leur saveur ou leur odeur, que bien d'autres douées d'une puissance de nutrition incontestable. L'arome du bouillon qui ne possède qu'une valeur alimentaire très médiocre est très engageant. De même celui du café. Le vin et certaines liqueurs alcooliques ont un goût qui attire beaucoup d'amateurs, et on ne peut nier l'influence des sens sur l'action des ingesta. Les expériences de Pawlow seraient là pour le démontrer, si la croyance populaire qui d'ailleurs a plutôt de la tendance à exagérer ou à défigurer les faits, ne nous l'avait déjà appris.

D'autres aliments nervins, comme le cacao, renferment en même temps que l'arome excitant, des hydrates de carbone et surtout des graisses nutritives. A ce point de vue, le chocolat est un aliment recommandable, réserve faite de sa digestibilité, et autrement nourrissant que le thé ou le café, qui en réalité ne sont d'aucune manière des aliments. L'alcool en raison de l'importance de sa consommation, et des études auxquelles son action spéciale a donné lieu, mérite une place à part parmi ces excitants. Nous y reviendrons dans une autre partie.

La thérapeutique a utilisé les propriétés de certaines substances dans des cas où elles deviennent comparables à ces aliments nervins. L'éther, le chlorhydrate d'ammoniaque, la caféine, l'alcool, sont capables de donner un coup de fouet à une activité endormie, de stimuler une fonction paresseuse. On les a appelés des stimulants diffusibles à cause de la nature et de la rapidité de leur action presque instantanée, à l'exemple de l'excitation d'origine alimentaire. Impropres à fournir par eux-mêmes de l'énergie utilisable, « ils sont aptes à placer momentanément l'organisme dans un état de résistance ou d'activité qui lui permet de réagir contre la déchéance physique en fonctionnant plus régulièrement aux dépens de ses réserves. » (A. Gautier). Mais les médecins savent bien qu'on ne nourrit personne avec de l'éther ou de l'alcool et qu'il est nécessaire de supprimer la médication à bref délai, pour la remplacer par un alimentation rationnelle, lorsqu'on veut conserver le bénéfice ainsi obtenu. L'expérience nous apprend ce que nous devons penser et comment nous devons nous servir des aliments nervins. Leur usage exclusif ou trop abondant les rendrait dangereux. Bunge compare celui qui endort la sensation de fatigue pour continuer à travailler, à un mécanicien qui condamnerait la soupape afin de pouvoir surchauffer la machine.

Aux aliments d'épargne, se rattachent les condiments qui produisent une excitation d'apparence plus localisée et n'agissent sur l'état général que tout à fait indirectement, en favorisant les transformations que doivent subir les aliments pour devenir assimilables. A ce titre, ils auraient pu être étudiés dans le chapitre de la digestibilité, car ils font partie, aussi bien que les préparations culinaires, des conditions nécessaires à une alimentation rationnelle, au moins quand on n'en abuse pas. L'eau est fade et se prend avec plus de plaisir quand on y ajoute le goût du vin. Les substances nutritives les plus importantes comme l'amidon et les graisses n'ont absolument ni goût ni saveur. En y ajoutant des condiments, on les rend plus appétissantes, et en même temps, on favorise l'apparition des ferments qui les transformeront.

Le mécanisme de cette action est toujours celui qui a été indiqué par Pawlow ; les condiments impressionnent d'abord les sens, puis deviennent des excitants des sécrétions digestives. Ils ont été classés par M. Richet en substances sucrées, salées, acides et amères. Les deux premières classes ont été rangées parmi les aliments. Les acides végétaux sont brûlés dans l'organisme, c'est-à-dire détruits, sans prendre part à la formation des réserves, en ne fournissant que de la chaleur et des bases. Les amers, peu recherchés, font plutôt partie de quelques boissons dans lesquelles ils se mélangent à d'autres corps d'une action plus accentuée. Le résultat de l'usage de ces substances est donc, en outre de leur action psychique due à leur saveur ou leur odeur, d'exciter physiquement ou chimiquement les muqueuses aux points de contact, et de solliciter ainsi les sécrétions digestives. A doses modérées, elles sont utiles, par exemple dans les cas d'appétit paresseux ou languissant, ainsi qu'on l'observe dans les pays chauds où leur usage permet l'ingestion et la digestion d'une plus grande quantité de nourriture. Elles donnent le moyen d'administrer une alimentation plus réparatrice dans les convalescences, les anémies, et favorisent l'emploi d'aliments plus ou moins répugnants comme la viande crue et souvent le lait.

Il est quelques-unes de ces substances à saveur piquante ou brûlante, comme les piments, le poivre, la moutarde, dont il faut savoir éviter l'abus, à cause de leur action sur le foie et sur les reins, surtout quand le fonctionnement de ces organes commence à laisser à désirer par les progrès de l'âge. A ce compte, les enfants les supporteraient mieux, mais ils n'en ont pas besoin pour activer les sécrétions digestives.

Enfin, certaines épices agissent simplement sur le sens olfactif ou gustatif et ne sont pas ingérées, comme le clou de girofle, la cannelle, la muscade, la vanille, et un certain nombre d'autres dont il est inutile de faire la nomenclature et dont les effets et les dangers sont toujours les mêmes.

Les principes actifs des condiments végétaux sont nombreux et de plus, diversement combinés dans chaque végétal, de façon à procurer des saveurs très différentes, suivant les différentes proportions dans lesquelles ils se rencontrent. En premier lieu, se trouvent les huiles essentielles, dont la plupart sont isomères ou polymères de l'essence de térébenthine ; puis viennent d'autres huiles concrètes généralement formées par un hydrate de camphène : les condiments qui renferment les plus grandes quantités de ces huiles sont les piments, les poivres, le laurier, le thym, le romarin, le serpolet, le clou de girofle. L'ail, la moutarde, le cresson, les radis se distinguent par une saveur piquante spéciale due à des dérivés sulfurés de l'alcool allylique et à du sulfocyanate d'allyle.

Les propriétés toutes spéciales de la moutarde doivent être attribuées à la myrosine qui est un ferment soluble, et au myronate de potassium. La myrosine réagissant en présence de l'eau sur le myronate de potassium, le décompose en glycose, sulfate acide de potasse et sulfocyanate d'allyle qui n'est autre que l'essence de moutarde. L'eau bouillante et les acides concentrés empêchent cette réaction, qu'on obtient à froid dans toute sa perfection pour l'usage de la table avec les moutardes en poudre qui sont un mélange d'amidon, de moutarde et de curcuma. Pour éviter une mise en liberté trop rapide de l'essence qui ne laisse plus, au bout de peu de temps, qu'une préparation sans saveur, les moutardes préparées à l'avance sont faites avec addition de vinaigre ou de moût de raisin qui ne possèdent qu'une action faible, mais très prolongée sur le dégagement de l'essence. Le curcuma qui entre dans la préparation de la sauce curry, renferme un hydrate de camphène, une huile essentielle volatile, isomère de l'essence de térébenthine et une résine irritante qui est la même que celle de certains rhizomes servant à la fabrication de l'arrow-root et qui, dans ce dernier cas, doit être éliminée avec soin.

On trouve des gommes résines dans le cerfeuil, le céleri, le panais ; des camphres, dans le thym, le serpolet, la muscade. L'apiol du persil est un camphre. La muscade renferme de plus un acide de nature indéterminée qui s'unit à de l'oléine et à de la myristine pour former le beurre de muscade. A côté de ses essences et de son camphre, le laurier renferme de l'acide laurique. Enfin, il reste à signaler des alcaloïdes comme la capsicine du piment, la pipérine du poivre; des aldéhydes différentes dans la cannelle et la vanille, et un phénol. Celui-ci, l'eugénol, isomère de l'acide cuminique se rencontre dans le poivre de la Jamaïque et le clou de girofle. L'essence de girofle en contient 92 p. 100. Presque toutes ces essences sont à la fois excitantes et antiseptiques, et favorisent la digestion non seulement en excitant, mais aussi en aseptisant les voies digestives.

Cette revue rapide permet de se rendre compte de l'absence presque complète du pouvoir nutritif que possèdent les condiments et des inconvénients que présente forcément l'habitude d'une nourriture additionnée de semblables substances. Toutes les sécrétions digestives d'abord excitées, deviennent peu à peu indifférentes, de façon à solliciter l'augmentation graduelle de la consommation du condiment. De plus, le foie fatigué par l'apport de matériaux doués de réactions puissantes, quoique leur rôle réel dans la nutrition reste nul, congestionné ou inhibé, devient incapable de leur faire subir les transformations qui doivent leur enlever leurs propriétés irritantes. Ils vont exercer leur influence néfaste sur les cellules en général, et en particulier sur les éléments excréteurs du rein.

Cependant l'utilité des condiments, aussi bien que des aliments nervins est indiscutable, à la condition qu'ils ne soient pas pris seuls. Ils contribuent, en changeant les apparences et en relevant le goût des substances alimentaires, à faciliter l'usage de certains aliments qui sans eux paraîtraient fastidieux et seraient négligés. Ils sont toniques et excitateurs des nerfs, et obtiennent par cette stimulation une meilleure élaboration et une plus fructueuse utilisation de la nourriture. Ils rendent de grands services en augmentant les ressources alimentaires des populations. Dans d'autres cas, ils sont aptes à placer momentanément l'organisme dans un état de résistance ou d'activité qui lui permet de réagir contre la douleur ou la déchéance physique, en fonctionnant plus régulièrement aux dépens de ses réserves. (A. Gautier.)

# CHAPITRE XII

## L'ALCOOL, SON ROLE DANS LES ÉCHANGES DE MATIÈRE ET D'ÉNERGIE

De toutes les substances qualifiées du nom d'aliments d'épargne, l'alcool est celle sur laquelle on a le plus discuté. Faisant abstraction de sa nocivité évidente, qui n'a rien à voir avec ses qualités plus ou moins alimentaires, le plus grand nombre est d'accord pour en faire un aliment vrai, quoique peu recommandable, tandis que d'autres, interprétant d'une façon différente la manière dont il se comporte dans l'économie, lui refusent nettement cette propriété. Mais le problème a été présenté d'une autre manière, et on a dit que l'usage de l'alcool ménage la destruction d'autres substances. Nous aurons à envisager cette face de la question, quoique nous sachions que le mot d'aliment d'épargne n'a pas cette signification.

On ne peut dénier à l'alcool la qualité d'excitant, et sous ce rapport, on doit le ranger dans la catégorie des consommations d'agrément, sauf les restrictions que ses propriétés vont nous obliger à apporter à cette classification. En effet, l'alcool ne produit aucune de ces excitations gastro-intestinales qui font que la viande s'achemine à la faveur de transformations de plus en plus profondes vers l'assimilation. L'excitation alcoolique du début peut être jusqu'à un certain point rapprochée de celle qu'on observe au moment où on se met à manger, quand l'appétit est franchement ouvert. Elle est alors comparable au sentiment de bien-être causé par la viande aussi bien que par tout autre aliment, différente cependant, par sa durée et son intensité d'abord, et ensuite par ses manifestations nettement toxiques soit sur le tube digestif, soit sur les tissus en général. Un autre effet de l'excitation alcoolique se montre au moment où ce combustible anormal dont la présence entrave, ainsi que nous allons le voir, les fonctions des cellules, sans avoir été modifié en rien par son passage dans le tube digestif, envahit l'organisme. Celui-ci entre dans une réaction immédiate, qui a pour résultat de renforcer les effets obtenus dès le début en activant les échanges normaux. Cette suractivité dure peu, rapidement remplacée par des manifestations toxiques. Les cyclistes qui se servent d'alcool ont les jambes coupées avant la trentième minute qui suit l'absorption. La combustion intra-organique à début brusque, ajoutant ses calories à celles des combustions alimentaires normales, cause une excitation vaso-dilatatrice périphérique, en même temps qu'une augmentation des échanges respiratoires qui, dissipant les calories de provenance alcoolique, ne permet pas leur utilisation.

M. Triboulet, dans une communication très étudiée, faite en 1903 à la Société de thérapeutique sur l'alcool dans l'alimentation, interprète des graphiques publiés par M. Féré et fait remarquer que « l'action de l'alcool se fait plus encore par voie sensorielle que par contact direct sur les centres nerveux après l'absorption. La tension artérielle et l'amplitude respiratoire augmentent plus après le contact de l'alcool sur la langue, qu'après ingestion stomacale directe par la sonde — et ainsi, obtient-on plus de l'alcool médicalement en le dégustant, — c'est-à-dire en le laissant en dehors de l'alimentation, qu'en l'ingérant. »

Un autre effet de l'excitation alcoolique se manifeste sur le système nerveux. Sa forme très variable suivant les individus, se caractérise généralement par une incohérence qui porte le buveur à se sentir réchauffé quand le thermomètre indique du refroidissement, à se sentir plus fort quand au contraire l'énergie musculaire s'affaiblit, enfin à prendre pour une preuve d'esprit et de supériorité un bavardage rempli de vanité et de prétention. L'anesthésie générale, l'engourdissement et la torpeur intellectuels sont la rançon vite payée de cette excitation pathologique.

Il y a cependant l'histoire du mulet de M. Gautier[1], il y a quelques exemples d'hommes se mettant plus courageusement à la besogne à l'aide d'une excitation alcoolique préalable. Ne peut-on répondre que chez l'animal, le fait est trop exceptionnel pour qu'on en tienne compte, et que quand l'homme est habitué de longue date aux boissons alcooliques, le terrain se prête mal à de semblables observations? Une expérience faite alternativement sur deux équipes d'ouvriers aussi semblables que possible, et occupés à un travail identique a montré que si l'excitation alcoolique avait un effet favorable pendant les premiers jours, la dépression survenait bientôt et que l'usage de l'eau permettait un rendement plus considérable. Le chien de M. Chauveau peut être opposé au mulet de M. Gautier. Si le chien n'avait pas besoin d'alcool pour se mettre

---

[1] *L'alimentation et les régimes*, 1904. p. 241.

à l'ouvrage, en revanche, avec l'alcool, il perdait sa puissance de travail [1].

Toute l'histoire physiologique de l'alcool pourrait se borner à la constatation de ce rôle peu brillant, si les observations et les expériences ne lui avaient découvert un caractère commun avec les aliments. Il se combine dans l'organisme avec l'oxygène, et dans cette oxydation, libère naturellement, comme à l'air libre, sous forme calorifique, une énergie indépendante de sa première action d'excitation. Or, toute la question se réduit à savoir si cette chaleur est capable de devenir de l'énergie vitale, ou d'être employée sous quelque forme que ce soit aux actes de la vie. Tout ce que l'aliment vrai fournit à l'organisme, étant réductible en dernière analyse en énergie utilisable par l'organisme, s'il peut être prouvé que la chaleur résultant de la combustion de l'alcool est utilisée pour un acte physiologique, il sera démontré du même coup que l'alcool est un aliment. Pour atteindre le but proposé, il importe de savoir par quel processus arrive à se manifester la chaleur qui a pour origine l'alimentation habituelle et comment cette chaleur est employée dans la production et l'entretien des phénomènes vitaux.

L'aliment type, celui qui est réductible le plus facilement et le plus fructueusement en chaleur est le sucre, qui dérive des albuminoïdes ou des hydrocarbonés. Lui seul renferme la molécule de carbone $C^n$ qui se simplifiera peu à peu pour donner naissance à l'atome C dont l'oxygène s'emparera. Cette combinaison est le dernier stade d'une longue évolution à travers l'économie. Quand la glycose qui résulte de la

_______

[1] *Acad. des sciences*, t. CXXXII, p. 65 et 110.

digestion intestinale arrive au foie, quoique se trouvant
là au contact de l'oxygène, comme elle s'y retrouvera
encore plus tard dans la circulation générale, elle reste
indifférente à l'élément comburant, et subit d'abord une
série de transformations dont le résultat est de la faire
passer de l'état de matière morte à celui de matière
vivante. Le plus grand ordre règne dans ce processus.
Au lieu de pénétrer dans le sang, au hasard des
caprices de l'ingestion et des transformations intestinales, au risque d'apporter le trouble dans la nutrition
par les intermittences d'une fourniture mal réglée, elle
se trouve arrêtée dans la cellule hépatique où elle
déshydrate sa molécule en prenant la forme de glycogène. Celui-ci est une réserve fixe, condensée, mise à
l'abri d'une destruction trop hâtive et nuisible, emmagasinée sous le volume le moins encombrant, tout en
restant à la disposition des besoins de l'organisme.
Cette simplification de l'aliment correspond chez les
végétaux à la production de l'amidon et de la saccharose qui sont des formes alimentaires analogues. « Il
faut que les matériaux nutritifs aient été préparés dans
la cuisine de l'individu. » (Cl. Bernard).

A la suite de cette étape dans le foie, le glycogène,
hydraté et ayant repris la forme soluble de glycose,
se dissout dans le sang. Ce phénomène a lieu sous
l'influence du besoin de combustible, ou bien sous la
poussée d'un nouvel arrivage, et dans les deux cas, la
destinée de la glycose ainsi livrée à la circulation générale n'est pas la même. Lorsque les sucres de l'économie sont épuisés, ou que la provision a besoin d'être
renouvelée, la matière énergétique vient remplacer
celle qui a été consommée dans les tissus, et principalement dans les muscles et dans les glandes. Elle n'est

pas brûlée aussitôt après son apparition dans le sang. Elle se condense de nouveau en glycogène, formant la réserve des tissus, d'où elle est extraite progressivement et d'une façon continue pour s'unir à la molécule vivante par une série de combinaisons ininterrompues. Au cours de ces opérations, la molécule de carbone se simplifie de plus en plus, et finalement, au contact de l'oxygène dont la présence est une des conditions d'instabilité de la molécule vivante, donne naissance à l'acide carbonique. Au cours des premières simplifications, la molécule $C^n$ devient $C^{n-1}$, $C^{n-2}$, et l'énergie qu'elle abandonne suivant les transformations de la matière, se trouve libérée peu à peu et régulièrement jusqu'au moment où la division en atomes C permet la combinaison exothermique avec l'oxygène qui dégage la dernière partie du potentiel énergétique.

Ainsi, le glycogène n'est pas seulement une phase de transformation, c'est une forme stable : c'est le charbon extrait de l'arbre et emmagasiné jusqu'au moment du besoin. L'arbre, sous sa forme forestière n'est pas utilisable comme combustible dans le foyer domestique, il ne le devient qu'à la suite d'un travail préparatoire qui change son aspect et lui donne des qualités nouvelles. Avant sa métamorphose en charbon, il a passé par diverses formes : le charbon lui-même, avant de s'évaporer en acide carbonique, peut présenter des combinaisons intermédiaires, aucun de ces produits n'est le véritable combustible, le charbon seul est demandé et utilisé. Il en sera de même pour le sucre ; entre l'état initial et l'état final, on peut en saisir une série d'autres qui ne sont pas des états d'équilibre, sucre, alcool, acide lactique, glycérine, produits passagers de dislocation que nous nous garderons bien d'appeler avec M. Duclaux, aliments successifs se dégageant du bloc alimentaire. Le sucre seul est l'aliment de la matière vivante, comme le charbon est l'aliment du foyer de la ménagère.

Lorsque la réserve hépatique quitte le foie, poussée par un arrivage intempestif et surabondant de sucre, au moment où le sang est encore suffisamment saturé, ce surcroît d'aliment ne trouvant pas une utilisation immédiate, soit par une nouvelle transformation en glycogène, soit dans les échanges, doit être employé autrement. Il n'y a pas et il ne doit pas y avoir de consommation de luxe, c'est-à-dire de transformation de matière avec dégagement d'énergie, en dehors des besoins, sous peine de compromettre l'équilibre de la santé. La glycose par condensation ou synthèse de sa molécule se transforme alors en graisse avec dégagement d'eau et d'acide carbonique. La graisse qui renferme un potentiel énergétique considérable, peut être considérée alors comme une autre forme de réserve.

Telle est en peu de mots, l'évolution de l'aliment vecteur d'énergie, qui nous donne la signification de la réserve alimentaire. Celle-ci, sous forme de glycogène, réserve stable, répond aux nécessités de la nutrition qui sont la régularité et la continuité dans les apports de matière et d'énergie : la glycose réunissant et conservant la matière et l'énergie sous une forme propre aux échanges intracellulaires, entretient par ses combinaisons successives l'activité de la molécule vivante. Par ses dédoublements exothermiques, elle libère au profit de la vie le potentiel emmagasiné sous la forme chimique qui est la plus facilement transformable dans les autres formes. Enfin, la glycose, épuisée, changée en eau et en acide carbonique, produits sans valeur, disparaît facilement de la cellule, après avoir donné une nouvelle impulsion aux échanges moléculaires.

C'est bien ainsi que se comporte l'aliment habituel, de composition compliquée, et inapte à une oxydation intraorganique immédiate. Avec quelques substances de constitution plus simple, les phases se trouvent abrégées ; les acides des fruits, aussi bien que l'alcool n'exigent pas le concours des ferments digestifs pour être préparés à l'absorption. Absorbés sans modification, ils se mélangent au plasma sanguin dans lequel, rencontrant l'oxygène de l'oxyhémoglobine, ils s'oxydent, en mettant en liberté de l'acide carbonique. Différents des sucres oxydables qui résultent de l'élaboration de l'aliment, ils peuvent pénétrer par imbibition ou osmose dans la cellule sans s'incorporer à la molécule vivante, et sans prendre aucune part aux échanges ; subissant une évolution accélérée, ils sont détruits dans le sang.

Ceci posé, il s'agit de rechercher quels sont les avantages et les inconvénients de ces opérations, d'établir quels bénéfices en retire l'économie, et enfin de fixer d'après toutes ces données la valeur alimentaire réelle qu'on peut attribuer, en raison de leur évolution spéciale, à toutes ces substances, et particulièrement à l'alcool.

Celui-ci, contrairement aux aliments communs, traverse donc sans subir de modifications, l'estomac et l'intestin. Peut-être même est il absorbé en totalité par la muqueuse de l'estomac qu'il congestionne, et sur laquelle il produit une excitation rarement favorable, dont les effets désastreux sont encore aggravés par une déshydratation intense à laquelle il se livre, aux dépens de tous les tissus qu'il touche[1]. Ainsi la muqueuse ne sort pas indemne d'un contact qui laisse l'alcool inaltéré, et jusqu'au moment de la combustion finale, les mêmes phénomènes se continuent. Tour à tour la cellule hépatique, les éléments figurés du sang, toutes les cellules de l'organisme cèdent de l'eau à l'alcool, ce qui se traduit en premier lieu par des altérations fonctionnelles passagères, et plus tard par des altérations anatomiques persistantes très dispersées. L'alcool en effet se distribue dans tous les tissus, même dans les os et la peau, même dans les liquides sécrétés. Il se retrouve dans le sang des petits chez la femelle en gestation, dans le lait chez celle qui nourrit. Cette dissémination peut être une cause d'atténuation des accidents.

L'alcool est brûlé dans l'organisme dans la proportion de 90 p. 100, peut-être même de 95 à 98, le reste étant éliminé en nature, et aucune quantité ne se fixant comme le glycogène sur la molécule vivante. Il emprunte pour cette combustion l'oxygène de l'oxyhémoglobine, au détriment de la cellule[2] qui ne reçoit plus alors l'oxygène dont elle a besoin pour la conservation de son instabilité moléculaire normale. La cellule est asphyxiée, les sucres qu'elle renferme, une fois sa réserve d'oxygène épuisée, se transforment en graisse fixe et acides lactique, butyrique, succinique qui sont éliminés par suite de phénomènes fermentatifs auxquels l'oxygène reste étranger. Mais ces dédoublements eux-mêmes sont entravés, et ne peuvent se

---

[1] Cl. Bernard. *Leçons sur les effets des substances toxiques et médicamenteuses*, p. 433.

[2] Jaillet, *Thèse de Paris*, 1885

produire que difficilement, à cause de l'action empêchante de l'alcool sur les diastases qui leur donnent naissance. On obtient simultanément une diminution de la capacité respiratoire du sang, une gêne dans les échanges moléculaires, et le ralentissement de la nutrition.

Dans l'oxydation, l'alcool avant d'aboutir au stade ultime représenté par l'eau et l'acide carbonique, passe par une phase préalable qui fournit deux composés toxiques, l'aldéhyde et l'acide acétique dont la présence dans les tissus contribue encore à augmenter le mauvais fonctionnement de la cellule. On voit que tout est différent dans les décompositions intraorganiques des hydrates de carbone et de l'alcool. Celui-ci arrive en masse et brusquement dans la circulation où il provoque une combustion rapide, feu de paille, suivi d'un arrêt brusque des oxydations entravées par le contact même de l'alcool. Si la chaleur primitive a été intense, le refroidissement qui suit, peut aussi se montrer considérable et prolongé. La nutrition n'est pas en droit de compter sur un processus d'une irrégularité aussi flagrante, et l'adage des biologistes « l'assimilation c'est la vie » n'est pas de mise avec une pareille substance. Ce n'est pas de cette façon que la vie doit être entretenue, elle ne s'accommode que d'une régularité et d'une continuité exemptes de ces saccades déconcertantes. A mesure que l'aliment vrai descend à un degré inférieur de complication, par les échanges de matière, il dégage peu à peu et d'une façon continue l'énergie dont il est dépositaire, la reprenant et la fixant dans de nouvelles combinaisons moins compliquées, pour l'abandonner définitivement dans une dernière opération qui est l'oxydation. Au moment où celle-ci va se produire, le composé qui résulte de ces transformations successives se trouve réduit à un état de simplification tel que l'agrégation de ses molécules apparaît comme ne devant plus recéler qu'une minime quantité d'énergie. La plus grande partie a disparu avant l'oxydation, à mesure de ces dédoublements ininterrompus, et l'oxydation ne s'exerce plus que sur une matière élémentaire qu'une dernière réaction va aussitôt mettre hors de service.

L'alcool en brûlant produit une chaleur appréciable, environ 700 calories pour un litre de vin à 10 degrés, qui devrait contribuer pour une forte part à l'entretien de la chaleur animale. Cependant il n'en est pas ainsi, et on remarque plutôt du refroidissement à la suite de l'ingestion des boissons alcooliques. En outre de la gêne apportée à l'activité de la cellule, on peut observer en effet à la périphérie du corps une vaso-dilatation intense par action paralysante sur les centres vaso-constricteurs. Les vaisseaux dilatés renferment une plus grande quantité de sang soumise au refroidissement extérieur, de sorte que l'augmentation d'intensité du rayonnement arrive à compenser, et au delà, la production de calories. Il est vrai que cette action paralysante n'est obtenue qu'avec une dose un peu élevée ; avec la dose faible dite physiologique, elle est insignifiante.

Peut-être cette énergie calorifique trouve-t-elle son utilisation dans d'autres phénomènes moins apparents de la nutrition ? C'est ce qu'on a essayé de savoir au moyen de l'expérience qui consiste à remplacer par de l'alcool les hydrocarbonés de l'alimentation. La notion de l'isodynamie nous apprend que le sucre, l'amidon ou la graisse peuvent être sans inconvénient pour l'organisme, en proportions notables et pendant assez longtemps substitués l'un à l'autre, à condition qu'ils fournissent par leur désintégration moléculaire une égale quantité de calories. L'isoglycogénie telle qu'elle a été enseignée par M. Chauveau ne peut être de mise dans le cas présent, l'alcool ne se transformant pas en glycogène.

Voici comment l'expérimentation a été conduite pour ce qui concerne l'alcool : chez un homme ou chez un animal, on établit avec une proportion calculée d'aliments azotés et hydrocarbonés, un équilibre qui se traduit par la stabilité du poids du corps et de la quantité d'urée excrétée. Comme l'alcool n'a pas la prétention de se substituer indistinctement à tous les aliments et surtout aux azotés, on se contente alors de remplacer une quantité d'hydrates de carbone par une quantité isodyname d'alcool. Dès les premières expérimentations, un premier point a déjà pu être établi, c'est qu'il est impossible d'opérer une substitution complète sous peine de faire éclater des accidents qui obligent à cesser l'expérience. Plus la dose d'alcool sera minime, plus les résultats seront brillants, tandis qu'avec le sucre, la graisse ou l'amidon, on fait des substitutions totales. Voilà déjà une condition capable de fausser les résultats, ou du moins qui s'oppose à ce qu'ils soient rigoureusement comparables, soit entre eux, soit avec ceux que donnent les aliments ternaires habituels. Aussi, nous voyons les expérimentateurs qui ont pris peu d'alcool affirmer que la substitution ne produit aucun changement appréciable chez le sujet. Miura observant sur lui-même, a trouvé que lorsque l'alimentation est plus que suffisante, l'alcool peut jouer le rôle d'un aliment — inutile alors. — Au contraire, lorsque la ration est juste suffisante, il n'agit plus comme aliment. L'excrétion azotée est augmentée, ce qui prouverait que la combustion de l'alcool ne suffit pas aux échanges cellulaires, et que l'organisme brûle ses réserves d'albumine ; ce qui peut prouver encore que l'alcool agit comme destructeur de l'albumine, comme poison du protoplasma. Suivant la quantité ingérée, l'action n'est donc plus la même. Une quantité minime est indifférente, et ajoute une action calorifique négligeable à celle des autres aliments. Une proportion plus considérable produit une chaleur qui ne paraît pas utilisée et se dissipe par vaso-constriction périphérique. Si on augmente encore la proportion, ou simplement à la suite de l'apparition des phénomènes toxiques sur la cellule, et non pas seulement à cause de la perte de chaleur par la surface cutanée, on voit survenir le refroidissement. L'utilité de l'alcool combustible, son rôle comme aliment isodyname ne paraissent donc pas clairement définis. Les résultats de ses remplacements alimentaires ne sont pas précis comme lorsqu'il s'agit du sucre, de l'amidon et de la graisse, nettement interchangeables.

Ces expériences ont été reprises plus récemment en Amérique par MM. Atwater et Benedict qui ont posé la question de la façon suivante : dans quelle limite l'énergie de l'alcool, transformée et utilisée dans l'organisme, est-elle comparable à l'énergie des principes nutritifs des aliments ordinaires, notamment de la graisse et des hydrates de carbone ? Ils ont, pour répondre à cette question, institué des expériences qui ont porté sur la substitution isodyname de l'alcool et des principes hydrocarbonés et gras, dans la proportion de 72 à 80 grammes d'alcool pur, capables d'engendrer cinq cents calories, administrés en six doses dans les vingt-quatre heures, en remplacement d'un poids isodyname d'aliments. Il est inutile d'entrer dans le détail des expériences qui ne laissent rien à désirer sous le rapport des appareils employés, de la rigueur et de la précision des méthodes. Quelques critiques peuvent cependant être faites, en premier lieu sur la durée des expériences, et ensuite sur l'évaluation de la ration alimentaire normale.

D'une façon générale, toute expérimentation ayant pour but l'étude des résultats obtenus sur la nutrition par un changement de régime, a besoin d'une durée assez prolongée. Prenons par exemple la suralimentation azotée, étudiée au point de vue de la fixation de l'azote ingéré. On sait qu'il ne se fait pas de réserve azotée, que les albuminoïdes en excès s'éliminent sans apporter de contribution à l'augmentation de la masse musculaire. Cependant, dans les premiers jours de l'expérience, on peut constater une rétention d'azote, l'élimination ne s'établit pas d'emblée, et l'organisme exige un certain délai pour changer ses habitudes. Nous avons toute raison de penser qu'il en a été ainsi dans les expériences des savants américains. La substitution isodynamique de l'alcool n'a duré que quatre jours chez chaque sujet, ce qui ne permet pas d'additionner les journées d'expérimentation totale de tous, et d'en tirer une conclusion. Au surplus, il aurait été facile de poursuivre l'expérience avec toute sa rigueur sur un sujet non enfermé dans un calorimètre, et de remplacer pendant un mois ou plus, dans son alimentation calculée, les hydrates de carbone par l'alcool. Le dépérissement ou le maintien du poids aurait été un indice suffisant pour conclure, à une condition toutefois. Il aurait été désirable que la ration ne fut pas calculée sur une production de calories manifestement exagérée. Dans le calorimètre même, il y avait suralimentation[1]. Alors quoi d'étonnant si les effets d'une alimentation suffisante se sont maintenus, même en retranchant quelques calories qui n'avaient pas besoin d'être remplacées. Si on objecte que l'augmentation du poids aurait dû être le résultat de cette suralimentation, il sera facile de répondre par ce qui a été dit plus haut au sujet de la durée des expériences.

Dans l'*Introduction à la médecine expérimentale*, Cl. Bernard fait la remarque, ou plutôt pose le précepte qu'il ne suffit pas qu'un fait expérimental se présente avec une apparence simple et logique pour que nous l'admettions, mais que nous devons encore douter, et voir par une contre-expérience si cette apparence rationnelle n'est pas trompeuse. Pour conclure avec certitude qu'une condition donnée est la cause d'un phénomène, il ne suffit pas d'avoir prouvé que cette condition précède ou accompagne toujours le phénomène, mais il faut encore établir que cette condition étant supprimée, le phénomène ne se montrera plus (Cl. Bernard). Ce précepte de la contre-épreuve est excellent ; dans l'espèce, il consisterait à supprimer une certaine quantité d'hydrocarbonés ou de graisses de cette alimentation surabondante, et à ne les remplacer par rien. Peut-être obtiendrait-on alors les mêmes résultats qu'en les remplaçant par l'alcool dont la valeur isodynamique serait ainsi mise au jour. Tant que cette épreuve n'aura pas été faite, nous ne pouvons admettre comme démontrées les propriétés alimen-

[1] Pascault. *Bullet. de la Soc. méd. chirurg.* 1903. p. 361.

taires de l'alcool surtout étant donné le peu de durée de l'expérience et la faible quantité de matière employée.

L'alimentation à l'alcool suggère encore une observation. La calorie n'est pas tout dans l'aliment hydrocarboné. Celui-ci répond à bien d'autres conditions indispensables à la vie, comme régularité de la nutrition, formation de produits de décomposition non nocifs et faciles à éliminer, enfin apport de sels minéraux. L'alcool ne possède rien de tout cela, il ne fournit aucun principe minéral et sa transformation en acide acétique contribuant à changer la répartition normale des bases dont il s'empare est plutôt nuisible. Enfin sa décomposition d'abord brutale, ensuite excessivement ralentie, n'est pas en rapport avec les besoins de l'organisme. Voilà pourquoi sa substitution totale dans la ration est impossible, malgré son énergie potentielle, voilà ce qui a fait dire à Bunge qu'il ne suffit pas que les tensions chimiques se transforment en force vive. La transformation doit avoir lieu au bon moment, à un point fixe de tissus déterminés. Les éléments des tissus ne sont pas organisés de manière à pouvoir être alimentés par une substance quelconque (Bunge).

Quoi qu'il en soit, voici les conclusions auxquelles sont arrivés les savants américains : 1° la ration alimentaire ordinaire s'est montrée plutôt favorable que la ration à l'alcool au point de vue du travail; 2° à faible dose l'ingestion de l'alcool paraît plutôt défavorable pour l'entretien du travailleur. A doses plus élevées, elle reste douteuse, et fréquemment elle est nuisible.

Cependant, M. Duclaux ne s'est pas résigné aussi

facilement à ne voir dans l'alcool qu'une substance inutilisable, pour ne pas dire nuisible. Se souvenant de la machine à vapeur, de la machine thermique dans laquelle on saisit manifestement le passage de la chaleur à l'énergie mécanique, et comparant l'organisme à une machine à vapeur, il a professé la transformation de l'énergie calorifique libérée par l'oxydation des réserves aussi bien que de l'alcool, en énergie mécanique. S'appuyant sur une argumentation téléologique, en même temps que physique, il a fait de la chaleur une cause et non une conséquence. Il a admis que sa production est un effet primordial, parce que le besoin qu'a une cellule de sa chaleur normale est le plus grand de ses besoins, que cette chaleur est en outre une source vive à laquelle elle puisera sans peine pour ses mouvements et son travail. Il fait observer que nous avons là l'explication de la grande quantité d'hydrocarbonés consommés, la chaleur étant à l'origine de tous les phénomènes et de plus, indispensable par elle-même comme condition de milieu.

Dans une semblable argumentation, il est bon de ne pas s'en tenir seulement à l'espèce humaine. Les processus vitaux sont les mêmes chez tous les êtres vivants, plantes ou animaux, et il est nécessaire, lorsqu'on établit un raisonnement sur une loi d'une portée aussi considérable que celle des transmutations énergétiques, qu'il puisse s'appliquer aussi bien au végétal qu'à l'animal. M. Duclaux a négligé ce point de vue, le seul fécond. Il paraît croire que la science est embarrassée lorsqu'elle parle de la chaleur vitale et de son inégalité dans les différentes espèces, et part de là pour édifier une théorie énergétique applicable aux seuls animaux à sang chaud (homéothermes). Cependant l'existence même des animaux à température variable (poikilothermes) est un enseignement. La comparaison des processus vitaux des végétaux qui ne diffèrent en rien dans leurs lignes principales et souvent même dans leurs détails, de ceux des animaux, ne doit pas être négligée davantage. D'autre part, il y a lieu de tenir compte des travaux des physiciens, lorsqu'ils nous disent que la chaleur n'est qu'un excrétum incapable de changements d'état ; lorsqu'ils insistent sur ce qu'elle n'est pas réversible, c'est-à-dire qu'elle ne peut reproduire l'énergie chimique d'où elle dérive, ni généralement les autres formes de l'énergie. Elle est l'aboutissant et non l'origine de toutes ces autres formes [1]. Carnot a depuis longtemps (1824) prouvé qu'on ne peut obtenir sa transformation en mouvement que par le refroidissement. Alors la chaleur en donnant de l'énergie mécanique disparaît, et sa puissance est en raison de la chute de la température, ce qui est le contraire de ce qu'on observe pendant le travail des muscles qui s'échauffent par l'exercice. D'ailleurs, à l'inverse de la machine à vapeur qui a le foyer d'une part et le condenseur de l'autre, il n'existe pas dans le corps une source chaude et une source froide. M. Gautier [2], d'après la théorie de Carnot, démontre que pour admettre la transformation directe de l'énergie chimique potentielle en chaleur, et de celle-ci en énergie mécanique, il devrait se produire dans le muscle un abaissement de température de 9° au-dessous de zéro, si on acceptait qu'un cinquième seulement de la chaleur se changeât en travail, et de 40° pour la totalité.

[1] Dastre. *La vie et la mort.*
[2] *Chimie biologique,* 2e éd., p. 292.

Si maintenant nous nous rappelons que l'aliment procède par dégradations successives avant d'arriver à la désintégration finale, que des hydratations et des dédoublements, des déshydratations, des réductions, des oxydations ont lieu, qui, à chaque simplification de la molécule alimentaire, libèrent de l'énergie, toutes ces considérations rapprochées des variations de la température dans l'échelle des êtres et du peu d'importance qu'elle semble avoir chez un grand nombre, nous imposent une conception de la circulation de l'énergie différente de celle de M. Duclaux et s'appliquant avec une précision plus grande à la généralité des phénomènes vitaux. Nous concevons l'énergie potentielle se libérant peu à peu des combinaisons de l'aliment, grâce aux transformations chimiques concomitantes, non sous la forme de chaleur, mais sous celle d'énergie vitale ou de travail physiologique, comme dans la pile le potentiel chimique apparaît sous forme d'électricité, sans passer par l'état intermédiaire de chaleur. Celle-ci n'est que l'aboutissant de l'énergie non dissipée sous forme de travail extérieur, elle n'est que peu ou pas produite directement, elle est le dernier résultat de la transformation de l'énergie. La production de chaleur ne se montre que comme un phénomène épisodique n'existant point pour lui-même (Dastre). Nous comprenons pourquoi les aliments se sont dédoublés et simplifiés, abandonnant peu à peu leur énergie, et pourquoi en dernier lieu, l'oxydation détruisant et dissipant tout à fait le substratum auquel elle était liée, la chaleur se dissipe également, ne pouvant devenir autre chose que de la chaleur.

De cette façon s'explique parfaitement que les phénomènes vitaux dans les plantes ne produisent qu'une chaleur insignifiante et à peine appréciable. L'énergie libérée par la destruction des réserves, par exemple, au moment de la floraison, est tout entière employée, sous forme d'énergie physiologique, de même que chez les animaux dont la température varie avec le milieu. Au contraire, pendant la fièvre, la production de l'énergie physiologique est réduite, les matériaux nutritifs et même alors les matériaux de constitution se détruisent en ne donnant presque uniquement naissance qu'à une forme de l'énergie, la chaleur, incapable d'entretenir la vie. Aussi, lorsque les bains froids, en même temps qu'ils abaissent la température, améliorent l'état du malade, c'est qu'en rétablissant en partie le cours normal des transformations énergétiques, ils s'opposent à une déperdition d'énergie sans aucune utilité.

On ne basera donc pas la valeur d'un aliment sur sa valeur calorifique, et on ne considérera pas la chaleur comme une forme énergétique utilisable, mais comme une condition de milieu nécessaire à la vie. La chaleur extérieure n'a jamais remplacé l'alimentation ; elle est chez les animaux à sang froid une condition d'activité qui les rend tributaires du milieu extérieur, tandis que les animaux à sang chaud leur sont supérieurs par leur indépendance de ce milieu. Les rapports de ces deux sortes d'êtres vis-à-vis de la chaleur sont analogues à ceux que nous avons signalés au sujet de la digestion entre les animaux munis d'organes digestifs, et les plantes dont l'élaboration alimentaire se fait complètement à l'extérieur.

La chaleur extérieure remplace chez les poikilothermes et les plantes celle qui est due à l'alimentation.

Chez les homéothermes, ni le soleil, ni l'alcool ne peuvent suppléer aux oxydations de la glycose organique, et si dans quelques cas, l'alcool a paru avoir une action efficace, on doit chercher à ce fait une autre explication. Au moment où le refroidissement est assez intense pour provoquer le frisson (action de défense, suivant M. Richet), qui mettant en jeu l'action musculaire et le travail physiologique, amène le réchauffement, il est possible, par l'ingestion d'une petite quantité d'alcool, d'éviter le frisson. L'effet est produit avant que l'oxydation ait eu le temps de libérer la chaleur, on doit l'attribuer à l'excitation qui permet une utilisation immédiate et plus active des réserves physiologiques, et le retour à l'état normal, sauf les conséquences plus ou moins fâcheuses qui peuvent ensuite résulter de l'usage de l'alcool. Dans d'autres circonstances, en apparence semblables, l'alcool pourra se montrer dangereux ; et particulièrement dans un cas où de prime abord on se croirait fondé à avoir recours à ses bons offices, on ne pourra en attendre que des effets désastreux. Il semble en effet, que son action excitante, quoique bien précaire, à défaut de propriétés alimentaires qui n'existent pas, pourrait être mise à profit comme premier secours dans l'inanition. Un individu arrivé à la dernière limite de l'inanition, ayant consommé toutes ses réserves, refroidi, devrait se réchauffer et se remonter rapidement sous l'influence des boissons alcooliques. Cependant l'effet sera tout autre. Il ne se manifestera que des symptômes d'empoisonnement et la mort sera accélérée. Le mécanisme de cette action est simple : l'excitation initiale qui provoque habituellement un commencement de combustion rapide des réserves, et par suite le relèvement éphémère des forces, ne peut se faire de la façon accoutumée, car les réserves sont épuisées; et c'est alors l'action toxique qui domine, consistant dans l'asphyxie des globules rouges et l'inhibition des tissus. Le coup de fouet tombe sur une matière incapable de réaction, que l'effort même contribue à épuiser. L'individu sera empoisonné avant que l'alcool ingéré ait pu brûler.

Chossat, dans ses expériences sur l'inanition, après avoir amené les animaux à l'état de mort imminente, les plaçait dans l'étuve jusqu'à ce que la digestion des aliments dont il les gavait fût commencée. Il les rappelait ainsi à la vie, mais jamais il n'a pensé à leur donner des boissons alcooliques qui les auraient achevés. Un aliment vaut donc, non par la chaleur qu'il peut libérer, mais par le degré auquel son énergie est utilisable par les processus vitaux.

Deux circonstances ont pu faire croire à l'utilité de l'alcool, soit comme aliment d'épargne, soit comme aliment véritable. C'est en premier lieu l'engraissement qui résulte de son usage chez certains sujets. Il existe en effet des alcooliques gras; et très souvent, le premier effet des habitudes alcooliques est de produire l'obésité. Ce fait trouve son explication dans un ensemble de conditions complexes dans lesquelles on ne voit pas l'alcool manifester de propriétés nutritives. Beaucoup d'alcooliques sont de forts mangeurs, exagérant la ration d'entretien, et arriveraient alors à l'obésité même en buvant de l'eau. Chez tous les buveurs, même mangeant peu, la surcharge graisseuse est favorisée par l'empoisonnement cellulaire. Comme avec le phosphore ou l'arsenic, les éléments qui composent la cellule, azotés ou ternaires, attaqués dans leur fonctionnement, cessent leurs échanges et se figent dans la forme stable et inerte de la graisse. Les échanges réduits au minimum permettent la transformation de la plus grande partie des ingesta que le ralentissement et le peu d'activité des oxydations ne peuvent utiliser. Ainsi s'explique encore la petite quantité de nourriture nécessaire aux alcooliques qui peuvent prolonger longtemps leur existence en paraissant ne pas se nourrir. On comprend ainsi leur résistance et on se trouve porté, par comparaison avec les sujets sains, à attribuer à l'alcool une action alimentaire.

M. G. Leven[1], par la suppression de l'usage du vin chez des obèses a obtenu de l'amaigrissement. Rendant ensuite à ses amaigris, sous forme de beurre ou de sucre la quantité de calories correspondante à celles qu'il leur avait retranchées avec le vin, il n'a pu leur rendre l'embonpoint perdu. Il conclut à une irritation gastro-intestinale de cause alcoolique, qui s'oppose à la digestion parfaite, et par suite à la destruction normale de l'aliment. L'obésité serait due à l'imperfection des apports. Ce qu'il nous importe de constater dans cette observation intéressante, c'est que si l'alcool engraisse, ce n'est pas en fournissant des calories à l'organisme.

D'un autre côté, Duclaux dans son traité de microbiologie, fait observer que les microbiologistes ont trouvé de l'alcool partout, dans les fermentations digestives aussi bien que dans toutes les réactions qui caractérisent la vie. La fonction alcoolique est très répandue, et il se fait de l'alcool même dans le sol. MM. Stoklasa et Cerny[2] pour démontrer qu'il s'en fait

---

[1] Leven. *L'obésité et son traitement*, p. 43.
[2] *Rev. scient*, 1903, 1-540.

aussi à l'intérieur des animaux, ont mis en présence des morceaux d'animal et une solution de glycose, et ont constaté qu'une fermentation alcoolique incontestable s'établissait. Il se forme de l'acide carbonique et de l'alcool en quantité très appréciable. Les expérimentateurs ont prouvé dans le muscle frais la présence d'une zymase alcoolique, et ont cru pouvoir en conclure que la fonction alcoolique est générale et que les tissus vivants sont aptes à déterminer la fermentation alcoolique des sucres. L'expérience ne nous semble pas concluante pour les tissus vivants, et de même que l'étude des albumines mortes ne nous renseigne que très imparfaitement sur les propriétés des albumines vivantes, de même dans le cas présent, il y a des réserves à conserver. La démonstration est insuffisante, et si Duclaux a trouvé de l'alcool dans les muscles qu'il attribue au dédoublement des sucres musculaires, s'il prétend que cette production est assurément autre chose qu'un résidu, qu'un caput mortuum inutile ou nuisible, on nous permettra néanmoins de rester de l'avis de Pasteur qui n'admettait pas ce raisonnement, et d'ajouter que la formation d'alcool est tellement bornée que les recherches les plus précises n'en décèlent pas toujours. Il ne se présente pas avec les caractères d'une substance normale, résultant de réactions physiologiques qui, si l'organisme était, comme on a cru pouvoir le dire, un moteur à alcool devraient, en raison de l'importance des actions destructives de la glycose, en produire des quantités appréciables et d'autant plus évidentes que l'attention a été attirée sur lui. Il ne faut peut-être pas regarder cette production si minime comme pathologique, mais il paraît bien évident qu'elle devrait être ainsi qualifiée, si elle s'accroissait et devenait envahissante. M. Duclaux conclut à l'emploi rationnel de l'alcool en prétendant qu'on le rencontre partout, mais les réactions cellulaires produisent du phénol et du crésol et d'autres substances de même nature, dont la présence dans les tissus ne suffirait cependant pas à légitimer l'emploi alimentaire.

L'observation de tous les jours nous apprend que l'organisme est capable de tolérer sans être incommodé une dose modérée d'alcool, impossible d'ailleurs à évaluer avec précision. C'est que l'activité cellulaire est douée d'une certaine élasticité, et la présence de certains agents nuisibles, en proportions faibles, provoquent des réactions insuffisantes pour la destruction de la cellule ou l'inhibition de l'activité vitale. Une proportion plus considérable, une dose faible mais longtemps continuée, exagérant ou prolongeant les processus destructifs, en changeant la nature des réactions, se traduit alors par de l'intolérance et des troubles fonctionnels et matériels. Il est nécessaire, dans l'usage de l'alcool, que la quantité du poison n'excède pas la somme des propriétés antitoxiques des cellules.

M. Gréhant a montré que l'ivresse chronique est causée et entretenue par une proportion d'alcool dans le sang, égale ou supérieure à un demi-centimètre cube d'alcool absolu pour cent centimètres cubes de sang. Cette quantité est peu considérable ; elle représente pour un litre de sang, cinq centimètres cubes, et pour le volume total du sang évalué à un treizième du poids du corps, soit cinq litres pour un individu de soixante-cinq kilogrammes, vingt-cinq centimètres cubes ou en poids vingt grammes. Ainsi l'ivresse chronique peut résulter de la présence constante dans le sang d'un poids d'alcool égal à celui qui est contenu dans un grand verre de vin à 10°. Il est d'autant plus facile de se tenir rapproché de ce point de saturation que, toujours d'après M. Gréhant [1], l'élimination de l'alcool se fait lentement, et que sa disparition, après une ingestion capable d'amener l'ivresse n'est complète qu'au bout de vingt-trois heures. De nouvelles ingestions dans cet intervalle, venant s'ajouter à la quantité résiduelle de la veille, entretiennent l'alcoolisation du sang avec toutes ses conséquences fâcheuses. Qu'est-ce donc qu'un aliment dont la présence dans le corps à la dose de vingt grammes, c'est-à-dire de trente centigrammes par kilogramme, ne peut être tolérée sans accidents ?

C'est bien du nom de poison et non d'aliment que nous arrivons à qualifier l'alcool. Et en dehors de tout document scientifique, de toute expérimentation physiologique, nous voyons les cyclistes, les lutteurs, les coureurs, les athlètes à l'unanimité supprimer l'alcool de leur régime, lorsqu'il s'agit pour eux d'exercices importants. Cette abstention doit avoir pour nous toute la valeur d'une expérience de laboratoire, car il est évident qu'elle est basée non sur une théorie antialcoolique banale, mais sur l'observation précise et pratique de l'action antiénergétique de l'alcool.

L'explication scientifique de ces phénomènes est d'ailleurs assez simple, si on veut bien admettre avec M. le professeur Gautier que le muscle au repos est réducteur, tandis qu'il devient oxydant pendant le travail, c'est-à-dire que les réductions et les hydratations sont suffisantes pour la production de l'énergie physio-

---

[1] *Congrès antialcoolique de* 1903.

logique, tandis que l'oxydation est nécessaire à la production de l'énergie mécanique et à la transformation en travail. Une première dose d'alcool cause avant son passage dans la circulation une excitation réflexe sous la poussée de laquelle l'oxygène est consommé avec plus d'intensité ; mais l'alcool arrivant au contact de l'oxyhémoglobine, en même temps qu'il cause l'asphyxie du globule, s'oppose à la combustion du glycogène musculaire. L'énergie mécanique se trouve annihilée, et elle n'est plus récupérée par une nouvelle dose d'alcool, parce que le globule sanguin a été empoisonné et a besoin d'un temps assez long pour recouvrer sa puissance.

Des expériences faites par M. Destrée, professeur à l'Université libre de Bruxelles, il résulte que la puissance musculaire n'était pas encore revenue à son état habituel le lendemain d'une excitation alcoolique.

Toutes ces considérations nous prouvent que l'origine unique de l'énergie vitale ne doit pas être recherchée ailleurs que dans l'énergie chimique potentielle des réserves alimentaires, qu'elle en dérive immédiatement et se confond avec elle. Comme nous n'avons aucun moyen d'évaluation directe de l'énergie, tandis que nous savons mesurer la chaleur qui en est la conséquence et l'aboutissant, nous disons avec le plus grand degré possible d'approximation, que la calorie est la mesure de l'énergie vitale, sans toutefois être cette énergie elle-même, de sorte que quand on dit qu'une alimentation doit être calculée pour couvrir le besoin thermique de l'organisme, il faut entendre le besoin d'énergie en général. Toutes les erreurs commises dans l'appréciation de la valeur alimentaire de l'alcool viennent de la confusion entre les formes de l'énergie.

L'oxydation de l'alcool dégage une forme de l'énergie différente de l'énergie vitale ou physiologique et incapable de la produire, car elle ne peut faire autre chose que de disparaître sans aucune transformation. Ainsi la production de la chaleur se place au rang des excrétions tout comme l'élimination des matériaux hors d'usage, urée ou acide carbonique.

Par conséquent, une substance qui ne contribue pas à la formation des réserves, qui ne prend aucune part à la production normale et régulière du travail physiologique qu'elle ne fait que troubler ou entraver, qui n'intervient dans les échanges que pour développer des calories peut-être nuisibles, tout au moins d'une utilité très contestable, ne saurait être regardée comme un aliment. Donc, l'alcool n'est pas un aliment.

# CHAPITRE XIII

## CE QUE NOUS DEVONS DEMANDER
## AUX ALIMENTS

Nous attendons des aliments qu'ils nous fournissent tous les éléments nécessaires à la constitution et à l'organisation de la vie, la matière et l'énergie, on peut dire plus simplement la matière, car l'existence de l'une implique celle de l'autre. L'essence même de la vie consiste dans les transformations de matière, incessantes et faisant sans discontinuité passer l'énergie d'une molécule à l'autre, avec des formes variables suivant l'évolution de la matière. On appelle, par exemple, énergie chimique, l'affinité qui unit le carbone à l'eau en formant l'hydrate de carbone, mais cette même énergie changera de forme pour devenir de l'énergie vitale, au moment de la dissociation de ces deux molécules dans les conditions nécessaires de milieu. L'aliment procurée à l'organisme, non seulement de la matière, mais les conditions de milieu nécessaires aux transformations vitales de l'énergie.

La composition chimique des aliments, très variable, les a fait ranger dans deux groupes englobant tous les autres, et qui se caractérisent, l'un par la présence du carbone et de l'azote prépondérant, et l'autre par celle du carbone seul. Le carbone du groupe azoté, quoique moins important, lui donne néanmoins une grande partie de sa valeur. Ces divisions sont la base de la classification chimique des aliments bien connue, et déjà indiquée avec ses détails dans d'autres chapitres.

La classification chimique, parfaite dans son ordonnancement qui ne préjuge en rien des fonctions des aliments, est devenue imparfaite par l'introduction d'une notion physiologique. Il est survenu une confusion difficile à dissiper et dont les effets se font toujours sentir, par suite de la spécialisation qu'on a voulu imposer à chaque groupe, en attribuant aux azotés la formation de la molécule protoplasmique, tandis que les hydrocarbonés étaient supposés ne pouvoir faire partie de la substance vivante, mais seulement des réserves, qui nous côtoient (Duclaux) plutôt qu'elles ne nous pénètrent. Cl. Bernard avait fait voir la différence qui existe entre ces deux fonctions de l'aliment, mais Duclaux en a exagéré les conséquences.

La digestion ne fait que confirmer ce que la chimie nous a appris, en extrayant de la masse alimentaire les deux ordres de substances qui y sont contenues, les azotées et les carbonées. Cette décomposition fait voir que si, des aliments carbonés, il ne peut être extrait aucun principe azoté, des azotés au contraire, il sort des hydrates de carbone. Ce n'est qu'après les transformations produisant la glycose et l'albuminoïde utilisable que l'assimilation a lieu. Tous les aliments, que ce soit chez les carnivores ou les herbivores, aboutissent donc, en dernière analyse à ces deux termes. Quand nous aurons ajouté que la glycose, soit simple, soit condensée sous forme de glycogène, renferme tout le carbone utilisable, que l'albuminoïde, soit seul, soit plutôt combiné avec quelques éléments minéraux dont l'importance n'est pas moindre, comme le phosphore, le soufre, l'iode, les carbonates, renferme de son côté tout l'azote utilisable, nous serons parvenu à la dernière limite de la division alimentaire capable d'assimilation. Le terme qui vient à la suite est la molécule vivante que nous nous représentons, suivant la conception d'Ehrlich, comme formée d'un noyau azoté et de chaînes latérales ou groupements fonctionnels azotés ou carbonés. Le noyau, d'une constitution peut-être plus stable, commande par ses affinités tous les échanges dont sont le siège les chaînes latérales, et qui portent également sur la molécule carbonée. Et ainsi, on voit que la matière élaborée qu'on nomme la réserve, fait à un moment donné partie de la molécule vivante, et qu'il ne peut en être autrement, car elle est une condition de son activité. Sans elle, le protoplasma azoté serait figé dans l'immobilité et la fixité des substances inorganiques, ce qui est incompatible avec les nécessités de cette évolution sans trêve qui constitue la vie.

Cependant, si on doit admettre que l'énergie vitale procède d'une origine unique, que la réaction chimique qui la produit, procède également elle-même d'une substance unique qui n'est autre chose, en fin de compte, que la molécule de matière vivante, il n'en reste pas moins que les manifestations de la vie sont multiples. Les auteurs ont cru pouvoir attribuer aux variétés apparentes des aliments, les variétés dans les manifestations vitales, et ont cherché à établir ce qu'on a appelé une classification physiologique, dont la caractéristique serait d'établir un rapport entre la forme alimentaire et la forme de la manifestation vitale. Il y a eu généralement, dans ces tentatives, une confusion impossible à éviter de la chimie avec la physiologie, causée par la complexité de la composition de l'aliment et de ses effets sur l'organisme. Lorsqu'on a démontré qu'un aliment contenant une plus grande proportion de sels inorganiques, devait être rangé dans la catégorie des aliments minéralisateurs, on est resté dans la chimie. Lorsqu'on a voulu démontrer que telle variété d'hydrates de carbone ne produisait pas les mêmes phénomènes que d'autres, on est entré dans la fantaisie, parce qu'on a oublié que l'aliment véritable n'est pas celui qui est ingéré, mais celui qui est fabriqué par la chimie propre de l'animal, utilisant les éléments de l'ingestion sous la forme qui lui convient et qui reste indépendante de leur forme primitive. Il arrive un moment où les formes de l'aliment ne sont plus perceptibles, parce qu'elles n'existent plus : l'aliment est devenu de l'énergie. Vecteur d'énergie chimique, il ne fait pas autre chose que de transformer celle-ci en énergie vitale que l'organisme, en s'en emparant, utilise suivant une modalité en rapport avec la constitution de ses parties, et les circonstances du milieu intérieur ou extérieur, en faisant abstraction des modalités alimentaires.

C'est donc de préférence dans les conditions qui touchent à l'organisme qu'il est utile de chercher les différences des manifestations de la vie, plutôt que dans l'aliment lui-même, dont le rôle ne dépend pas tant de sa composition, ni même de l'énergie qu'il développe, que du moment, du lieu et de toutes les circonstances de ce développement. Ce sujet a déjà été indiqué à propos de l'alcool. Ajoutons que lorsque Duclaux[1] a démontré qu'il y avait des aliments de

[1] *Annales de l'Institut Pasteur*, 1889. III, p. 97.

croissance, d'âge mur, de réserve, des aliments de fonction, qui ne sont utiles qu'à une période de la vie et pour certaines cellules, il a démontré par cela même, qu'il ne fallait pas considérer l'aliment au point de vue absolu, mais plutôt au point de vue des conditions de l'organisme qui l'emploie. Il en résulte qu'il est nécessaire de ne pas perdre de vue l'organisme et de l'étudier dans ses rapports avec les formes des manifestations vitales. M. Lambling [1] a écrit également qu'il est probable qu'on ne saurait faire rentrer les divers aliments dans des cadres physiologiques absolument rigides, et que leur rôle varie suivant l'état de l'organisme qui les utilise. Et il se décide ensuite à les décrire dans un ordre plutôt chimique, trouvant que nos connaissances ne sont pas assez avancées pour en faire davantage.

Il ne faut cependant pas conclure de ces considérations, à la spontanéité de l'organisme. Si un même aliment paraît utilisé diversement, cela tient à des conditions très multiples que nous ne sommes pas en mesure de définir, et sous la dépendance desquelles se trouve le fonctionnement de l'organisme au moment considéré.

Bunge admet trois catégories d'aliments :

1° Ceux qui servent en même temps à la réparation des tissus et à la production d'énergie, comme c'est le cas pour les matières albuminoïdes et les graisses.

2° Les aliments qui, comme les hydrates de carbone, les matières gélatineuses et l'oxygène, sont uniquement une source d'énergie.

3° Ceux dont l'unique fonction est de remplacer les éléments disparus, sans produire aucune énergie,

[1] *Encyclopédie chimique*, 74. p. 58.

comme c'est le cas pour l'eau et les sels inorganiques.

L'auteur ne se dissimule pas les imperfections de sa classification, et ne la donne que faute d'une meilleure. Il est difficile en effet de tracer une ligne de séparation bien nette entre les deux premières catégories, et elles ont plus de tendance à se confondre qu'à se diviser. Si on admet que les graisses peuvent servir à la réparation des tissus, nous avons montré qu'il en est de même pour les hydrates de carbone, qui font à un moment donné partie de la molécule vivante, qui sont liés intimement aux albuminoïdes, subissent les mêmes combinaisons et les mêmes destructions. La chimie seule établit des différences, la physiologie opère la confusion.

On a fait remarquer que certaines substances, comme les sels à acides végétaux, brûlés dans l'organisme, ne fournissent qu'une énergie incertaine et ne peuvent être classées. D'autres, toujours considérées comme aliments, ne trouvent pas place dans ce cadre, si on n'a pas égard à la manière dont elles sont introduites dans l'organisme. La saccharose pénétrant par l'estomac est un aliment, par les veines, elle est rejetée avec les urines sans utilisation. Une classification physiologique ne devrait avoir à tenir compte que de la réaction réciproque de la cellule et de l'aliment, en négligeant toutes les autres conditions. Et cependant, il est impossible avec la classification de Bunge de passer toutes ces conditions sous silence. Ainsi le lait, considéré comme aliment de croissance chez l'enfant, n'a pas le même mode d'action chez l'adulte : l'âge même doit être pris en considération. L'état de nos connaissances ne permet pas, pour le moment, de proposer d'autre division que celle-ci : d'un côté, les aliments proprement dits, albuminoïdes, graisses,

hydrocarbonés, et d'autre part l'eau et les sels minéraux (Lambling).

En réalité, il faut distinguer les combinaisons azotées et les combinaisons carbonées, dont il est impossible d'établir la prépondérance de l'une sur l'autre,
toutes les expériences consistant à retrancher l'une ou
l'autre de l'alimentation ayant été infailliblement et
dans tous les cas terminées par la mort, lorsqu'il ne
s'agit pas d'animaux à alimentation naturellement
exclusive, comme par exemple les carnassiers. Et
encore, il ne faudrait pas croire que chez eux, les
échanges ne se font qu'avec des composés exclusivement azotés. Outre les graisses ingérées avec la chair,
celle-ci décomposée et recomposée par la chimie
propre de l'animal, fournit la molécule carbonée nécessaire, et les processus vitaux n'emploient pas une
matière différente de celle qui assure la nutrition dans
la généralité des êtres vivants. Si les hydrocarbonés
apportent plus de calories, c'est-à-dire sont capables
d'un effort énergétique plus considérable, les combinaisons azotées sont indispensables pour la mise en valeur
de cette énergie. Voilà sur quels principes doit reposer
une classification physiologique dont les termes se
réduisent ainsi sensiblement.

La place des autres substances, des matériaux inorganiques, se fera facilement à côté. Introduites indirectement dans la circulation par le tube digestif, ou
directement par injection intravasculaire, elles sont
plus ou moins acceptées par l'économie, mais il n'y a
pas de différences suivant le mode d'introduction.
L'organisme qui les utilise, les prend telles qu'il les
reçoit et remplace avec elles celles qui disparaissent
par suite de l'évolution incessante de la matière.

L'eau ne nourrit pas, ne prend part aux échanges que par ses propriétés physiques qui ne sont pas productrices d'énergie, et par conséquent ne peut être regardée comme aliment. C'est une partie constitutive du milieu vital, dont la présence favorise les réactions transformatrices de l'énergie. Il en est de même du chlorure de sodium, dont la petite quantité décomposée en donnant naissance à l'acide chlorhydrique du suc gastrique, est insuffisante à fournir une quantité d'énergie appréciable dans les phénomènes de la vie. On n'en peut dire autant de certains sels et de certaines combinaisons inorganiques, comme l'acide phosphorique, dont l'union avec la molécule vivante et les transformations sont imparfaitement connues. Certaines de ces transformations inorganiques paraissent plutôt avoir des rapports avec l'élimination qu'avec la formation des matières d'assimilation. Le fer, uni à l'hémoglobine sous forme d'hématine, se charge d'oxygène qu'il cède à la matière vivante. Séparé dans le foie de l'hémoglobine usée, et combiné avec une autre de formation plus récente, il recommence son cycle. L'oxygène lui-même, considéré comme un aliment, en ce sens que sa combinaison avec le carbone dégage des calories, doit plutôt être regardé comme un agent favorisant l'excrétion que comme un aliment. Son rôle se réduit à venir chercher le carbone usé et à le convoyer au dehors, combiné avec lui sous forme d'acide carbonique. Si nous disons que le carbone est usé, c'est que le sucre auquel il a appartenu a déjà libéré, par des dédoublements successifs précédant cette oxydation dernière, la plus grande partie de son énergie potentielle. Il ne se divise pas du premier coup en eau et carbone ; que ce soit de la glycose ou du glycogène, il y a eu auparavant dédoublement de la molécule en acide lactique ou composés analogues, enfin dégagement d'énergie sans oxydation et l'oxygène n'arrive qu'au dernier moment, quand la molécule de carbone est simplifiée, pour aider à son expulsion. Il est difficile, en faveur du rôle alimentaire de l'oxygène, de tirer argument de la chaleur qu'il produit. On sait que celle-ci, tout comme l'acide carbonique, n'est qu'un excrétum, n'ayant d'autre usage, avant qu'elle se dissipe dans l'ambiance, que de créer et entretenir les conditions d'un milieu favorable aux phénomènes de la vie. Pas plus que l'eau, elle ne prend part aux échanges, n'étant pas transformable en aucune autre forme de l'énergie ; comme l'eau, elle disparaît sans avoir manifesté aucune propriété chimique dans l'économie.

Après avoir suivi dans toutes ses modifications la masse alimentaire, si nous voulons en dégager l'aliment véritable, nous sommes obligés de conclure qu'il est embarrassant de savoir quelle est celle des phases de transformation qui doit être plus spécialement qualifiée ainsi. La masse ingérée renferme, aussi bien que la molécule vivante à laquelle elle aboutit, l'énergie potentielle qui se transforme peu à peu dans le cours de l'évolution de la matière, pour donner naissance à l'énergie vitale.

Cependant, en tenant compte de ce fait que les hydrates de carbone prennent, pour s'incorporer à la molécule vivante, la forme d'un sucre, glycose ou glycogène, dont la molécule de carbone $C^n$ renferme la plus grande partie de l'énergie mise par l'alimentation à la disposition de l'organisme, nous pouvons faire de la glycose la forme la plus nette de l'aliment. La forme revêtue par l'albuminoïde pour se présenter à l'assimilation est moins précise. Nous ignorons les qualités que doit posséder celui qui est ingéré pour être accepté, car il est certain que dans l'intestin et dans le foie, beaucoup sont désintégrés et disparaissent sans avoir servi à la régénération des tissus, du moins en tant que albuminoïdes. Avec leurs molécules éparses, des sucres sont fabriqués qui subissent le sort commun des sucres, mais nous ignorons les détails de la chimie assimilative de l'azote, et nous ne pouvons qualifier le composé que l'affinité de la molécule vivante est capable de s'approprier. Le rôle des graisses est complexe ; nous savons qu'il n'y a de graisse assimilée que celle qui présente les caractères de la graisse de l'individu lui-même, et que la graisse étrangère, absorbée en nature par l'intestin, subit toujours, dans un temps plus ou moins long, après un séjour d'une durée variable dans les tissus, où elle se dépose comme un corps étranger, une transformation complète, avant de venir faire partie de la molécule vivante. Nous en arrivons ainsi à appeler aliments physiologiques la glycose chimiquement définie, et des albuminoïdes et des graisses de nature indéterminée.

On admet que la répartition de l'azote fait de la molécule azotée, en quelque sorte, le substratum de la matière vivante, se complétant par des molécules carbonées incessamment renouvelées, tandis que les premières sont plus fixes, mais indispensables toutes deux à la constitution de la molécule vivante. Sans les hydrates de carbone, le noyau azoté resterait inerte, aussi bien que sans le noyau azoté, les hydrates de carbone seraient incapables de prendre part au métabolisme nutritif.

Quoique l'aboutissant de toutes les transformations

alimentaires se présente sous une forme très simplifiée, il ne paraît pas que chacune des substances capables de nous servir d'aliment puisse être employée
à l'exclusion des autres. Les albuminoïdes sont indispensables, et nous avons vu qu'il est préférable de ne
pas les chercher de préférence dans les végétaux
plutôt que dans les animaux. Les hydrocarbonés eux-
mêmes, chez lesquels le rendement isodynamique ou
isoglycogénique est plus comparable, ne se prêtent pas
pendant longtemps et en toutes proportions, à une substitution totale. En effet, avec les amylacés, on introduit
dans l'organisme des sels que les graisses ne possèdent
pas. Le sucre est un aliment théorique de premier ordre;
dans la pratique, il ne donne pas de résultats, s'il n'accompagne pas d'autres hydrates de carbone. La multiplicité des substances nécessaires au bon fonctionnement de l'organisme explique ces phénomènes.

Il résulte de ces considérations que si, au point de
vue de la chimie, les aliments sont différents, sinon
par la nature des éléments qu'ils renferment, au moins
par le groupement de ces éléments, au point de vue
physiologique ils possèdent une action unique, qui est
la libération de l'énergie au profit de l'organisme.
Quoique cette propriété appartienne à tous, on ne peut
en raison de la composition chimique plus ou moins
adaptée à la chimie cellulaire, remplacer indifféremment un aliment par un autre que dans des limites peu
étendues, et il est impossible, dans ces conditions, de songer à chercher cet aliment unique qui
supprimerait tous les autres et sous un volume très
réduit suffirait à l'alimentation des individus. Le laboratoire ne supplantera pas la cuisine, et dans tous
les cas, des siècles seront nécessaires avant l'époque

de la pilule alimentaire douée d'une suffisante puissance pour s'adapter aux besoins de notre organisme.

Laissant de côté les azotés pour lesquels aucune substitution n'est possible, on a malgré tous les enseignements, soit guidé par des vues théoriques non conformes à l'observation, soit dans un but de pratique très intéressant, essayé de trouver dans les différents hydrocarbonés, des modes d'action différents suivant la composition primitive de l'aliment. C'est ainsi qu'on a attribué au sucre des propriétés que ne posséderaient pas les amylacés. Il a fallu pour raisonner ainsi, faire abstraction de ce principe physiologique élémentaire, qui nous apprend que tout hydrate de carbone est utilisé dans l'organisme sous forme de glycose, et que l'énergie mise au service de l'économie, est appliquée de façon différente suivant les besoins, mais non suivant son origine. Répétons donc que l'hydrate de carbone que nos tissus consomment, est un produit de fabrication de l'économie, présentant par conséquent des propriétés invariables qui résultent de sa composition invariable. On a mis en avant le plus ou moins de facilité et de rapidité de l'élaboration. La saccharose plus facile à hydrater que l'amidon, plus facilement transformable en glycose, serait suivant ces principes, plus recommandable. Encore un pas de plus, et on en arrive à préconiser l'alcool qui n'a besoin d'aucune transformation, et marche droit à la combustion, sans s'attarder à pratiquer des échanges avec la matière vivante.

L'application n'a pas toujours répondu à la théorie : l'estomac n'accepte pas le sucre comme il accepte la fécule. Avec une alimentation trop abondante en sucre, on voit trop souvent se développer des fermenlations qui dérangent tous les raisonnements. Une partie de sa valeur se perd par des transformations hâtives qui précèdent l'absorption et reconnaissent pour cause des actions microbiennes gastriques ou duodénales. A ce compte, pourquoi ne pas se nourrir d'acide lactique qui est une forme simplifiée de la glycose ? La vérité est que la digestibilité comme l'utilisation n'est pas une propriété de l'aliment seul, mais des organes digestifs, considérés dans leurs rapports avec l'aliment et avec l'ensemble de l'organisme, que l'organisme fait ses sucres lui-même, et que si on voulait, dans cet ordre d'idées, tracer une règle générale, il vaudrait mieux conseiller comme capable de procurer une énergie rapide et efficace une quantité modérée de féculents additionnée d'une quantité encore plus modérée d'albuminoïdes sous forme de viande, comme excitant de la digestion. Le sucre est bon, mais on aura moins de mécomptes avec l'aliment ainsi complété.

Si la digestibilité du sucre était aussi parfaite que son aptitude à se décomposer dans l'organisme en libérant son énergie potentielle au profit des manifestations vitales, il pourrait devenir avec une petite provision d'albuminoïdes, le seul aliment à recommander. Mais s'il paraît très bien supporté chez le cheval, il l'est assurément moins bien chez l'homme qui ne peut l'employer que dans des proportions assez limitées et d'ailleurs très suffisantes pour en retirer encore de grands services dans bien des circonstances. Il y a lieu pour cette raison et pour d'autres encore ainsi qu'on va le voir, d'opposer les réserves les plus formelles au panégyrique qui en a été fait pendant ces dernières années. Les auteurs se sont laissé entraîner beaucoup trop loin en expliquant leur préférence par des interprétations physiologiques erronées. Voici un exposé tiré de la brochure de MM. Alquier et Drouineau qui résume toute la doctrine sur la matière[1].

Très peu de temps après son ingestion, le sucre interverti par le ferment intestinal est amené au foie qui, capable de retenir environ 150 grammes de glycogène, ne peut pas toujours garder la quantité qui lui arrive, et laisse le sucre déborder dans la circulation générale, sous forme de glycose et de lévulose. Il est prouvé que dans l'heure qui suit l'ingestion, le sang contient plus de sucre et présente une densité plus élevée. Les conditions ne redeviennent normales que trois heures environ après que tout le sucre a été absorbé. L'ingestion de 100 grammes de sucre chez l'homme augmente le chiffre des pulsations de quatre à huit environ, un quart d'heure après l'ingestion, en même temps que la pression artérielle s'élève de 15 à 20 millimètres, par vaso-dilatation, ainsi que le démontre l'augmentation de volume des organes. Le sucre est donc non seulement un aliment, mais un agent modificateur et un stimulant de l'état fonctionnel du système circulatoire. L'hyperglycémie augmente l'aptitude au travail et influence favorablement l'état général. Elle disparaît peu après la fin de la digestion.

Lorsque cet excès de sucre arrive dans le sang pendant le travail, il est employé sans autre transformation pour le travail musculaire. C'est un aliment immédiatement combustible, et les autres réserves ou ressources demeurent inutiles. « Il devient ainsi possible d'utiliser presque à volonté l'aptitude de l'organisme au travail ». Voici donc que se représente la

[1] *Glycogénie et alimentation rationnelle au sucre*, 2 vol. 1905.

théorie ancienne que nous avions crue abandonnée depuis Cl. Bernard, de l'aliment immédiatement utilisable, théorie en contradiction avec tous les enseignements de la physiologie actuelle. Il a été démontré que l'aliment, lorsqu'il agit immédiatement, ce qui est fréquent, agit par l'excitation qu'il produit et que la réserve est consommée d'abord. Le sucre est un excitant, les auteurs eux-mêmes s'attachent à le prouver, il possède donc les propriétés de tous les aliments excitants, qui sont d'imprimer une poussée à la nutrition avant même que son utilisation propre soit matériellement possible. La suractivité nutritive est réelle, mais elle est attribuable à l'excitation alimentaire seule. La réserve constituée par le sucre vient ensuite prendre la place de celle qui a été consommée, et ne subit le même sort que plus tard. Il faut considérer comme une erreur de dire qu'un aliment peut être brûlé avant d'avoir fait partie des réserves. L'alcool dont l'évolution est accélérée n'est pas un aliment. D'après la théorie de MM. Alquier et Drouineau, le sucre serait plus apte que les amylacés à produire de la graisse à cause de son passage plus rapide et de son accumulation dans le sang. Il paraît plus rationnel de penser qu'il favorise l'adipogenèse, parce qu'il est généralement ingéré sans souci de sa valeur nutritive, et qu'il arrive en excédent dans une alimentation déjà suffisante. Les auteurs tirent encore de ses propriétés alibiles une déduction peu fondée, quand ils disent que par sa combustion immédiate, le sucre étant capable de contribuer aux dépenses d'entretien, et devant par suite de sa propriété de se transformer en glycogène et surtout en graisse, être classé parmi les matières alimentaires capables de faire du tissu vivant, il en résulte que dans la pratique, le diabète est une conséquence presque impossible de l'alimentation sucrée. S'ils entendent parler du diabète vrai, l'assertion est juste, et les autres hydrates de carbone ne le produisent pas davantage. La glycémie d'origine alimentaire est impuissante à engendrer le diabète dont les causes sont plus profondes, mais elle peut produire la glycosurie. M. Bouchard[1] a montré que la destruction et l'accumulation du sucre avaient des limites, au delà desquelles on le retrouvait toujours dans l'urine, et de plus, quelle que soit son origine, la glycose du sang est une et n'a pas, suivant les circonstances, de façon spéciale de se comporter.

Après avoir fait justice des exagérations par lesquelles on a cherché à préconiser le sucre au détriment des autres hydrates de carbone, il est équitable de reconnaître les avantages qu'il peut présenter dans quelques circonstances. Toujours il sera un appoint et un complément très recommandable dans l'alimentation, à cause de sa facilité de transformation et d'assimilation. Mais il ne faut pas oublier que l'estomac ne s'accommode que de quantités modérées, et qu'au point de vue de la nutrition, il ne fournit pas les sels inorganiques nécessaires aux échanges. On reste en pleine théorie quand on prétend que son action est plus efficace en cas de nécessité d'un effort immédiat. Les cyclistes et coureurs se trouvent aussi bien de l'ingestion d'un œuf ou de café même non sucré, que de celle du sucre. C'est l'excitation alimentaire qui donne le coup de fouet, et non la nature de l'aliment. Si les réserves sont épuisées, le sucre en les reconsti-

---

[1] *Pathologie générale*, t. III. p. 302.

tuant, aura un effet plus durable que le café qui ne reconstitue rien, mais l'albumine et les hydrocarbonés de l'œuf ont une valeur égale. Les effets du sucre dans les exercices et les courses de longueur ont été très remarquables, en accroissant la résistance des hommes aussi bien que des chevaux, parce que son usage ajoutait à une ration ordinaire, déjà à peu près suffisante des éléments énergétiques indéniables. De même, pour l'engraissement, les effets ne sont pas douteux, quand il vient s'ajouter à l'alimentation normale.

Cet exemple montre qu'il est difficile de faire fond sur un seul aliment dans un but déterminé, à cause de la complexité d'action que chacun possède, même lorsque la composition chimique en est très simplifiée comme pour le sucre. Ces actions peuvent se masquer et s'enchevêtrer de telle sorte qu'elles ne soient pas toujours faciles à rapporter à la cause qui les produit. Quand l'ingestion d'un bol de bouillon, chez un sujet fatigué, mais n'ayant pas épuisé ses réserves, devient la cause d'une excitation favorable qui fait disparaître la sensation de fatigue et amène la mise en valeur des réserves encore existantes, on pourrait supposer que le bouillon procure de la glycose combustible à l'organisme. Or, on sait qu'il n'en est rien. L'excitation alimentaire est l'élément important qu'il faut considérer avant toute chose. C'est à cause d'elle que l'alcool est employé malgré sa toxicité, c'est grâce à son absence dans l'usage des graisses que celles-ci, aliment de grande valeur, se voient refuser la qualification d'aliment de vitesse, qui d'ailleurs, au point de vue physiologique, est indépendante de la propriété nutritive, et ne peut convenir qu'aux seuls excitants, nutritifs ou non. Il est évident que les différences observées dans la valeur des aliments tiennent en grande partie, sinon pour tout, à leurs propriétés excitantes, puisque, une fois transformés par la chimie de l'organisme, ils ne possèdent plus rien de leur composition ni de leurs propriétés primitives, complètement confondues et uniformisées. Ils sont devenus des composés azotés ou carbonés dont, quelle que soit leur origine, le rendement n'est plus conditionné que par l'état seul de l'organisme.

Si, dans bien des circonstances, les apparences sont en faveur du sucre et si celui-ci semble procurer une énergie plus considérable et surtout plus rapide qu'un repas copieux composé d'amylacés quelconques, c'est parce que, dans le cas du sucre ingéré isolément, l'excitation conserve toute sa valeur, tandis que dans le cas du repas, elle ne fait que développer l'énergie nécessaire à la digestion de ce repas même, quoique, dans cette dernière éventualité, le potentiel appelé à se manifester plus tard soit certainement supérieur. Le résultat obtenu tient plus à l'abondance des aliments ingérés qu'à leur nature, et un repas frugal composé de féculents, d'albumine ou de sucre, sera suivi d'effets semblables.

Dans un autre ordre d'idées, le lait, aliment complexe a pu être recommandé comme aliment unique. Ici, nous entrons dans la pathologie, et nous reconnaissons volontiers que l'alimentation lactée vise plutôt un but thérapeutique qu'un but alimentaire. Néanmoins, comme le lait est alors la seule substance ingérée et qu'on a la prétention par son usage d'éviter tous les autres aliments, il est nécessaire de ne pas passer sous silence les observations que cette pratique comporte.

Le lait, dont la teneur en albuminoïdes est considérable, est généralement regardé, au moins pour l'enfant qui en a besoin, comme un aliment complet. Cependant, un fait très curieux signalé par Bunge, montre l'inexactitude de cette proposition, et fait ressortir en même temps la parfaite insuffisance et l'illogisme du régime lacté intégral pour l'adulte. Au milieu de tous les sels qui font partie de sa composition, le lait ne renferme pas les proportions de fer nécessaires aux échanges vitaux du nouveau-né. Il en résulterait que la composition de la matière qui constitue un nouveau-né, ne serait plus en rapport avec sa nourriture, puisqu'on trouve dans les cendres du nouveauné, avant toute ingestion de lait, une proportion de fer, qui ne peut être entretenue par l'alimentation pendant la croissance et paraît cependant indispensable. L'enfant vit sur la provision de fer qu'il tient de sa mère et qu'il conserve précieusement et parcimonieusement, jusqu'au moment où une autre alimentation plus complète lui permet de la renouveler.

L'adulte qu'on met au régime lacté ne se trouve pas dans les mêmes conditions. Son organisme n'a pas été préparé par une accumulation de fer à subir la disette qu'on lui impose. Aussi, chez tous les sujets soumis au régime lacté intégral, même calculé de manière à fournir en proportions normales les éléments du régime moyen, voit-on se produire un besoin, un malaise difficile à définir, qu'on veut nier en se basant sur la théorie de l'aliment complet, mais qui est bien réel. Il semble qu'on puisse l'attribuer pour la plus grande partie, sinon pour la totalité, à l'absence du fer dans le régime, absence dont les conséquences contribuent à produire ce malaise indéfini, qui sans doute traduit encore d'autres insuffisances, et peut-être même aussi la présence de quelques éléments trop abondants, enfin une composition non adéquate aux besoins de l'individu. La pénurie de fer ralentit les combustions, car il joue dans l'hémoglobine le rôle d'un comburant lent, agent de la combinaison de l'oxygène avec le carbone dans un milieu où ces deux éléments se rencontrant sans lui, resteraient indifférents l'un pour l'autre. Avec le régime lacté, l'organisme s'appauvrit peu à peu d'un fer qui n'est pas renouvelé ; par suite des combustions ralenties ou incomplètes, il souffre de partout, surtout au début, tant que les déchets abondants des nourritures anciennes ne sont pas éliminés.

Dans toute alimentation, les proportions entre les trois ordres d'aliments, albuminoïdes, hydrates de carbone et graisses, ont besoin d'être conservées, au moins très approximativement. L'exagération ou la pénurie d'un de ces éléments devient à la longue préjudiciable à l'économie. Or, le lait comparé à la ration moyenne, renferme trop de graisse, trop d'albumine, pas assez d'hydrates de carbone. De plus, son principe albuminoïde, la caséine, ne se digère pas avec les mêmes ferments que l'albumine ; elle ressortit d'un ferment spécial, le lab, que l'estomac de l'enfant sécrète avec facilité et abondance, tandis que chez l'adulte, cette sécrétion devient dans la plupart des cas difficile. La muqueuse de l'estomac a pris d'autres habitudes et ne répond plus à l'excitation sécrétoire spéciale, vainement provoquée par l'aliment. Il en résulte des fermentations microbiennes diverses qui ne sont pas toujours inoffensives, et que, sans doute, les Chinois avertis connaissent bien, puisqu'ils qualifient le lait de poison et se refusent énergiquement à s'en servir. Une réaction se fait d'ailleurs chez nous depuis quelques années contre le régime lacté et une étude plus approfondie de la question mettra certainement en évidence d'autres points qui permettront d'établir sur des bases plus solides les indications formelles de son usage, jusqu'à présent trop généralisées et par conséquent très vagues.

L'usage du lait en petites quantités, concurremment avec les autres aliments, ne possède pas les inconvénients du régime lacté absolu, à condition toutefois que le lait ne soit pas employé comme boisson aux repas. C'est un aliment plus ou moins recommandable selon les cas, mais pas une boisson, et sous cette dernière forme, il est assez rarement bien supporté.

Lors donc qu'on jugera nécessaire de prescrire le lait, comme dans les néphrites, il sera utile de tempérer la rigueur du régime par des concessions absolument raisonnables et justifiées. On cherche avec le lait à supprimer les produits nuisibles, tels que corps puriques, leucomaïnes, amides complexes, matières azotés extractives qui congestionnent le foie et les reins et irritent les centres nerveux[1]. Ce but sera atteint généralement en supprimant la viande, mais en autorisant concurremment avec le lait, le pain, les pâtes, et généralement les amylacés et les fruits. Les œufs, également bien supportés sont inutiles, puisque le lait renferme des albuminoïdes en proportion plus que suffisante. La viande de bœuf et de porc elle-même a pu être donnée, à condition que dans cette alimentation,

---

[1] A. Gautier. *L'alimentation et les régimes.*

on s'astreigne à un minimum de chloruration qui ne doit pas arriver à la suppression complète du sel. De cette façon, chez un adulte pour lequel la nature de la maladie ne nécessite pas la cessation de l'activité, les échanges vitaux ne seront pas privés des matières nécessaires, sous prétexte d'éviter l'intoxication. Chez un malade alité, chez un typhoïdique, il n'en sera plus de même, et sans dire que le lait sera l'aliment idéal, il paraîtra néanmoins suffisant.

Les végétariens ont pensé qu'il n'y avait pas besoin d'ajouter d'autres substances aux fécules des féculents, aux sucres et aux sels des légumineuses et des fruits, aux albumines des céréales pour l'entretien de la vie, et qu'il était inutile d'avoir recours aux albumines des viandes, excitantes et toxiques. L'expérience leur a donné raison et a montré que pour chaque végétarien pris individuellement, le régime pouvait avoir des avantages. Le plus appréciable, lorsque sous prétexte de suppression des viandes, on ne fait pas de suralimentation végétarienne, est de faire disparaître l'obésité et les amas encombrants de graisse. Le même résultat peut, il est vrai, être obtenu avec un régime mixte, mais peut-être plus difficilement, parce qu'il sera plus commun de rencontrer la modération chez un végétarien agissant par principes et doué, ainsi que le prouve sa conduite, d'une force de volonté réfléchie et efficace. L'alimentation végétarienne s'oppose à la constipation par suite du volume des matériaux introduits dans l'intestin, qui sans être exagéré, est certainement plus considérable que chez l'individu soumis au régime mixte. Dire que la digestion sera facilitée, que l'élaboration digestive sera plus complète chez le végétarien, ne doit être considéré comme exact que chez ceux qui sont sobres et modérés dans leur alimentation, mais un régime mixte bien compris procurera les mêmes avantages. Nous avouons ne pas comprendre le bénéfice qu'on peut retirer de l'abstention de la viande, lorsqu'on suppose que cette pratique doit avoir pour conséquence de ralentir la digestion, de la faire durer davantage, et finalement, d'entretenir le tonus intestinal. Il n'y a aucun intérêt à digérer toute la journée, car la digestion n'est pas la nutrition, et celle-ci ne s'arrête ni ne se ralentit, pourvu qu'on l'entretienne abondamment de réserves, même déposées d'une façon intermittente. Il est bon de laisser quelque répit à l'estomac et à l'intestin et de ne pas provoquer la sécrétion continue des liquides digestifs par la sollicitation de digestions, non pas successives, mais si on peut s'exprimer ainsi, subintrantes.

Quant au régime végétarien, on se décide à ajouter du lait et des œufs, on se rapproche davantage des conditions habituelles de l'existence des peuples contemporains, et on obtient tous les résultats qu'on peut demander scientifiquement au régime végétarien, en évitant la production des toxines trop souvent engendrées par le régime carné.

Si les individus intelligents, sachant manier leur régime, ou mis à même de le faire par des instructions précises émanant, non d'illuminés, mais de personnalités compétentes, n'ont pas trouvé d'inconvénients dans le régime végétarien, il n'en a pas toujours été de même des peuplades entières qui, pour une cause quelconque, ont supprimé la viande de leur régime habituel. Ces peuples, pris en masse, voués à une nourriture mal comprise, insuffisante et souvent malsaine, ont, comme les Hindous, perdu tout ressort intellectuel et physique, et se sont toujours trouvés prêts à subir la domination d'une collectivité mieux nourrie et plus forte. Si les Japonais mangeurs de riz se sont élevés davantage, c'est qu'au riz insuffisant, ils ont ajouté sous forme de poisson, un appoint appréciable d'azote et de phosphore.

Les habitudes alimentaires des peuples résultent des ressources mêmes des contrées où ils vivent, et ce qu'ils tirent de l'étranger ne peut jamais être qu'un complément insuffisant. Si le Japon qui est en contact de tous côtés avec la mer se nourrit de poisson, il n'en peut être de même pour les habitants d'un continent dont une seule frontière est faite de côtes. L'albumine nécessaire sera alors, sous peine de déchéance, recherchée dans la chair des animaux et pas seulement dans les végétaux.

Lorsqu'on veut obtenir du régime végétarien la plus grande somme d'avantages, il est utile de le réserver pour des cas bien déterminés, en tenant compte de ses inconvénients qui deviennent alors des qualités. Il ne produit pas d'excitations aussi prononcées que le régime carné et diminue la tension artérielle. Il trouve par conséquent sa meilleure indication chez les neuro-arthritiques, hypertendus, dans la présclérose, la néphrite interstitielle... Par suite de sa pauvreté en nucléines et en bases xanthiques, il ne forme pas d'acide urique. Il est probable également qu'il forme moins d'acide sulfurique, car les bases, au contraire de ce qui se passe dans le régime carné, ne disparaissent pas du sang, et l'hypoacidité apparaît. Cette propriété sera mise à profit dans la goutte et l'obésité d'origine alimentaire. Mais il ne faut pas oublier que le café, le thé, le cacao, renferment les bases xanthiques qu'il s'agit d'éviter, et il faudra proscrire ces substances en même temps qu'on supprimera la viande [1].

Le régime végétarien doit être employé comme régime d'exception, capable de rendre de grands services à beaucoup de malades, en combattant les dangers les plus immédiats de la suralimentation, de l'accumulation des toxines et des poisons de l'alimentation et en même temps de l'hypertension. A moins d'indications formelles, il doit être temporaire et ne pas devenir un régime banal.

On trouve l'azote dans les céréales et les légumineuses, mais les fruits n'en renferment pas. Cependant, il s'est trouvé des cerveaux assez mal équilibrés ou ignorants pour penser que le sucre qu'on y rencontre devait être suffisant pour entretenir la vie. Il s'est formé une secte de fruitariens. Nous nous plaisons à croire que les adeptes de cette nourriture fantaisiste n'ont pas dû continuer longtemps leurs pratiques. En tout cas, il ne nous paraît pas utile, après ce que nous avons dit de la chimie des aliments, d'insister autrement sur ce sujet.

Le régime carné a trouvé plus d'amateurs. Il ne nous paraît indiqué dans aucun cas. Comme le régime lacté, il est incomplet, et s'il est bien supporté au début, il ne tarde pas à manifester ses propriétés nocives en exagérant les moindres vices de nutrition qui peuvent exister, en les créant même à la longue, s'ils n'existent pas. Les Esquimaux qui dévorent par jour pendant des semaines cinq à six livres de viande de renne ou de phoque, deviennent obèses, peu résistants, respirent mal et oxydent mal. « Ce régime charge les humeurs

[1] V. de Grandmaison. *L'albuminurie goutteuse*, p. 223.

de l'économie d'une surabondance de déchets azotés,
d'acide urique en particulier. Il augmente les alcaloïdes
urinaires, il congestionne le foie, il entretient souvent
une constipation opiniâtre, et amène ainsi la dyspepsie,
les embarras gastriques et intestinaux, l'entérite... Il
pousse au psoriasis, à l'eczéma .. Il développe les ten-
dances rhumatismales, goutteuses et nerveuses. Une
alimentation, non pas même exclusive, mais seulement
trop riche en viandes, ne saurait être longtemps supportée sans danger pour l'économie. Elle produit l'hypertension artérielle, la fatigue du cœur, et devient une
des causes prédisposantes les plus actives à la neurasthénie et à l'artériosclérose » (A. Gautier).

L'alimentation complète qui répond exactement aux
exigences de la nutrition, se composera donc d'hydrates de carbone variés, sucrés et féculents, accompagnés des sels inorganiques abondants que fournit le
règne végétal, de graisses et d'albuminoïdes également
variés, de provenance animale et végétale, parce que
nous avons l'expérience de cette alimentation et que
nous ignorons les conditions d'une substitution rationnelle et profitable des divers albuminoïdes.

# TABLE DES MATIÈRES



L'étude de la fonction digestive comprend deux éléments qui sont l'organe digestif et l'aliment. — La digestion est une opération extra-protoplasmique, indispensable à tous les êtres vivants. — Manière dont elle s'opère chez les protozoaires. — Apparition des organes digestifs en bas de la série animale. — Les glandes et la digestion intestinales. — Certains parasites animaux n'ont pas d'organes digestifs. — La digestion dans le règne végétal. — Unité de la fonction digestive et des matériaux d'assimilation. — La plupart des aliments ont besoin d'être soumis à la digestion.



La digestion rapproche la composition de l'aliment de celle de la substance vivante. — Nécessité de cette préparation. — La digestibilité est l'aptitude des aliments à la dissolution. — Elle est conditionnée par la composition de l'aliment et par l'état des organes. — Elle doit entrer en ligne de compte dans l'établissement des régimes. — La préparation culinaire doit favoriser la digestibilité. — Influence de la cuisson. — Influence d'une préparation agréable qui excite l'appétit. — Danger de l'excessive sapidité des aliments : l'alimentation exagérée. — L'appétit n'est pas un guide infaillible. — Utilité d'une alimentation variée, mais non copieuse. — La viande et les légumes doivent faire partie du régime. — Influence des habitudes individuelles sur la digestibilité.



L'aliment ne va pas directement occuper une place dans un tissu similaire. — Il est d'abord décomposé puis recomposé

par ses connexions. — Pouvoir de rétention du foie sur le
glycogène. — La fonction adipogénique corollaire de la
fonction glycogénique. — Production et traitement de l'obésité. — Pouvoir de rétention sur les graisses. — Les albuminoïdes forment du glycogène comme les hydrocarbonés et
les graisses. — Régime des diabétiques. — Fonction uro-
poïétique. — La dépuration et le rôle antitoxique du foie. —
Action sur les métaux, les pigments, les alcaloïdes, les
toxines et les microbes. — Destruction des hématies, fonction
hématique, fonction martiale. — Circulation cyclique et rôle
du fer. — Rapports du foie avec la grande circulation. —
Fonction biliaire. — Pouvoir coagulant et anticoagulant. —
Fonction thermogénétique. — Critique de la fonction de
défense.



Constance de composition du corps résultant d'une alimentation en apparence variée : en réalité la glycose est l'aboutissant unique de tous les aliments. — La molécule de sucre
assimilée vient faire partie de la substance vivante. — Les
sucres assimilables : hexoses, bihexoses, amyloses, pentoses.
— Tous donnent naissance à de la glycose par hydratation.
— Le glycogène résulte de la déshydratation de la glycose
surtout dans le foie et dans les muscles. — Réversibilité des
deux formes glycose et glycogène. — Constance glycémique.
— Glycosurie par excédent de la production glycosique. —
Variations peu importantes des sucres du sang. — Origines
multiples de la glycose avec les hydrates de carbone, les
albuminoïdes et les graisses. — La destruction glycosique
unique origine de l'énergie vitale.


Le rôle des hydrocarbonés est relativement simple à définir.
— Celui de l'albumine est plus complexe et moins net. —
Non seulement elle est un corps nutritif, mais elle régit la
tension osmotique et les échanges moléculaires. — L'excrétion d'urée est activée au moment de la sécrétion gastrique.
— Le besoin d'albumine correspond à cette élimination. —
Influence d'un régime trop chargé en albumine. — Différences
dans la composition et la digestibilité des albumines animales
et végétales. — Formes d'élimination des déchets azotés. —
Influence de l'alcoolisme sur cette opération. — Genèse de
l'arthritisme. — Obligation de varier la nature et de ne pas
trop restreindre la quantité de l'albumine ingérée. — Utilité